高等工科学校教材

机电传动控制基础

主　编　孙　进
副主编　朱兴龙　张网琴　陶爱林
参　编　朱永伟　张道周　张　洋

机械工业出版社

本书面向新工科建设，以能力获取为导向，根据机电类控制专业课程教学大纲要求编写，属于专业技术基础课程用书。

全书共分 9 章，包括常用低压电器、继电器控制基本电路、典型生产机械的电气控制、PLC 应用技术、三菱 FX 系列 PLC 及其编程方法、西门子 S7-200 系列 PLC 及其编程方法、直流调速控制系统、交流调速控制系统、先进控制技术。书中配有一定数量的典型例题和习题，便于学生学习和巩固所学知识。

本书内容丰富，叙述深入浅出，不但可作为高等院校机械工程、电气工程、电子工程等相关专业的教材或参考书，而且可供从事机电传动控制的工程技术人员参考。

图书在版编目（CIP）数据

机电传动控制基础/孙进主编. —北京：机械工业出版社，2020.9
（2024.1 重印）

高等工科学校教材

ISBN 978-7-111-66049-1

Ⅰ.①机…　Ⅱ.①孙…　Ⅲ.①电力传动控制设备-高等学校-教材

Ⅳ.①TM921.5

中国版本图书馆 CIP 数据核字（2020）第 121451 号

机械工业出版社（北京市百万庄大街 22 号　邮政编码 100037）
策划编辑：余　皡　责任编辑：余　皡　陈文龙
责任校对：王　延　封面设计：张　静
责任印制：单爱军
北京虎彩文化传播有限公司印刷
2024 年 1 月第 1 版第 4 次印刷
184mm×260mm · 17.5 印张 · 429 千字
标准书号：ISBN 978-7-111-66049-1
定价：48.00 元

电话服务　　　　　　　　网络服务
客服电话：010-88361066　机　工　官　网：www.cmpbook.com
　　　　　010-88379833　机　工　官　博：weibo.com/cmp1952
　　　　　010-68326294　金　书　网：www.golden-book.com
封底无防伪标均为盗版　机工教育服务网：www.cmpedu.com

前　言

当前我国高等工程教育改革发展已经站在新的历史起点。国家正在实施"创新驱动发展""中国制造 2025"等重大战略，迫切需要高校加快新工科的建设和发展。本书正是面向新工科建设，以能力获取为导向，以使学生掌握机电传动控制基础知识为目的，通过总结近年来编者的教学实践和教学改革经验，并参考了国内外同类教材和著作编写而成。全书共分9 章，包括常用低压电器、继电器控制基本电路、典型生产机械的电气控制、PLC 应用技术、三菱 FX 系列 PLC 及其编程方法、西门子 S7-200 系列 PLC 及其编程方法、直流调速控制系统、交流调速控制系统、先进控制技术。本书在编写上力求内容精简、重点突出、浅显易懂、富有创新，并逐步培养学生解决复杂工程问题的能力。

本书编写内容注重创新和实用：从应用的角度来描述控制技术，并直接用计算机编程来实现；以实际工程问题作为案例和补充，既突出基础知识，又对基本操作提供可靠的题型训练；作为基础知识的拓展，引入了解决复杂工业过程可能遇到的非线性强干扰、参数时变、不可测等问题的先进控制技术知识介绍。另外，本书的编写形式也进行了改进：以条款式分别介绍控制方法各项操作和基本理论，再以案例将分散的知识点结合起来，重点突出控制方法之间的联系和综合应用。

本书由孙进任主编，朱兴龙、张网琴、陶爱林任副主编，朱永伟、张道周、张洋参与编写。第 1 章由张网琴、朱永伟编写，第 5 章由朱兴龙、陶爱林编写，第 2~4 章、第 6~9 章由孙进编写，各章中的应用实例和习题解答由张道周、张洋编写。张洋、张道周对全书公式、图片进行了校核，全书由孙进统稿。

本书在编写过程中得到了扬州大学出版基金的资助，并已由扬州大学审定为"扬州大学重点教材"，在编写过程中还得到了各级领导和相关部门的大力支持，在此一并表示深深的谢意。

由于编者水平有限，书中难免存在错误和疏漏之处，恳请广大读者多提宝贵意见。

编　者

目 录

第1章

常用低压电器

低压电器是指工作在交流 1000V、直流 1500V 以下的电路中，以实现对电路或非电对象的控制、检测、保护、变换、调节等作用的电器。采用电磁原理工作的低压电器，称为电磁式低压电器；由集成电路或电子元器件构成的低压电器，称为电子式低压电器；利用现代控制原理工作的低压电器，称为自动化电器、智能化电器或可通信电器等。

1.1 概述

1. 电器（Electrical appliance）

根据外界特定信号自动或手动地接通或断开电路，实现对电能的生产、输送、分配和使用，起控制、调节、检测、变换及保护作用的电工器械统称为电器。以交流 1000V 和直流 1500V 为界，可划分为高压电器和低压电器两大类。本章主要介绍低压电器。

2. 低压电器（Low voltage electrical appliance）

我国现行标准（GB/T 2900.18—2008《电工术语　低压电器》）规定，低压电器通常是指交流 1000V 或直流 1500V 以下的电器。

1.1.1 低压电器的分类和作用

1. 低压电器的分类

低压电器的常见分类如下：

（1）配电电器　配电电器主要用于供、配电系统中，进行电能输送和分配。这类电器包含刀开关、断路器、隔离开关、转换开关以及熔断器等。这类电器的主要技术要求是分断能力强、限流效果好、动稳定及热稳定性能好。

（2）控制电器　控制电器主要用于各种控制电路和控制系统。这类电器有接触器、继电器、转换开关、电磁阀等。这类电器的主要技术要求是通断能力强、操作频率高、电器和机械寿命长。

（3）主令电器　主令电器主要用于发送控制指令。这类电器有按钮、主令开关、行程开关和万能转换开关等。这类电器的主要技术要求是操作频率高、抗冲击、电器和机械寿命长。

（4）保护电器　保护电器主要用于对电路和电气设备进行安全保护。这类电器有熔断器、热继电器、安全继电器、电压继电器、电流继电器和避雷器等。这类电器的主要技术要求是有一定的通断能力，反应灵敏、可靠性高。

（5）执行电器　执行电器主要用于执行某种动作和传动功能。这类电器有电磁铁、电磁离合器等。这类电器的主要技术要求是反应灵敏、可靠性高、机械寿命长。

随着电子技术和计算机技术的进步，近几年又出现了由集成电路或电子元器件构成的电子式低压电器，利用单片机构成的智能化低压电器，以及可直接与现场总线连接的具有通信功能的低压电器。

2. 低压电器的主要作用

（1）控制作用　如控制电梯的上下移动、快慢速自动切换与自动停层等。

（2）保护作用　能根据设备的特点，对设备、环境以及人身安全实行自动保护，如电动机的过热保护、电网的短路保护、漏电保护等。

（3）调节作用　低压电器可对一些电量和非电量进行调节，以满足用户的要求，如电动机速度的调节、柴油机油门的调节、房间温度和湿度的调节、光照度的自动调节等。

（4）测量作用　利用仪表及与之相适应的电器，对设备、电网或其他非电参数进行测量，如电流、电压、功率、转速、温度、压力等。

（5）指示作用　利用电器的控制、保护等功能，显示检测出的设备运行状况与电气电路工作情况。

（6）转换作用　在用电设备之间转换或对低压电器、控制电路分时投入运行，以实现功能切换，如被控装置操作的手动与自动转换、供电系统的市电与自备电源切换等。

当然，低压电器的作用远不止这些，随着科学技术的发展，新功能、新设备会不断出现。常见低压电器的主要种类及用途见表1-1。

表1-1　常见低压电器的主要种类及用途

序号	类别	主要品种	主要用途
1	断路器	框架式断路器	主要用于不需要频繁接通和断开的电路。具有电路的过载、短路、欠电压、漏电保护功能
		塑料外壳式断路器	
		快速直流断路器	
		限流式断路器	
		漏电保护式断路器	
2	接触器	交流接触器	主要用于远距离频繁控制负载，切断带载电路
		直流接触器	
3	继电器	电磁式继电器	主要用于控制电路中，将被控量转换成控制电路所需电量或开关信号
		时间继电器	
		温度继电器	
		热继电器	
		速度继电器	
		干簧继电器	
4	熔断器	瓷插式熔断器	主要用于电路的短路保护，也用于电路的过载保护
		螺旋式熔断器	
		有填料封闭管式熔断器	
		无填料封闭管式熔断器	
		快速熔断器	
		自复式熔断器	

（续）

序号	类别	主要品种	主要用途
5	主令开关	控制按钮	主要用于发送控制命令,改变控制系统的工作状态
		位置开关	
		万能转换开关	
		主令控制器	
6	刀开关	胶盖闸刀开关	主要用于不频繁接通和分断的电路
		封闭式负荷开关	
		熔断器式刀开关	
7	转换开关	组合开关	主要用于电源切换,也可用于负载通断或电路切换
		换向开关	
8	控制器	凸轮控制器	主要用于控制回路的切换
		平面控制器	
9	起动器	电磁起动器	主要用于电动机的起动
		星/三角起动器	
		自耦减压起动器	
10	电磁铁	制动电磁铁	主要用于起重、牵引、制动等场合
		起重电磁铁	
		牵引电磁铁	

1.1.2 低压电器的发展概况及期望

1. 低压电器的发展概况

从我国低压电器产品的生产过程来看，主要有以下几个发展阶段：20 世纪六七十年代研发设计了第一代产品，目前已退出市场；20 世纪 70 年代末到 80 年代初出现了第二代产品，但随着外资的引进和外商加入市场，该代产品渐渐失去市场优势；20 世纪 90 年代后期出现了第三代产品，接近国外 20 世纪 80 年代末到 90 年代初的技术水平。

虽然我国低压电器在近些年得到了高速发展、研发水平和创新能力得到了不断的提高、拥有的专利和自主品牌也随之增多、部分产品接近世界先进水准，但仍处于由仿制逐步走向自主研发阶段，与许多发达国家的技术水平相比，还有一定差距。国外一些知名品牌，比如西门子、三菱、施耐德等公司依然处于领先水平，相比较而言，它们拥有比国内更加丰富的技术资本和较为雄厚的研发经费。同时，在新形势下，我国低压电器的发展还面临着许多问题：生产低压电器的水平不够高，没有树立起优秀品牌；设计水平较低，产品样式单一、多为低档产品；没有掌握核心技术。这些都是当前我国低压电器产品面临的问题。只有采取科学有效的方法将这些问题解决，才能保障国内低压电器行业持续稳定的发展。

2. 低压电器的发展期望

（1）低压电器的可通信化发展　　通信技术及网络技术融入低压电器的设计之中是低压电器发展的主要方向。其主要有三种应用方式：第一种是创建新型电器接口，让传统的电器与网络相连接；第二种是在传统接口上增加对计算机网络的连接功能；第三种是开发自带通信功能与计算机接口的电器。施耐德公司的万能式断路器 Master MTZ 融合了多种传感器和通信技术，可以使用计算机、手机等设备在线监测、调控。该低压电器能够实时监测电网端的各种参数并及时反馈到人机交互平台，可以使操作人员更好地对物联网中的电网进行保护，从而达到对各个环节的及时监测、调度和维护等目的，有效地保护了电力的可持续供应。

（2）低压电器的智能化发展　低压电器种类繁多、结构复杂。我国第一个智能化低压电器 DW45 万能式断路器诞生于 1997 年，1998 年开始投放市场。由于该产品性能优越、可靠性高，很快得到市场认可。从此，我国智能化低压电器得到快速发展。在价格下降、电子元器件质量有所提高的情况下，EMC（电磁兼容）技术日趋成熟，特别是计算机网络的应用与开发，为保障中央控制器与低压电器的双向选择，低压电器正朝机电一体化与电子化方向发展。

（3）第四代产品推向市场　随着配电系统容量的增加，对低压断路器提出了更高的要求。面对新的技术要求，前三代产品渐渐落后，技术更为先进、设计更为完善的第四代产品已开始推向市场。第四代低压电器产品材料选用更加严格，如外壳材料、其他塑料件材料、触点材料将限制使用铅、汞、镉、六价铬、多溴二苯醚和多溴联苯等 6 种有害物质。为此，现有某些阻燃塑料应重新研究与选用，银氧化镉触点将不能使用。另外，低压电器外壳材料应便于回收，如塑壳断路器外壳材料应选用热塑性材料等。在投入市场的过程中，根据实际市场要求对第四代产品进行完善，并应积极进行技术更新和探索。在发展第四代产品的过程中，同时加强对第五代产品的探索和定位。

1.2　刀开关与断路器

1.2.1　刀开关

刀开关又称隔离开关（俗称闸刀开关），它是手控电器中最简单且使用又较广泛的一种低压电器。刀开关在电路中的作用是：隔离电源，以确保电路和设备维修的安全；分断负载，如不频繁地接通和分断容量不大的低压电路或直接起动较小容量的电动机。刀开关根据结构不同可分为普通开启式刀开关和熔断器式刀开关两种。

1. 刀开关的组成结构

刀开关的典型结构如图 1-1 所示，它由瓷柄、触刀（动触点）、出线座、瓷底座、静触插座（静触点）、进线座、胶盖紧固螺钉、胶盖组成。

2. 刀开关的电气符号

刀开关的电气符号如图 1-2 所示。

3. 刀开关的工作原理

在电路中，进线座和静触插座是连通的，触刀和出线座是连通的。当触刀插入静触插座时，进线座与出线座连通；当触刀与静触插座分开时，进线座与出线座断开。刀开关是依靠手动实现触刀插入静触插座或脱离静触插座的，从而实现电路的接通或断开。

4. 刀开关的分类

刀开关的分类见表 1-2。其中，HD 系列刀开关即 HD 系列刀形隔离器，而 HS 系列为双

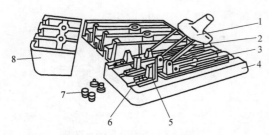

图 1-1　刀开关的典型结构

1—瓷柄　2—触刀（动触点）　3—出线座　4—瓷底座
5—静触插座（静触点）　6—进线座　7—胶盖紧固螺钉　8—胶盖

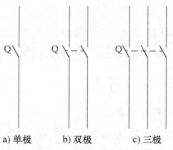

图 1-2　刀开关的电气符号

投刀形转换开关。在 HD 系列中，常用的刀开关型号有 HD11、HD12、HD13、HD14、HD17 系列等，各系列的结构和功能基本相同。机床常用的三极刀开关允许长期通过电流等级为 100A、200A、400A、600A、1000A。

表 1-2　刀开关的分类方法

分类方式	具体内容
极数	单极、双极、三极
操作方式	直接手柄操作式、杠杆操作机构式、电动操作机构式
转换方向	单投（HD）、双投（HS）

熔断器式刀开关即熔断器式隔离开关是以熔断体或带有熔断体的载熔件作为动触点的一种隔离开关，其常用型号有 HR3、HR5、HR6 系列。其中，HR5 和 HR6 系列主要用于交流额定电压 660V（45~62Hz）、额定发热电流最高 630A 的具有大短路电流的配电电路和电动机电路中，作为电源开关、隔离开关、应急开关以及电路保护之用，但一般不用作单台电动机的直接起动开关。

5. 刀开关的选用原则

刀开关主要根据电源种类、电压等级、电动机容量、所需极数及使用场合来选用。其选用原则如下：

1）刀开关的额定电压应大于或等于电路额定电压。

2）刀开关的额定电流应等于（在开启和通风良好的场合）或稍大于（在封闭的开关柜内或散热条件较差的工作场合，一般选 1.15 倍）电路工作电流。

3）在开关柜内使用时还应考虑操作方式，如杠杆操作机构、旋转式操作机构等。

4）当用刀开关控制电动机时，其额定电流应不小于电动机额定电流的 3 倍。

6. 刀开关的使用注意事项

1）刀开关在安装时，手柄应向上，不得倒装或平装，避免由于重力自动下落，从而引起误动作合闸。

2）电源线应接在上端，负载线接在下端，确保拉闸后触刀与电源隔离，防止发生意外事故。

3）在低压电气控制电路中，电源之后的开关电器依次是刀开关、熔断器、断路器、接触器等其他电气元件。这样，当刀开关以下的某电气元件或电路出现故障时，可通过刀开关切断电源，以便对其下设的设备、电气元件进行故障处理或更换。

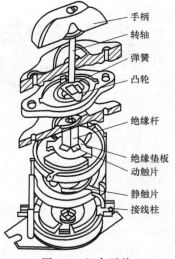

图 1-3 组合开关

1.2.2 组合开关

1. 组成结构

组合开关又称转换开关，结构如图 1-3 所示，由数层动、静触片分别装在胶木盒内组成。

2. 组合开关的电气符号

组合开关的电气符号如图 1-4 所示。

3. 组合开关的工作原理

动触片装在附有手柄的转轴上，转动手柄，动触片随转轴转动而改变各对触片的通断状态。转轴上装有弹簧和凸轮机构，可使动、静触片迅速分离，快速熄灭切断电路时产生的电弧。

4. 组合开关的选用原则

1）组合开关应根据用电设备的电压等级、容量和所需触点数进行选用。组合开关用于一般照明、电热电路时，其额定电流应大于或等于被控制电路中各负载电流的总和；组合开关用于控制电动机时，其额定电流一般取电动机额定电流的 1.5~2.5 倍。

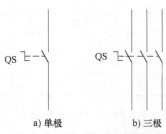

a) 单极   b) 三极

图 1-4 组合开关的电气符号

2）组合开关的接线方式有很多，应根据需要，正确选择相应规格的产品。

3）组合开关本身不具有过载保护和短路保护功能。如果需要此类保护，必须另设其他保护电器。

5. 组合开关的使用注意事项

1）由于组合开关的通断能力较低，故不能用来分断故障电流。当用于控制电动机做可逆运转时，只有在电动机完全停止转动后，才允许反向接通。

2）当操作频率过高或负载功率因数较低时，组合开关要降低容量使用，否则会影响开关寿命。

3）在使用时应注意，组合开关每小时的转换次数一般不超过 15~20 次。

4）经常检查开关固定螺钉是否松动，以免引起导线压接松动，造成外部连接点放电、打火、烧蚀或断路。

5）检修组合开关时，应注意检查开关内部动、静触片的接触情况，以免造成内部接点起弧烧蚀。

1.2.3 断路器

断路器主要用于频繁接通和分断正常工作条件下的电路及控制电动机的运行，并在电路发生过载、短路及失电压故障时自动分断电路。它具有操作安全、分断能力高、兼有多种保护功能、动作可调整等优点，并且短路故障排除时一般不需要更换部件，因此使用较为广泛。下面以 DZ 系列断路器为例进行介绍。

1. 断路器的组成结构

断路器由触点系统、灭弧机构、传动机构和脱扣机构几部分组成，如图 1-5 所示。

2. 断路器的实物及电气符号

断路器的实物及电气符号如图 1-6 所示。

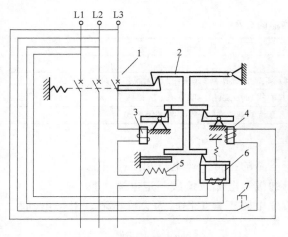

图 1-5　断路器的组成结构
1—主触点　2—自由脱扣机构　3—过电流脱扣器
4—分励脱扣器　5—热脱扣器　6—欠电压脱扣器
7—停止按钮

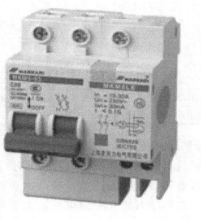
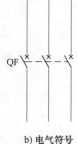

a) 外形　　　　　　　　b) 电气符号

图 1-6　断路器的实物及电气符号

3. 断路器的工作原理

（1）触点系统　镶有银基合金的 3 对动、静触点串联于主电路中作为主触点，另有辅助常开、常闭触点各 1 对。各触点为直动式双断口桥式触点。

（2）灭弧结构　断路器内装有灭弧罩，罩内由相互绝缘的镀铜钢片组成灭弧栅片，以便在切断短路电流时加速灭弧并提高断流能力。

（3）传动结构　传动结构包括合闸、维持和分闸三部分，在外壳上伸出分、合两个按钮，有手动和自动两种。

（4）脱扣结构

1）过电流脱扣器（电磁脱扣器）。过电流脱扣器的线圈串联于主电路中，电路正常工作通过正常电流时，产生的电磁吸力不足以使衔铁吸合，脱扣器的上下搭钩钩住，使 3 对主触点保持闭合。当电路发生短路或严重过载时，电磁脱扣器的电磁吸力增大，将衔铁吸合，向上撞击杠杆，使上下搭钩脱离，弹簧力把 3 对主触点的动触点拉开，实现自动跳闸，达到切断电路的目的。

2）失电压脱扣器。当电路电压下降或失去时，失电压脱扣器的线圈产生的电磁吸力减小或消失，衔铁被弹簧拉开，撞击杠杆，搭钩脱离，断开主触点，实现自动跳闸。其常用于电路的失电压保护。

3）热脱扣器。热脱扣器的热元件串联在保护电路中，当电路过载时，过载电流流过热元件，双金属片受热弯曲，撞击杠杆，搭钩分离，主触点断开，起过载保护作用。因而过载发生跳闸后不能立即合闸，需等 1~3min，待双金属片冷却复位后才能合闸。

4）分励脱扣器。分励脱扣器由分励电磁铁和一套机械结构组成，当需要断开电路时，按下跳闸按钮，分励电磁铁线圈通入电流，产生电磁吸力吸合衔铁，使断路器跳闸。分励脱扣器只用于远距离跳闸，对电路不起保护作用。

4. 断路器的分类

断路器的分类见表 1-3。

表 1-3　断路器的分类

分类方式	具体内容
极数	单极、双极和三极
保护形式	电磁脱扣式、热脱扣器式、复合脱扣器式（常用）和无脱扣器式
全分断时间	一般和快速式（先于脱扣机构动作，脱扣时间在 0.02s 以内）
结构形式	塑壳式、框架式、限流式、直流快速式、灭磁式和漏电保护式

5. 断路器的选用原则

1）断路器的额定电压和额定电流应不小于电路的正常工作电压和工作电流。

2）热脱扣器的整定电流应与所控制电动机的额定电流或负载额定电流一致。

3）电磁脱扣器瞬时脱扣额定电流应大于负载电路正常工作时的尖峰电流。对于电动机负载来说，DZ 系列断路器的脱扣额定电流为

$$I_Z \geqslant K I_q \tag{1-1}$$

式中，K 为安全系数，$K = 1.5 \sim 1.7$；I_q 为电动机的起动电流。

1.3　接触器

接触器利用电磁力进行操作，具有操作方便、动作迅速、灭弧性能好等特点，因而应用比较广泛。接触器不仅能进行频繁操作，还可以实现远距离操作和自动控制。它常用于控制电动机、电热设备和电焊机等。按照控制电流性质的不同，接触器可分为直流接触器和交流接触器两大类，机床控制中以交流接触器为主。

1.3.1　交流接触器

1. 交流接触器的组成结构

交流接触器常用于电路的远距离接通和分断，其结构如图 1-7 所示。

2. 交流接触器的电气符号

交流接触器的电气符号如图 1-8 所示。

3. 交流接触器的工作原理

如图 1-9 所示，交流接触器由线

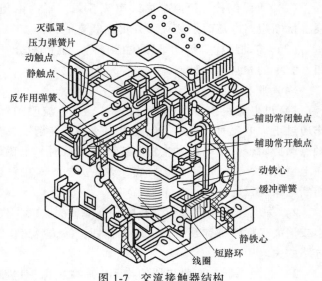

灭弧罩
压力弹簧片
动触点
静触点
反作用弹簧
辅助常闭触点
辅助常开触点
动铁心
缓冲弹簧
静铁心
短路环
线圈

图 1-7　交流接触器结构

圈、铁心（静铁心）、衔铁（动铁心）、缓冲弹簧和触点（辅助常开触点、辅助常闭触点）等组成。当交流接触器的线圈通入交流电（AC220V 或 AC380V等）时，衔铁和铁心之间就会产生电磁吸力，用于克服缓冲弹簧的反作用力，将衔铁吸合，衔铁的动作带动动触点动作，使交流接触器的主触点闭合、辅助触点状态转换（辅助常开触点闭合，辅助常闭触点打开）。而当电磁线圈断电后，衔铁与铁心间的电磁力消失，衔铁在缓冲弹簧的作用下回到原位，各触点也随之回到原始状态。

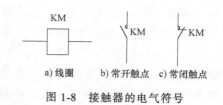

图 1-8 接触器的电气符号

a) 线圈   b) 常开触点   c) 常闭触点

交流接触器采用的是交流电磁机构。当线圈通电后，衔铁在电磁力的作用下，克服缓冲弹簧的反力与铁心吸合，带动动触点动作，从而接通或断开相应电路；当线圈断电后，在弹簧力的作用下，动作与上述过程相反。为了减小涡流与磁滞损耗，避免使铁心过分发热，交流接触器的铁心用硅钢片叠铆而成，在铁心的端面上还装有分磁环（短路环）。交流接触器的吸引线圈一般制成架式，避免与铁心直接接触，且形状较扁，以改善线圈的散热状况。交流线圈的匝数较少，纯电阻较大，在电路接通的瞬间，由于铁心气隙大、电抗小，电流可达到工作电流强度的 15 倍。因此，交流接触器不适宜在设备（多为电动机）频繁起停的条件下工作。

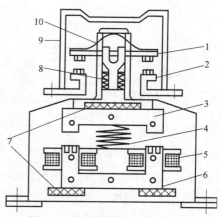

图 1-9 交流接触器的工作原理

1—动触点 2—静触点 3—衔铁（动铁心）
4—缓冲弹簧 5—线圈 6—铁心（静铁心）
7—垫毡 8—触头弹簧 9—灭弧罩
10—触头压力弹簧

接触器主要由电磁机构、触点系统、灭弧装置等部分组成。

（1）电磁机构 电磁机构包括线圈、铁心和衔铁三部分，其作用是将电磁能转变为机械能，产生电磁吸力，带动衔铁和触点动作。

（2）触点系统 触点是接触器的执行元件，用来接通或分断被控制电路。

触点按所控制的电路可分为主触点和辅助触点。主触点接在主电路中，用于通断主电路，允许通过较大的电流；辅助触点接在控制电路中，用于通断控制电路，只能通过较小的电流。

此外，触点还可分为常开触点（动合触点）和常闭触点（动断触点）。常开触点是指在线圈通电后触点闭合，而线圈断电时触点断开；与之相反，常闭触点在线圈断电时闭合，在线圈通电后断开。

（3）灭弧装置 当触点断开大电流时，动、静触点间将产生强烈电弧，会烧坏触点，并使切断时间变长。为使接触器可靠工作，必须使电弧迅速熄灭，故要采用灭弧装置。常见的灭弧方法有以下几种：

1）点动力灭弧法。它是利用触点回路本身电动力的简单灭弧方法，电弧受到点动力的作用而拉长，在拉长的过程中电弧迅速冷却并熄灭。

2）多断口灭弧法。图 1-10 所示为多断口（双断口）灭弧法的灭弧原理，它将整个电弧分为两段，利用点动力灭弧，效果较好。

3）磁吹灭弧。如图1-11所示，在触点回路（主电路）中串联吹弧线圈（几匝较粗的导线，其间穿铁心以增加导磁性），通电后产生较大的磁通。触点分开的瞬间产生的电弧就是载流体，它在磁通的作用下产生电磁力 F，把电弧拉长并冷却而灭弧。电磁电流越大，吹弧的能力就越大。磁吹灭弧在直流中得到了广泛的应用。

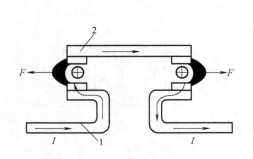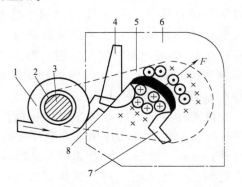

图1-10 多断口（双断口）灭弧法的灭弧原理
1—静触点 2—动触点

图1-11 磁吹灭弧的原理
1—磁吹线圈 2—绝缘套 3—铁心 4—引弧角
5—磁导夹板 6—灭弧罩 7—动触点 8—静触点图

4）纵缝灭弧。灭弧罩内有一个纵缝，缝的下部较宽，以便安放触点，缝的上部较窄，以便压缩电弧并和灭弧室保持良好的接触，如图1-12所示。当触点断开时，电弧被外界磁场或电动力横吹进入缝内，将电弧的热量传递给室壁而迅速冷却，去游离的效果增加，电弧熄灭。

5）栅片灭弧。栅片灭弧的原理如图1-13所示，栅片由表面镀铜的薄钢片制成，嵌装在灭弧罩内。一旦产生电弧，电弧周围就会产生磁场，导磁的钢片将电弧吸入栅片，电弧被栅片分割成许多串联的短电弧，当交流电过零时电弧熄灭，只有栅片间的电压为150~250V时，电弧才能重燃。这样，一方面电源电压不足以维持电弧，另一方面栅片具有散热功能，因此电弧自然熄灭后很难重燃，栅片灭弧广泛应用在交流接触器中。

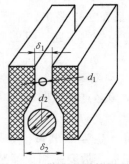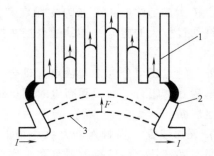

图1-12 纵缝灭弧的原理

图1-13 栅片灭弧的原理
1—灭弧栅片 2—触点 3—电弧

4. 交流接触器的分类

目前，常用的交流接触器有CJ10、CJ20等系列。例如CJ10-40A交流接触器，其主触点的额定工作电流为 40A，可以控制额定电压为 380V、额定功率为 20kW 的三相异步电动机。CJ10 系列交流接触器的基本技术数据见表 1-4。

表 1-4 CJ10 系列交流接触器的基本技术数据

型号	额定电流/A		额定操作频率/（次/h）	可控电动机最大容量/kW		
	主触点	辅助触点		220V	380V	500V
CJ10-5	5	5	600	1.2	2.2	2.2
CJ10-10	10	5	600	2.2	4	4
CJ10-20	20	5	600	5.5	10	10
CJ10-40	40	5	600	11	20	20
CJ10-60	60	5	600	17	30	30
CJ10-100	100	5	600	30	50	50
CJ10-150	150	5	600	43	75	75

1.3.2 直流接触器

直流接触器主要用来控制直流电路（主电路控制电路和励磁电路等），它的组成部分和交流接触器一样。目前，常用的是 CZ0 系列直流接触器。直流接触器的结构和工作原理基本上与交流接触器相同，结构上也是由电磁机构、触点系统和灭弧装置三部分组成，但在电磁机构方面有所不同。由于直流电弧比交流电弧更难熄灭，故直流接触器常采用磁吹式灭弧装置灭弧。

直流接触器的铁心一般用软钢或工业纯铁制成圆形结构，不会产生涡流（因为通的是直流电，不存在电磁感应现象）。直流接触器吸引线圈中通以直流电，因此没有冲击的启动电流，也不会产生铁心猛烈撞击的现象，所以寿命长，适用于设备（多为电动机）起停频繁的场合。

1.3.3 接触器的型号含义及选用原则

1. 接触器的型号含义

接触器的型号含义如图 1-14 所示。

（1）额定电压 接触器主触点的额定电压。一般情况下，交流有 AC 220V、AC 380V、AC 660V，特殊场合额定电压可达到 AC 1140V；直流主要有 DC 110V、DC 220V、DC 440V 等。

（2）额定电流 接触器主触点的额定工作电流。它是在一定条件（额定电压、使用类别和操作频率等）下规定的，目前常用的电流等级为 10~800A。

（3）吸引线圈的额定电压 交流有 AC 36V、AC 127V、AC 220V 和 AC 380V，直流有 DC 24V、DC 48V、DC 220V 和 DC 440V。

（4）机械寿命和电气寿命 接触器的机械寿命一般可达数百万次甚至一千万次以上，电气寿命一般是机械寿命的 5%~20%。

（5）线圈消耗功率 分为启动功率和吸持功率。对于直流接触器，两者相等；对于交流接触器，启动功率一般为吸持功率的 5~8 倍。

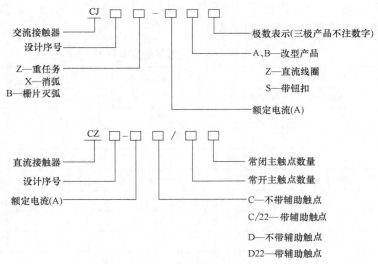

图 1-14　接触器的型号含义

（6）额定操作频率　接触器的额定操作频率是指每小时允许的操作次数，一般为 300 次/h、600 次/h、1200 次/h。

（7）动作值　接触器的吸合电压和释放电压。规定接触器的吸合电压大于线圈额定电压的 85% 时应可靠吸合，释放电压不高于线圈额定电压的 70%。接触器的常见使用类别和典型用途见表 1-5。

表 1-5　接触器的常见使用类别和典型用途

电流种类	使用类别	典 型 用 途
AC（交流）	AC1	无感或微感负载、电阻炉
	AC2	绕线转子异步电动机的起动、制动
	AC3	笼型异步电动机的起动、运转中分断
	AC4	笼型异步电动机的起动、反接制动、反向和点动
DC（交流）	DC1	无感或微感负载、电阻炉
	DC2	并励电动机的起动、反接制动和点动
	DC3	串励电动机的起动、反接制动和点动

2. 接触器的选用原则

接触器是控制功能较强、应用广泛的自动切换电器，其额定工作电流或额定功率随使用条件及控制对象的不同而变化。为了尽可能经济地、正确地使用接触器，必须对控制对象的工作情况及接触器的性能有较全面的了解。

（1）接触器类型的选择　接触器的类型应根据电路中负载电流的种类来选择，即交流负载应选用交流接触器，直流负载应选用直流接触器。

根据接触器使用类型选用相应系列产品，接触器产品系列是按使用类型设计的，因此应根据接触器负担的工作任务选择相应的使用类型。若电动机承担一般任务，其接触器可选 AC3 类；若承担重任务，可选用 AC4 类。如选用 AC3 类用于重任务时，应降低容量使用。

例如，设计控制 4kW 电动机的 AC3 类接触器，用于重任务时，应降低一个容量等级，只能控制 2.2kW 电动机等。直流接触器的选用与交流接触器相类似。

（2）接触器主触点额定电压的选择 被选用接触器主触点的额定电压应大于或等于负载的额定电压。

（3）接触器主触点额定电流的选择 对于电动机负载，接触器主触点额定电流的计算公式为

$$I_N = \frac{P_N \times 10^3}{3U_N \eta \cos\theta} \qquad (1\text{-}2)$$

式中，P_N 为电动机功率（kW）；U_N 为电动机额定线电压（V）；η 为电动机的效率，$\eta = 0.8 \sim 0.9$；$\cos\theta$ 为电动机功率因数，$\cos\theta = 0.85 \sim 0.9$。

在选用接触器时，其额定电流应大于计算值。也可以根据电气设备手册给出的被控电动机容量和接触器额定电流对应的数据选择。

根据式（1-2），在已知接触器主触点额定电流的情况下，可以计算出所控制电动机的功率。例如，CJ20-63 型交流接触器主触点在 380V 时的额定工作电流为 63A，故它在 380V 时能控制的电动机功率为

$$P_N = \sqrt{3} \times 380V \times 63A \times 0.9 \times 0.9 \times 10^{-3} \approx 33kW \qquad (1\text{-}3)$$

式中，$\cos\theta$、η 均取 0.9。

由此可见，在 380V 的情况下，63A 接触器的额定控制功率为 33kW。

在实际应用中，接触器主触点的额定电流也常按下面的经验公式计算：

$$I_N = \frac{P_N \times 10^3}{KU_N} \qquad (1\text{-}4)$$

式中，K 为经验系数，$K = 1 \sim 1.4$。

在确定接触器主触点电流等级时，如果接触器的使用类别与所控制负载的工作任务相对应，一般应使主触点的电流等级与所控制的负载相当，或者稍微大一些；如果不对应，如用 AC3 类接触器控制 AC3 与 AC4 混合类负载时，则需降低电流等级使用。

当负载为电容器或白炽灯时，接通时的冲击电流可达额定工作电流的十几倍，这时宜选用 AC4 类接触器；如果不得不用 AC3 类接触器，则应降低 70% ~ 80% 额定容量来使用。

（4）接触器吸引线圈电压的选择 如果控制电路比较简单或所用接触器数量较少，则交流接触器线圈的额定电压一般直接选用 380V 或 220V；如果控制线路比较复杂且使用的电器又比较多，为了安全起见，线圈的额定电压应选低一些。例如，交流接触器线圈电压可选择 127V、36V 等，这时需要附加一个控制变压器。

直流接触器线圈的额定电压应视控制电路的情况而定。同一系列、同一容量等级的接触器，其线圈的额定电压有多种，线圈选择的额定电压可与直流控制电路的电压一致。

直流接触器线圈加的是直流电压，交流接触器线圈一般加交流电压。有时为了提高接触器的最大操作频率，交流接触器也采用直流线圈。

1.3.4 接触器的使用规范

1）定期检查接触器的零部件，要求可动部分灵活，紧固件无松动，已损坏的零部件应

及时修理或更换。

2）保持触点表面的清洁，不允许粘有油污，当触点表面因电弧烧蚀而附有金属小珠粒时，应及时去掉；若触点已磨损，应及时调整，消除过大的超程；若触点厚度只剩下 1/3 时，应及时更换。

3）接触器不允许在无灭弧罩的情况下使用，因为这样很可能因触点分断时电弧互相连接而造成相间短路事故，用陶土制作的灭弧罩易碎，拆装时应小心，避免碰撞造成损坏。

4）若接触器已不能修复，应予以更换，更换前应检查接触器的铭牌和线圈标牌上的参数。更换的接触器的有关数据应符合原接触器技术要求，有些接触器还需要检查和调整触点的开距、超程、压力等，使各个触点动作同步。

5）若接触器工作条件恶劣（如电动机频繁正反转），接触器额定电流应选大一个等级。

6）避免异物落入接触器内，因为异物可能使衔铁卡住而不能闭合。磁路留有气隙时，线圈电流很大，接触器长时间工作会因电流过大而烧毁。

1.3.5 交流接触器与直流接触器的主要区别

交流接触器与直流接触器的主要区别见表 1-6。

表 1-6 交流接触器与直流接触器的主要区别

区别点	主 要 内 容
铁心形状	交流接触器的铁心会产生涡流和磁滞损耗,而直流接触器没有铁心损耗;交流接触器的铁心由相互绝缘的硅钢片叠装而成,且常制成 E 形,直流接触器的铁心则由整块软钢制成,且大多制成 U 形
短路环	交流接触器由于通过的是单相交流电,为消除电磁铁产生的振动和噪声,在静铁心的端面上嵌有短路环,而直流接触器则不需要
灭弧装置	交流接触器多采用栅片灭弧装置,而直流接触器则多采用磁吹灭弧装置
操作频率	交流接触器的启动电流大,其操作频率最高约 600 次/h,直流接触器的操作频率最高能达到 1200 次/h

1.4 熔断器

1.4.1 熔断器的结构组成

熔断器主要由熔体和熔壳两部分组成。

熔体：由易熔金属材料铝、锡、锌、银、铜及其合金组成，通常为丝状或片状。它既是感受元件又是执行元件。

熔壳：安装熔体的外壳，在熔体熔断时兼有灭弧作用。

熔断器接入电路时，熔体应串联在被保护电路中。熔壳是熔体的保护外壳，可做成封闭式或半封闭式，其材料一般为陶瓷、绝缘钢纸或玻璃纤维。

1.4.2 熔断器的电气符号

熔断器的电气符号如图 1-15 所示。

图 1-15 熔断器的
电气符号

1.4.3 熔断器的工作原理

熔断器的动作是靠熔体的熔断来实现的，当电流较大时，熔体熔断所需的时间较短；而电流较小时，熔体熔断所需用的时间较长，甚至不会熔断。这一特性可用"时间-电流特性"（安秒特性）曲线来描述，称为熔断器的保护特性，如图 1-16 所示。

图 1-16 中，I_r 为最小融化电流（或称临界电流），I_{re} 为熔体额定电流。当熔体电流小于 I_r 时，熔体不会熔断。I_r 与 I_{re} 之比称为熔断器的融化系数，即 $K=I_r/I_{re}$，K 值小对小倍数过载保护有力，但 K 值也不宜接近于 1，否则不仅熔体在 I_{re} 下工作温度会过高，而且还有可能因保护特性本身的误差而发生熔体在 I_{re} 下也熔断的现象，影响熔断器工作的可靠性。

1.4.4 熔断器的分类

1. RC1A 系列瓷插式熔断器

RC1A 系列瓷插式熔断器是一种常见的、结构简单的熔断器。它由瓷盖、瓷座、熔体、灭弧室、动触点和静触点六部分组成，结构如图 1-17 所示。

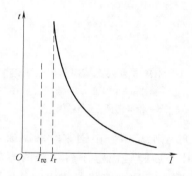

图 1-16 熔断器的安秒特性曲线

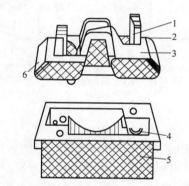

图 1-17 RC1A 系列瓷插式熔断器结构
1—动触点 2—熔体 3—瓷插件 4—静触点
5—瓷座 6—瓷盖

瓷盖和瓷座均用电工瓷制成；电源线和负载线分别接在瓷座两端静触点上，熔体接在瓷盖的动触点上。瓷座中间有一空腔与瓷盖突出部分构成灭弧室。容量较大的熔断器在灭弧室内垫有石棉垫，以加强灭弧效果。

RC1A 系列熔断器结构简单、价格低廉、更换方便，用于照明和小容量电动机的短路保护。

2. RL6 系列螺旋式熔断器

RL6 系列螺旋式熔断器由带螺纹的瓷帽、熔管、瓷套、上下接线柱基底座组成，结构如图 1-18 所示。

瓷管内装有熔体并装满石英砂，将熔管置于底座内，旋紧瓷帽，电路即可接通。管内石英砂用于灭弧，当产生电弧时，电弧在石英砂中因冷却而熄灭。瓷帽顶部有一玻璃圆孔，内装有熔断指示器，当熔体熔断时指示器弹出脱落，透过瓷帽上的玻璃孔即可看见。在装接时，电源线应接在下接线柱上，负载线应接在上接线柱上，这样在更换熔管时，旋出瓷帽后螺纹壳上不会带电，以保证人身安全。这种熔断器具有较高的分断能力和较小的安装体积，常用于机床控制电路中以保护电动机。

3. RM10 系列无填料封闭管式熔断器

RM10 系列无填料封闭管式熔断器主要由熔管、熔体、插刀、夹座等部分组成，结构如图 1-19 所示。

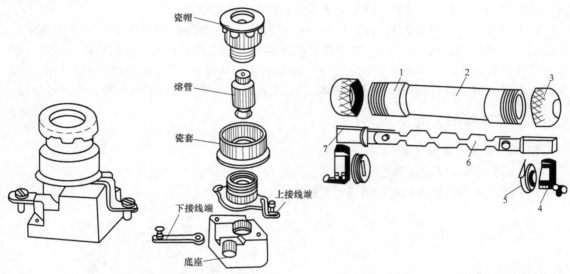

图 1-18　RL6 系列螺旋式熔断器结构　　　　图 1-19　RM10 系列无填料封闭管式熔断器结构
1—铜圈　2—熔管　3—管帽　4—夹座
5—特殊垫圈　6—熔体　7—插刀

RM10 系列无填料封闭管式熔断器的夹座装于绝缘底座上。熔管由钢制纤维制成，管的两端由黄铜帽封闭，管内无填料。熔体为变截面的锌片，用螺钉固定于熔断器两端的插刀上，并装于熔管内。熔体熔断时，电弧在管内不会向外喷出。这种熔断器的优点是更换熔体方便、使用安全，适用于电气设备的短路保护和电缆的过载保护。

4. RT12 和 RT14 系列有填料封闭式熔断器

随着低压电网容量的增大，当电路发生短路故障时，短路电流常高达 25～50kA。上面介绍的几种系列的熔断器都不能分断这么大的电流，必须采用 RT12 或 RT14 系列有填料封闭式熔断器，其结构如图 1-20 所示。

RT12 系列有填料封闭式熔断器为瓷质管体，管体两端的铜帽上焊有偏置式连接板，可用螺钉安装在母线排上。管内装有边界面熔体。在管体的正面、侧面或背面有一个用于指示的红色小珠，熔体熔断时，红色小珠就会弹出。这种熔断器的极限分断能力可达 80kA。

RT14 系列有填料封闭式熔断器分为带撞击器和不带撞击器两种类型。其中，带撞击器三维熔断器在熔体熔断时，撞击器会弹

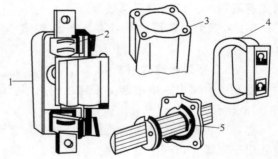

图 1-20　有填料封闭式熔断器结构
1—瓷底座　2—弹簧片　3—管体
4—绝缘手柄　5—熔体

出，既可作熔断信号指示，也可触动微动开关的控制接触器线圈，作三相电动机的断相保护。这种熔断器的极限分断能力可达 100kA。

5. 新型熔断器

（1）自复式熔断器 这是一种新型熔断器，其利用金属钠作为熔体，在常温下具有高电导率，允许通过正常工作电流。当电路发生短路故障时，短路电流产生高温使金属钠迅速气化，气态钠呈高阻态，从而限制了短路电流；当故障消除后，温度下降，金属钠重新固化，又恢复其良好的导电性。其优点是不必更换熔体，能重复使用，但由于只能限流而不能切断故障电路，所以一般不单独使用，均与断路器配合使用。其常用产品有 RZ1 系列。

（2）高分断能力熔断器 随着电网供电容量的不断增大，要求熔断器的性能更好。根据德国 AGC 公司制造技术标准生产的 NT 系列产品为低压高分断能力熔断器，额定电压达660V，额定电流达 1000A，分断能力可达 120kA，适用于工业电气设备、配电装置的过载和短路保护。NT 系列熔断器规格齐全，具有功率损耗小、性能稳定、限流性能好、体积小等特点。它也可以用作导线的过载和短路保护。

1.4.5 熔断器的主要技术参数和选用原则

熔断器的主要技术参数包括额定电压、额定电流、熔体额定电流、极限分断能力等，其值一般大于或等于电气设备的额定参数。

1）额定电压是指保证熔断器能长时间正常工作的电压。

2）额定电流是指保证熔断器（指绝缘底座）能长期正常工作的电流。实际应用中，厂家为了减少熔断器额定电流的规格，额定电流等级比较少，而熔体额定电流的等级较多。应该注意的是，在使用过程中，熔断器的额定电流应该大于或等于所装熔体的额定电流。

3）熔体额定电流是指熔体长期通过而不会熔断的电流。

4）极限分断能力是指熔断器在额定电压下所能分断的最大短路电流。电路中出现的最大电流一般是指短路电流，因此极限分断能力也反映了熔断器分断短路电流的能力。

熔断器选用时，主要选择熔断器的型号、额定电压、额定电流、熔体额定电流及极限分断能力等。不同型号熔断器的主要技术参数见表 1-7。

表 1-7 不同型号熔断器的主要技术参数

型号	额定电压/V	额定电流/A	熔体额定电流/A	极限分断能力/kA
RC1A-5	380	5	2，5	0.25
RC1A-10	380	10	6，10	0.5
RC1A-15	380	15	15	0.5
RL6-25	500	25	2，4，6，10，16，20，25	50
RL6-63	500	63	35，50，63	50
RL6-100	500	100	80，100	50
RM10-15	220	15	6，10，15	1.2
RM10-60	220	60	15，20，25，35，45，60	3.5
RM10-100	220	100	60，80，100	10
RT12-20	415	20	2，4，6，10，16，20	80
RT12-32	415	32	20，25，32	80
RT12-63	415	63	32，40，50，63	80

1. 熔断器型号的选择

实际应用中应根据负载的保护特性、短路电流的大小、使用场合、安装条件和各类熔断器的适用范围来选择熔断器型号。

2. 额定电压的选择

熔断器的额定电压应大于或等于电路的工作电压。

3. 熔体与熔断器额定电流的确定

（1）熔体额定电流的确定

1）对于电阻性负载，熔体的额定电流应等于或略大于电路的工作电流。

2）对于电容器设备等容性负载（电流超前于电压），熔体的额定电流应大于电容器额定电流的1.6倍。

3）对于电动机负载，要考虑起动电流冲击的影响，计算方法如下：

① 对于单台电动机：

$$I_{NF} \geq (1.5 \sim 2.5) I_{NM} \tag{1-5}$$

式中，I_{NF} 为熔体额定电流（A）；I_{NM} 为电动机额定电流（A）。

② 对于多台电动机：

$$I_{NF} \geq (1.5 \sim 2.5) I_{NMmax} + \sum I_{NM} \tag{1-6}$$

式中，I_{NMmax} 为容量最大的一台电动机的额定电流（A）；$\sum I_{NM}$ 为其余各台电动机额定电流之和（A）。

（2）熔断器额定电流的确定　熔断器额定电流应大于或等于熔体的额定电流。

4. 极限分断能力的选择

极限分断能力必须大于电路中可能出现的最大短路电流。

5. 熔断器的上下级配合

为满足电路保护的要求，应注意熔断器上下级之间的配合，为此要求两级熔体额定电流之比不小于1.6：1。

1.4.6　熔断器使用注意事项

熔断器使用注意事项见表1-8。

表1-8　熔断器使用注意事项

熔断器种类	使用注意事项
高压熔断器	1. 室内型熔断器的瓷管应密封完好,导电部分与固定底座静触点应接触紧密 2. 瓷绝缘部分应无损伤和放电痕迹 3. 熔断器的额定值应与熔体匹配,也应与负载电流相适应 4. 室外型熔断器的导电部分应接触紧密,熔件本身无损伤,绝缘管无损坏 5. 室外型熔断器的安装角度应无变动,分、合闸操作时动作应灵活无卡涩;熔体熔断时熔管掉落应迅速,能形成明显的隔离间隙
低压熔断器	1. 相线路的中性线上应装熔断器;三相四线制回路的中性线及采用接零保护的零线上严禁装熔断器 2. 正确选用熔体。熔断器与电路电压相同,熔体的额定电流小于熔断器的额定电流 3. 熔断器应垂直安装,保证插刀和夹座紧密接触,以免增大接触电阻,造成温升

（续）

熔断器种类	使用注意事项
低压熔断器	4. 熔体不要受机械损伤,安装处温度应符合规定 5. 配换新熔体时,新熔体规格要与原熔体完全相同 6. 严禁带电拔出熔断器,更不能带负载拔出 7. 运行维护时,应对熔断器加强检查。插头接触应良好、无过热变色烧焦现象,熔管内部应完好、无烧损痕迹,熔断器的指示器未跳出(跳出则显示熔断器已动作)等

1.5 主令电器

主令电器的主要作用是发送控制命令或信号,主要包括按钮、行程开关、接近开关、万能转换开关、指示灯等。

1.5.1 按钮

1. 按钮的组成结构

按钮是一种手动且可以自动复位的主令电器,其结构简单、控制方便,在低压控制电路中得到了广泛应用。按钮由按钮帽、复位弹簧、桥式触点系统和外壳组成。其结构如图 1-21 所示。

2. 按钮的电气符号

按钮的电气符号如图 1-22 所示。

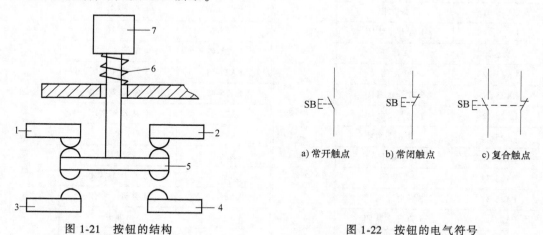

图 1-21 按钮的结构
1、2—常闭触点 3、4—常开触点 5—桥式动触点
6—复位弹簧 7—按钮帽

图 1-22 按钮的电气符号
a) 常开触点　b) 常闭触点　c) 复合触点

3. 按钮的工作原理

按下按钮时,先断开常闭触点,后接通常开触点;当松开按钮时,在复位弹簧的作用下,常开触点先断开,常闭触点后闭合。

4. 按钮的分类

根据用途和结构的不同,按钮可分为起动按钮、停止按钮和复位按钮等。

　　根据使用场合、作用不同，通常将按钮帽制成红、绿、黑、黄、蓝、白、灰等颜色。GB/T 5226.1—2019 对按钮颜色的规定见表 1-9。

表 1-9　按钮颜色的使用规定

场　　合	应　　选	禁　　用
起动/接通	白色、黑色、灰色或绿色,优选白色	红色
急停/紧急断开	红色	—
停止/断开	黑色、灰色或白色,优选黑色	绿色
起动/停止和停止/起动交替操作	白色、灰色或黑色	红/黄或绿色
保持-运转	白色、灰色或黑色	红/黄或绿色
复位	蓝色、白色、灰色或黑色	绿色
异常	黄色	—

　　按钮的常见型号有 LA18、LA19、LA20、LA25 和 LAY3 系列。其中，LA25 系列为通用型按钮的更新换代产品，采用组合式结构，可根据需要任意组合其触点数目，最多可组成 6 个单元，其技术参数见表 1-10。LAY3 系列是根据德国西门子公司技术标准生产的产品，规格品种齐全，其结构形式有揿钮式、紧急式、钥匙式和旋转式等，有的带指示灯。

　　机床常用的按钮为 LA 系列，主要根据使用场合所需要的触点数目、触点类型及按钮颜色来选用。

表 1-10　LA25 系列按钮技术参数

型号	触点组合	按钮颜色	型号	触点组合	按钮颜色
LA25-10	1 常开	白绿黄蓝橙黑红	LA25-33	3 常开 3 常闭	白绿黄蓝橙黑红
LA25-01	1 常闭		LA25-40	4 常开	
LA25-11	1 常开 1 常闭		LA25-04	4 常闭	
LA25-20	2 常开		LA25-41	4 常开 1 常闭	
LA25-02	2 常闭		LA25-14	1 常开 4 常闭	
LA25-21	2 常开 1 常闭		LA25-42	4 常开 2 常闭	
LA25-12	1 常开 2 常闭		LA25-24	2 常开 4 常闭	
LA25-22	2 常开 2 常闭		LA25-50	5 常开	
LA25-30	3 常开		LA25-05	5 常闭	
LA25-03	3 常闭		LA25-51	5 常开 1 常闭	
LA25-31	3 常开 1 常闭		LA25-15	1 常开 5 常闭	
LA25-13	1 常开 3 常闭		LA25-60	6 常开	
LA25-32	3 常开 2 常闭		LA25-06	6 常闭	
LA25-23	2 常开 3 常闭		—	—	

5. 按钮的选用原则

1）根据使用场合，选择按钮的种类，如开启式、防水式、防腐式等。

2）根据用途，选择按钮的结构形式，如钥匙式、紧急式、带灯式等。

3）根据控制电路的需求，确定按钮数，如单钮、双钮、三钮、多钮等。

4）根据工作状态指示和工作情况的需求，选择按钮及指示灯颜色。

1.5.2 行程开关

1. 行程开关的组成结构

行程开关主要用于检测工作机械的位置，发出命令以控制其运动方向和行程。行程开关的种类很多，按运动形式可分为直动式、转动式、微动式；按触点的性质可分为有触点式和无触点式。图1-23、1-24所示为直动式与滚动式行程开关结构，其主要由操作机构、触点系统和外壳等组成。

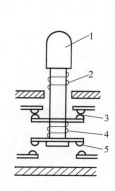

图 1-23 直动式行程开关结构
1—顶杆 2—弹簧 3—常闭触点
4—触点弹簧 5—常开触点

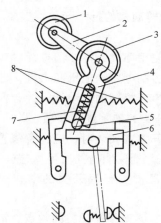

图 1-24 滚动式行程开关结构
1—滚轮 2—上转臂 3—盘形弹簧 4—推杆
5—小滚轮 6—擒纵杆 7—压缩弹簧
8—左右弹簧

2. 行程开关的电气符号

行程开关的外形及电气符号如图1-25所示。

3. 行程开关的工作原理

行程开关的工作原理和按钮相同，区别在于它动作时不需要依靠操作人员的按压，而是利用生产机械运动部件挡块的碰压而使触点动作。

（1）直动式行程开关 直动式行程开关的构造与按钮相似，它的动作情况与复合按钮一样，即当挡块压下顶杆时，其常闭触点先打开，常开触点后闭合；当挡块离开顶杆

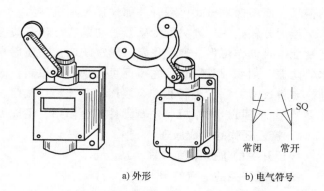

a) 外形　　　　　　b) 电气符号

图 1-25 行程开关的外形及电气符号

时，触点在弹簧的作用下回复原状。这种行程开关的结构简单、价格便宜。缺点是触点的通断速度与挡块的移动速度有关，当挡块的移动速度较慢时，触点断开也缓慢，电弧容易使触点烧蚀，因此它不宜使用在移动速度低于 0.4m/min 的场合。

（2）滚动式行程开关 当滚轮受到向左的外作用力时，上转臂向左下方转动，推杆向

右转动，并压缩右弹簧，同时下面的小滚轮也很快地沿着擒纵杆向右滚动，小滚轮滚动又使压缩弹簧压缩。当小滚轮滚过擒纵杆的中点后，盘形弹簧和压缩弹簧都使擒纵杆迅速转动，从而使动触点迅速与右静触点分开，并与左静触点接合，减少了电弧对触点的烧蚀，适用于低速运行的机械。

4. 行程开关的选用原则

1）根据使用场合和控制对象确定行程开关的种类。当生产机械运动速度不是太快时，通常选用一般用途的行程开关；当生产机械行程通过的路径中不宜装设直动式行程开关时，应选用凸轮轴转动式的行程开关；当要求工作效率高且对可靠性及精度要求也很高时，应选用接近开关。

2）根据使用环境条件，选择开启式或保护式等防护形式。

3）根据控制电路的电压和电流，选择行程开关的系列。

4）根据生产机械的运动特征，选择行程开关的结构形式（即操作方式）。

5. 行程开关的使用注意事项

1）行程开关在安装时，应注意滚轮的方向，不能接反。与挡块碰撞的位置应符合控制电路的要求，并确保能与挡块可靠碰撞。

2）应经常检查行程开关的动作是否灵敏、可靠，螺钉是否松动，发生故障要及时排除。

3）应定期清理行程开关的触点，清除油污或尘垢，及时更换磨损的零部件，以免因误触而引发事故。

1.5.3 接近开关

接近开关是一种无接触式物体检测装置，即某一物体接近某一信号机构时，信号机构发出"动作"信号。接近开关又称为无触点行程开关，当检测物体接近它的工作面并达到一定距离时，无论检测体是运动的还是静止的，接近开关都会自动地发出物体接近而"动作"的信号，而不像机械式行程开关那样需施加机械力。

接近开关是一种开关型传感器，它既有行程开关、微动开关的特性，同时又具有传感器的性能，且动作可靠、性能稳定、频率响应快、使用寿命长、抗干扰能力强，而且还具有防水、防振、耐腐蚀等特点。它不但可用于行程控制，而且根据其特点，还可以用于计数、测速、零件尺寸检测、金属和非金属探测、无触点按钮、液面控制等电量与非电量检测的自动化系统中，还可以同微机、逻辑元件配合使用，组成无触点控制系统。

1. 接近开关的组成原理

接近开关的组成原理如图 1-26 所示。

2. 接近开关的电气符号

接近开关的电气符号如图 1-27 所示。

图 1-26　接近开关的组成原理

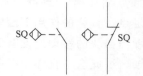

图 1-27　接近开关的电气符号

3. 接近开关的分类

接近开关的分类见表1-11。

表 1-11 接近开关的分类

分类方式	原 理
电感式接近开关	导电物体在接近能产生电磁场的接近开关时,使物体内部产生涡流,进而使开关内部电路参数发生变化,由此识别有无导电物体移近,进而控制开关的接通或断开
电容式接近开关	这种开关的测量探头通常是构成电容器的一个极板,而另一个极板是开关的外壳。这个外壳在测量过程中通常会接地或与设备的机壳相连接。当有物体移向接近开关时,无论其是否为导体,总会使电容的介电常数发生变化
霍尔式接近开关	当磁性物体移近霍尔式接近开关时,开关检测面上的霍尔元件因霍尔效应而使开关内部电路状态发生变化,由此识别出附近有无磁性物体的存在
热释电式接近开关	用来感知温度变化,将热释电器件安装在开关的检测面上,当有与环境温度不同的物体靠近时,即可感知有物体靠近

4. 接近开关的选用原则

1)检测金属时优先选择电感式接近开关,检测非金属时优先选择电容式接近开关,检测磁信号时优先选择霍尔式接近开关。

2)接近开关外形要根据实际使用场合及使用情况来选择,常用的是圆柱螺纹形状的接近开关。

3)根据需要选用适当检测距离的接近开关。但要注意,同一接近开关的检测距离并不是恒定的,接近开关的检测距离与被检测物体的材料、尺寸以及物体的移动方向有关。

4)根据需要进行输出信号的选择。交流接近开关输出的是交流信号,直流接近开关输出的是直流信号,直流输出的信号又有 NPN 输出和 PNP 输出之分。另外,负载的电流一定要小于接近开关的输出电流。

5)根据需要选择触点数量。接近开关有常开触点和常闭触点,可根据具体的情况进行选择。

6)根据需要选择开关频率。开关频率决定了接近开关的响应速度,开关频率指的是每秒从"开"到"关"的转换次数。直流接近开关可达 200kHz,交流接近开关要小一些,只能达到 25Hz。接近开关的使用环境如表1-12 所示。

表 1-12 接近开关的使用环境

使用环境	接近开关类别
一般工业生产	电感式接近开关、电容式接近开关
非金属物体	电容式接近开关
渗透性材料或磁铁嵌入	霍尔式接近开关
防盗系统、自动门	热释电式接近开关、超声波接近开关、微波接近开关

1.5.4 万能转换开关

万能转换开关是一种多档式且能对电路进行多种转换的主令电器。它是由多组相同结构的触点组件叠装而成的多回路控制电器，主要用于各种配电装置的远距离控制，也可作为电气测量仪表的转换开关或用作小容量电动机的起动、制动、调速和换向控制。万能转换开关具有触点档数多、换接线路多、用途广泛等优点。

1. 万能转换开关的组成结构

万能转换开关一般由操作机构、面板、手柄及数个触点座等部件组成，用螺栓组装成为整体。触点的分断与闭合由凸轮控制，如图 1-28 所示。由于每层凸轮可做成不同的形状，所以当手柄转到不同位置时，通过凸轮的作用，可使各对触点按需要的规律接通和分断。

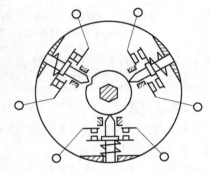

图 1-28　万能转换开关的组成结构

2. 万能转换开关的电气符号

万能转换开关的电气符号如图 1-29 所示。

3. 万能转换开关的工作原理

触点座可有 1~10 层，每层可装 3 对触点，由其中的凸轮进行控制。当操作手柄转动时，带动开关内部的凸轮转动，从而使触点按规定顺序闭合或断开。

4. 万能转换开关的选用原则

1）按额定电压和工作电流选用相应的万能转换开关系列。

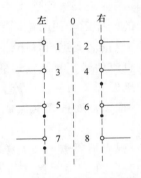

图 1-29　万能转换开关的电气符号

2）按操作需要选定手柄形式和定位特征。

3）按控制要求并参照转换开关产品样本，确定触点数量和接线图编号。

4）选择面板形式及标志。

5. 万能转换开关的使用注意事项

1）周围空气温度不超过 40℃，且 24h 内平均温度不超过 35℃。

2）周围空气温度低于 –5℃。

3）周围空气温度 40℃时，空气的相对湿度不超过 50%，在温度较低时可允许有较高的相对湿度，如 20℃时相对湿度可达 90%。对于因温度变化而偶尔产生的凝露，应采取特殊的措施处理。

4）周围环境应保持空气清洁，无易燃及可燃危险物，无足以损坏绝缘及金属的气体，无导电尘埃。

1.5.5 指示灯

指示灯可在各类电气设备及电气线路中用作电源指示，指挥信号、预告信号、运行信号、事故信号及其他信号的指示。

指示灯主要由壳体、发光体、灯罩等组成，外形结构多种多样。发光体主要有白炽灯、氖灯和半导体型三种。发光颜色有黄、绿、红、白、蓝五种，使用时应按照国家标准规定的相应用途选用。指示灯颜色使用及含义见表 1-13。

表 1-13 指示灯颜色使用及含义

颜色	含义	说　明	举　例
红	紧急情况	危险状态或须立即采取行动	1. 压力、温度超过安全状态 2. 因保护器动作而停机 3. 有触及带电或运动部件的危险
黄	不正常请注意	不正常状态,临近危险状态	1. 压力、温度超过正常范围 2. 保护装置释放,当仅能承受允许的短时过载时
绿	安全	正常状态,允许进行操作	1. 压力、温度在正常状态 2. 自动控制系统运行正常
蓝	强制性	表示需要操作人员采取行动	输入指令
白	没有特殊含义	其他状态,如不确定红、黄、绿或蓝颜色时,允许使用白色	1. 一般信息,不能确定使用红、黄、绿或白时 2. 用作"执行"确认指令时,指示测量值

常用国产产品有 AD11、AD30、XDJ1 等系列。另外，国外进口和合资生产的品种很多，几乎生产低压电器的公司均生产指示灯产品，如日本的和泉、富士，德国的金钟穆勒、西门子，法国的施耐德等。

1.6 继电器

继电器是一种根据电量（如电压、电流等）或非电量（如时间、温度、压力、转速等）的变化而接通或断开控制电路，以实现保护或自动控制电力拖动装置的电器。继电器一般由感测机构、中间机构和执行机构三个基本部分组成。感测机构把感测的电量或非电量传递给中间机构，中间机构将它与额定的设定值进行比较，当达到整定值（过量或欠量）时，中间机构便使执行机构动作，从而接通或断开被控电路。

一般情况下，继电器不直接控制较大电流的主电路，而主要用于反映或扩大控制信号。因此，与接触器相比，继电器触点分断能力很小，不设灭弧装置，体积小、结构简单，但对动作的准确性则要求很高。继电器的分类见表 1-14。

表 1-14 继电器的分类

分类方法	具体内容
应用在自动控制系统中	控制继电器、保护继电器
输入信号的性质	电压继电器、电流继电器、时间继电器、速度继电器等
工作原理	电磁式继电器、感应式继电器、热继电器等
动作时间	瞬时继电器、延时继电器等

继电器的主要技术参数如下所述。

（1）额定参数 输入量的额定值及触点的额定电压和额定电流。

（2）动作参数 继电器的动作值和返回值。通常动作值大于返回值，但也有一些量度型继电器动作值取输入量的一段范围值，则有可能返回值 x_f 大于动作值 x_c，还有反向动作继电器（如欠电压继电器）的动作值也小于返回值。

（3）返回系数 继电器的返回值 x_f 和动作值 x_c 之比，用 k_f 表示，$k_f = x_f/x_c$。一般情况下，$x_f > 1$（但也有特殊情况）。

（4）储备系数 继电器输入量的额定值（或正常工作值）x_n 与动作值 x_c 之比，用 k_s 表示，即 $k_s = x_n/x_c$。当输入量在一定范围内波动时，为了保证继电器可靠工作，输入量的额定值应高于动作值，即 k_s 必须大于 1，$k_s = 1.5 \sim 4$，储备系数也称为安全系数。

（5）动作时间 继电器的吸合时间和释放时间。吸合时间是指继电器线圈从接收到电信号到触点动作所需的时间，释放时间是指继电器线圈从断电到已动作的触点恢复为释放状态所需的时间。一般继电器的吸合时间与释放时间为 0.005 ~ 0.05s，它的大小影响继电器的操作频率。

（6）整流值 动作参数的人为调整值，一般根据用户使用要求进行调节。

1.6.1 电磁式继电器

电磁式继电器广泛用于自动控制系统中，起控制、放大、联锁、保护与调节作用。电磁式继电器由线圈通电而产生电磁力，来实现触点的通、断或转换功能。

1. 电磁式继电器的组成结构

图 1-30 所示为电磁式继电器的典型结构，它由线圈、电磁系统、反力系统和触点系统组成。

2. 电磁式继电器的电气符号

电磁式继电器的电气符号如图 1-31 所示。

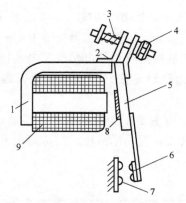

图 1-30 电磁式继电器的典型结构

1—铁心 2—旋转棱角 3—释放弹簧 4—调节螺母

5—衔铁 6—动触点 7—静触点 8—非磁性垫片

9—线圈

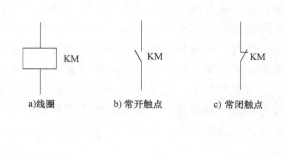

图 1-31 电磁式继电器的电气符号

3. 电磁式继电器的工作原理

当线圈通电时，铁心产生的电磁吸力大于释放弹簧的反作用力，使衔铁向下移动，继电器的常闭触点断开，常开触点闭合；当线圈断电时，衔铁在释放弹簧作用下恢复原位，继电器的常开触点恢复断开，常闭触点恢复闭合。

4. 电磁式继电器的分类

（1）电磁式电流继电器 根据线圈中电流大小而动作的继电器称为电流继电器。它在电力拖动控制系统中作起动控制和电流保护。电流继电器可分为过电流继电器和欠电流继电器。使用时，电流继电器的线圈与被测量电路串联，其线圈匝数较少，导线较粗。

1）过电流继电器。线圈中通正常工作电流时，继电器不动作，只有在线圈电流大于负载额定值时继电器才吸合动作，故称为过电流继电器。它在电路中作过电流保护，当电路正常工作时，过电流继电器不动作，一旦出现过电流故障，过电流继电器立即吸合，用其常闭触点来控制接触器，及时切断电气设备的电源。图 1-32 所示为过电流继电器的电气符号。

交流过电流继电器的吸合电流调整范围为 $(1.1 \sim 3.5)I_N$，直流过电流继电器的吸合电流调整范围为 $(0.7 \sim 3)I_N$。

2）欠电流继电器。当线圈电流小于其额定电流时，继电器切断电气设备的电源，故称为欠电流继电器。它在电路中作欠电流保护，当线路正常工作时，欠电流继电器吸合，当电流降低至线圈释放电流时，继电器释放，用其常开触点切断电气设备的电源。图 1-33 所示为欠电流继电器的电气符号。

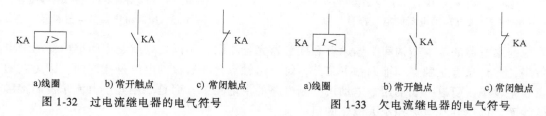

图 1-32 过电流继电器的电气符号　　　　图 1-33 欠电流继电器的电气符号

欠电流继电器只有直流产品，其吸合电流调整范围为 $(0.3 \sim 0.65)I_N$，释放电流调整范围为 $(0.1 \sim 0.2)I_N$。

（2）电磁式电压继电器 根据线圈两端电压大小而接通或断开的继电器称为电压继电器。它在自动控制系统中作电压保护和控制用。使用时，电压继电器的线圈与负载并联，其线圈匝数较多，所用导线较细。根据电压值的不同，电压继电器有过电压继电器、欠电压继电器之分。

1）过电压继电器。线圈为额定电压 U_N 时，继电器不动作，只有当线圈的吸合电压高于其额定电压时继电器才吸合动作，故称为过电压继电器。过电压继电器在电路中作过电压保护。一旦电路出现过电压，过电压继电器就立即动作，用其常闭触点来控制接触器，及时分断电气设备的电源。图 1-34 所示为过电压继电器的电气符号。

一般情况下，交流电路需要进行过电压保护，其交流过电压继电器吸合电压的调整范围为 $(1.05 \sim 1.2)U_N$，而直流电路不会出现波动较大的过电压现象，因此没有直流过电压继

图 1-34 过电压继电器的电气符号

电器产品。

2）欠电压继电器。当线圈的吸合电压小于其额定电压时，继电器切断电气设备的电源，故称为欠电压继电器。这种继电器的释放电压很小，在路中作欠电压保护。当电路正常工作时，欠电压继电器处于吸合状态，一旦电路电压降低至线圈的释放电压，欠电压继电器释放，用其常开触点来控制接触器，分断电气设备的电源。图 1-35 所示为欠电压继电器的电气符号。

对于直流欠电压继电器，吸合电压调整范围为 $(0.3 \sim 0.5)U_N$，释放电压调整范围为 $(0.07 \sim 0.2)U_N$；对于交流欠电压继电器，吸合电压调整范围为 $(0.6 \sim 0.85)U_N$，释放电压调整范围为 $(0.1 \sim 0.35)U_N$。

零电压继电器的工作原理与欠电压继电器相同，用以在电路中实现零电压保护。

（3）中间继电器　中间继电器实质上是电磁式电压继电器，它是用于远距离传输或转换控制信号的中间元件，其输入信号为线圈的通电或断电信号，输出信号为触点的通断动作。中间继电器的触点对数多、容量大、动作灵敏，因此它可用于增加控制信号的数目，也可用来放大信号。图 1-36 所示为中间继电器的电气符号。

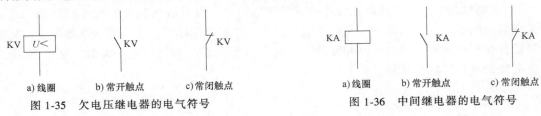

图 1-35　欠电压继电器的电气符号　　　　　图 1-36　中间继电器的电气符号

中间继电器的基本结构和工作原理和接触器完全相同，不同之处就是中间继电器的触点组数多，并且没有主触点和辅助触点之分，每一组触点允许通过的电流是相同的。因为它的触点容量较小，所以一般不用在电动机控制电路的主电路中，而是利用其小电流来控制接触器的线圈，以达到小电流控制大电流的目的。

5. 电磁式继电器的整定方法

电磁式继电器的整定就是对其吸合值（吸合电压或吸合电流）及释放值（释放电压或释放电流）进行调整。整定方法如下：

1）调整释放弹簧的松紧程度来调整吸合值。释放弹簧调得越紧，反作用力越大，则吸合值和释放值就越大；反之则越小。

2）改变非磁性垫片的厚度来调整释放值。非磁性垫片越厚，释放值越大；反之则越小，而吸合值不变。

3）调整调节螺母，改变初始气隙大小来改变吸合值。在非磁性垫片厚度不变的情况下，气隙越大，吸合值就越大；反之则越小，而释放值不变。

1.6.2　热继电器

热继电器是一种利用电流的热效应原理来切断电路的保护电器。电动机在运行中常会遇到过载的情况，但只要过载不严重、绕组不超过允许温升，这种过载是允许的。但如果过载情况严重、时间长，则会加速电动机绝缘的老化，甚至烧毁电动机。热继电器可实现对连续性运行电动机的过载及断相保护，以防电动机因过热而烧毁。

1. 热继电器的组成结构

热继电器主要由热元件、双金属片和触点组成，如图1-37所示。

2. 热继电器的电气符号

热继电器的电气符号如图1-38所示。

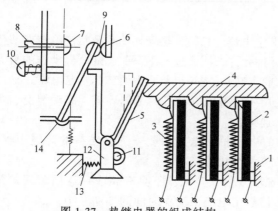

图1-37 热继电器的组成结构

1—双金属片固定支点 2—双金属片 3—热元件 4—导板
5—补偿双金属片 6—常闭触点 7—常开触点 8—复位螺钉
9—动触点 10—复位按钮 11—调节旋钮 12—支撑
13—压簧 14—推杆

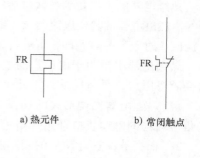

a) 热元件   b) 常闭触点

图1-38 热继电器的电气符号

3. 热继电器的工作原理

热元件由发热电阻丝制成。双金属片作为热继电器的感受机构，由两种热膨胀系数不同的金属碾压而成，当双金属片受热膨胀时，会产生弯曲变形。在实际应用中，把热元件串联于电动机的主电路中，而常闭触点串联于电动机的控制电路中。电动机正常运行时产生的热量使双金属片弯曲变形的程度不足以使热继电器触点动作。当电动机过载时，双金属片弯曲位移增大，推动导板使常闭触点断开，切断电动机控制电路，从而实现对电动机的过载保护。

当环境温度变化时，主双金属片会产生零点漂移，即热元件未通过电流时主双金属片已产生变形，使热继电器的动作性能受环境温度影响，导致热继电器的动作产生误差。为补偿这种影响，设置了温度补偿双金属片，其材料与主双金属片相同。当环境温度变化时，温度补偿双金属片与主双金属片产生同一方向上的附加变形，从而使热继电器的动作特性在一定温度范围内基本不受环境温度的影响。

热继电器动作后，可经过一段时间冷却自动复位或手动复位，其动作电流的调节可通过旋转调节旋钮于不同位置来实现。

在三相异步电动机电路中，一般采用两相结构的热继电器（即在两相主电路中串联热元件），但在特殊情况下，没有串联热元件的一相有可能发生过载（如三相电源严重不平衡、电动机绕组内部短路等故障），而热继电器不动作，此时需采用三相结构的热继电器。

4. 热继电器的分类

热继电器的分类见表1-15。

表 1-15　热继电器的分类

种类	原　理
易熔合金式	利用"过载电流发热使易熔合金达到某一温度时就熔化"这一特性,使继电器动作
热敏电阻式	利用"金属的电阻值随温度变化而变化"这一特性制成的热继电器
双金属片式	利用"膨胀系数不同的双金属片(如锰镍和铜片)受热弯曲"这一作用去推动杠杆而使触点动作

5. 热继电器的主要技术参数及选用原则

热继电器的主要技术参数包括额定电压、额定电流、相数、热元件编号及整定电流调节范围等。热继电器的整定电流是指热继电器的热元件允许长期通过又不致引起继电器动作的最大电流值。对于某一热元件,可通过调节其电流调节旋钮,在一定范围内调节其整定电流。

热继电器主要用于电动机的过载保护,使用中应考虑电动机的工作环境、起动情况、负载性质等因素,具体应从以下几个方面来进行选择:

1) 热继电器结构形式的选择。星形联结的电动机可选用两相或三相结构的热继电器;三角形联结的电动机应选用带断相保护装置的三相结构热继电器。

2) 根据被保护电动机的实际起动时间,选取 6 倍额定电流下具有相应可返回时间的热继电器。一般热继电器的可返回时间大约为 6 倍额定电流下动作时间的 50%~70%。

3) 热元件的额定电流一般可按下式确定:

$$I_N = (0.95 \sim 1.05)I_{MN} \tag{1-7}$$

式中,I_{MN} 为电动机的额定电流;I_N 为热元件的额定电流。

对于工作环境恶劣、起动频繁的电动机,则按下式确定:

$$I_N = (1.15 \sim 1.5)I_{MN} \tag{1-8}$$

热元件选好后,还需用电动机的额定电流来整定它的整定值。

4) 对于重复短时工作的电动机 (如起重机的电动机),由于电动机不断反复升温,热继电器双金属片的温升跟不上电动机绕组的温升,电动机将得不到可靠的过载保护。因此不宜选用双金属片式热继电器,而应选用过电流继电器或能反映绕组实际温度的温度继电器来进行保护。

6. 热继电器的安装及使用注意事项

1) 热继电器只能作为电动机的过载和断相保护,不能作短路保护。

2) 安装点的选择。热继电器安装处与被保护设备安装处温差不能过大。安装点不能有振动源;热继电器与其他电器装在一起时,为使其动作特性不受其他发热电器的影响,应将它装在下方。

3) 热继电器配用的连接导线应符合规定。连接导线截面面积过小,轴向传热慢,热继电器会误动作;连接导线过粗,轴向导热快,热继电器会动作缓慢或拒动;导线一般为铜线,若用铝心导线,端头应搪锡。

4) 热继电器的接线螺钉应拧紧,否则会使接触电阻增大,热元件温升增高,引起热继电器误动作。

5) 自动复位的热继电器应调到自动位置,保护动作后经 3~5min 会自动复位;手动复位的热继电器,保护动作后应当按下复位按钮。

1.6.3　时间继电器

在电力拖动控制系统中,不仅需要动作迅速的继电器,而且需要当吸引线圈通电或断电后其触点经过一定延时再动作的继电器，这种继电器称为时间继电器。时间继电器根据动作原理及构造不同可分为电磁式、空气阻尼式和电子式等。

1. 电磁式时间继电器

电磁式时间继电器一般在直流电气控制电路中应用较广，只能直流断电延时动作。在直流电磁式电压继电器的铁心上增加一个阻尼铜套或在铁心上再套一个匝数较少、截面面积较大且两端短接的线圈，即构成时间继电器。

（1）电磁式时间继电器的组成结构 直流电磁式时间继电器的组成结构如图 1-39 所示。

（2）电磁式时间继电器的工作原理 当线圈断电后，通过铁心的磁通迅速减少，由于电磁感应在阻尼铜套内产生感应电流。根据电磁感应定律，感应电流产生的磁场总是阻碍原磁场的变化（此处为减弱），使铁心继续吸合衔铁一小段时间，达到延时的目的。

这种时间继电器延时时间的长短是靠改变铁心与衔铁间非磁性垫片的厚度（粗调）和改变释放弹簧的松紧（细调）调节的。垫片越厚延时越短，反之越长；弹簧越紧延时越短，反之越长。因非磁性垫片的厚度一般为 0.1mm、0.2mm、0.3mm，具有阶梯性，故用于粗调；由于弹簧松紧可连续调节，故用于细调。

电磁式时间继电器的优点是结构简单、运行可靠，缺点是延时时间短。

2. 空气阻尼式时间继电器

空气阻尼式时间继电器是利用空气阻尼作用获得延时的，线圈电压为交流，因交流继电器不能像直流继电器那样依靠断电后磁阻尼延时，故其采用空气阻尼延时。

（1）空气阻尼式时间继电器的组成结构 空气阻尼式时间继电器（JS7-A 系列空气阻尼式时间继电器）的组成结构如图 1-40 所示。

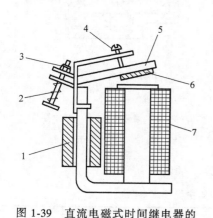

图 1-39 直流电磁式时间继电器的
组成结构

1—阻尼铜套 2—释放弹簧 3—调节螺母
4—调节螺钉 5—衔铁 6—非磁性垫片
7—电磁线圈

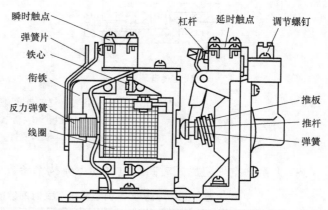

图 1-40 JS7-A 系列空气阻尼式时间继电器

（2）空气阻尼式时间继电器的工作原理 图 1-41a 所示为通电延时型空气阻尼式时间继电器的工作原理，当线圈通电后，铁心将衔铁吸合，同时推板使微动开关立即动作。活塞杆在塔形弹簧的作用下，带动活塞及橡皮膜向上移动，由于橡皮膜下方的气室空气稀薄，形成负压，所以活塞杆不能迅速上移。当空气由进气孔进入时，活塞杆才逐渐上移，移到最上端时，杠杆才使微动开关动作。延时时间即为自线圈通电时刻起到微动开关动作这段时间。通过调节螺钉来改变进气孔的大小，即可调节延时时间。

当线圈断电时，衔铁在反力弹簧的作用下将活塞推向最下端。因活塞下移时，橡皮膜下方气室内的空气，都要通过橡皮膜、弱弹簧和活塞肩部所形成的单向阀，经上方气室缝隙顺利排掉，所以延时与不延时的微动开关都能迅速复位。

将电磁机构翻转180°安装后，可得到图1-41b所示的断电延时型空气阻尼式时间继电器，它的工作原理与通电延时型空气阻尼式时间继电器相似，不同之处是微动开关在线圈断电后延时动作。

空气阻尼式时间继电器的优点是结构简单、寿命长、价格低，还附有不延时的触点，所以应用较为广泛；缺点是准确度低、延时误差大，在要求延时精度高的场合不宜采用。

国产空气阻尼式时间继电器有 JS7 系列和 JS7-A 系列，后者为改型产品，体积小。

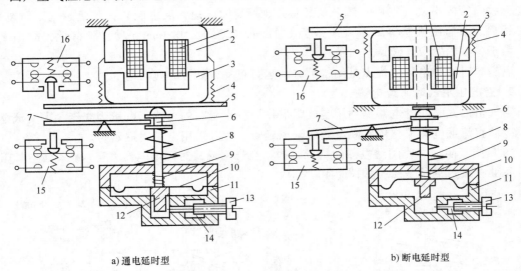

a) 通电延时型　　　　　　　　　　　b) 断电延时型

图 1-41　JS7-A 系列空气阻尼式时间继电器的工作原理

1—线圈　2—铁心　3—衔铁　4—反力弹簧　5—推板　6—活塞杆　7—杠杆　8—塔形弹簧　9—弱弹簧
10—橡皮膜　11—空气室壁　12—活塞　13—调节螺钉　14—进气孔　15、16—微动开关

JS7-A 系列空气阻尼式时间继电器的主要技术参数见表 1-16。

表 1-16　JS7-A 系列空气阻尼式时间继电器的主要技术参数

型号	瞬时动作触点数目		有延时的触点数目				触点额定电压/V	触点额定电流/A	线圈电压/V	延时范围/s	额定操作频率/（次/h）
			通电延时		断电延时						
	常开	常闭	常开	常闭	常开	常闭					
JS7-1A	—	—	1	1			380	5	24 36 11 127 220	0.4~60 及 0.4~180	600
JS7-2A	1	1	1	1							
JS7-3A	—	—			1	1					
JS7-4A	1	1			1	1					

3. 电子式时间继电器

电子式时间继电器按其构成可分为晶体管式时间继电器和数字式时间继电器，多用于电力传动、自动顺序控制及各种过程控制系统中，并以其延时范围宽、精度高、体积小、工作可靠等优点逐步取代传统的电磁式、空气阻尼式时间继电器。

（1）晶体管式时间继电器　晶体管式时间继电器是以 *RC* 电路电容充电时，电容器上的电压逐步升高的原理为基础制成的。

常用的晶体管式时间继电器有 JS14A、JS15、JS20、JSJ、JSB、JS14P 系列等。其中，JS20 系列晶体管式时间继电器延时范围有 0.1～180s、0.1～300s、0.1～3600s 三种，电气寿命达 10 万次，适用于交流 50Hz、电压 380V 及以下或直流 110V 及以下的控制电路中。

（2）数字式时间继电器　晶体管式时间继电器是利用 *RC* 充放电原理制成的，由于其受延时原理的限制，不容易获得长延时，且延时精度易受电压、温度的影响，精度较低，延时过程也不能显示，因而影响了它的推广。随着半导体技术，特别是集成电路技术的进一步发展，采用新延时原理的时间继电器——数字式时间继电器应运而生，其各种性能指标得到大幅度提高，目前最先进的数字式时间继电器内部装有微处理器。

目前，市场上的数字式时间继电器型号很多，有 DH48S、DH14S、DH11S、JSS1、JS14S 等系列。其中，JS14S 系列与 JS14A、JS14P、JS20 系列晶体管式时间继电器兼容，替代方便；DH48S 系列数字式时间继电器采用引进技术及工艺制造，用以替代进口产品，延时范围为 0.01s～360000s，可任意预置；另外，还有从日本富士公司引进生产的 ST 系列等。

4. 时间继电器的电气符号

时间继电器的电气符号如图 1-42 所示。

5. 时间继电器的选用原则

时间继电器形式多样，各具特点，选用时应从以下几个方面考虑：

1）根据控制电路对延时触点的要求选择延时方式，即通电延时型或断电延时型。

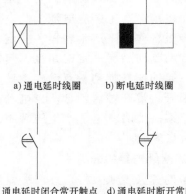

a) 通电延时线圈　　b) 断电延时线圈

c) 通电延时闭合常开触点　d) 通电延时断开常闭触点

e) 断电延时断开常开触点　f) 断电延时闭合常闭触点

图 1-42　时间继电器的电气符号

2）根据延时范围和精度要求选择时间继电器类型。

3）根据使用场合、工作环境选择时间继电器的类型。如电源电压波动大的场合可选空气阻尼式或电子式时间继电器，电源频率不稳定的场合不宜选用电子式时间继电器，环境温度变化大的场合不宜选用空气阻尼式和电子式时间继电器。

1.6.4　速度继电器

速度继电器常用于三相感应电动机按速度原则控制的反接制动电路中，亦称反接制动继电器。

1．速度继电器的组成结构

速度继电器主要由转子、定子和触点三部分组成，转子是一个圆柱形永久磁铁，定子是一个笼型空心圆环，由硅钢片叠铆而成，并装有笼型绕组。速度继电器的外形及结构如图1-43所示。

2．速度继电器的电气符号

速度继电器的电气符号如图1-44所示。

3．速度继电器的工作原理

速度继电器的转子轴与电动机轴相连，定子套在转子上。当电动机转动时，速度继电器的转子（永久磁铁）随之转动，在空间中产生旋转磁场，切割定子绕组，而在其中产生感应电流。此电流又在旋转磁场作用下产生转矩，使定子随转子转动方向旋转一定的角度，与定子装在一起的摆杆推动触点动作，使常闭触点断开、常开触点闭合。当电动机转速低于某一值时，定子产生的转矩减小，动触点复位。

4．速度继电器的分类

常用的速度继电器有 JY1 系列和 JFZ0 系列。JY1 系列能在 3000r/min 以下可靠工作；JFZ0-1 型适用于 300 ～ 1000r/min，JFZ0-2 型适用于 1000 ～

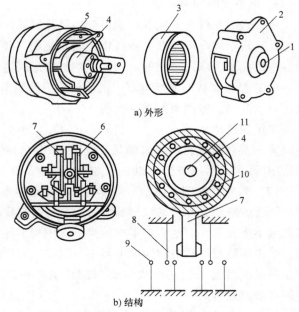

a) 外形

b) 结构

图 1-43　速度继电器的外形及结构

1—连接头　2—端盖　3—定子　4—转子　5—可动支架
6—触点　7—胶木摆杆　8—簧片　9—静触点
10—绕组　11—轴

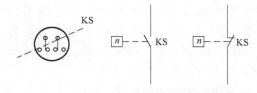

图 1-44　速度继电器的电气符号

3600r/min；JFZ0 系列速度继电器有 2 对常开、常闭触点。一般速度继电器转轴在 120r/min 左右即能动作，在 100r/min 以下触点复位。

JY1 系列和 JFZ0 系列速度继电器的主要技术参数见表 1-17。

表 1-17　JY1 系列和 JFZ0 系列速度继电器的主要技术参数

型号	触点容量		触点数目		额定工作转速/
	额定电压/V	额定电流/A	正转时动作	反转时动作	（r/min）
JY1	380	2	1 组转换触点	1 组转换触点	100～3600
JFZ0					300～3600

5．速度继电器的选用原则

速度继电器主要根据电动机的额定转速来选用。

6．速度继电器的使用注意事项

1）速度继电器的转轴应与电动机同轴连接。

2）速度继电器安装接线时，正、反向的触点不能接错，否则不能起到反接制动时接通和断开反向电源的作用。

1.6.5 固态继电器

固态继电器是一种新型无触点继电器。它是随着微电子技术不断发展而产生的一种以弱控强的新型电子器件，同时又为强、弱电之间提供了良好的隔离，从而确保了电子电路的正常运行和人身安全。固态继电器具有工作可靠、驱动功率小、开关速度快、无噪声、使用寿命长和对电源电压适应能力强等优点，在微机检测等领域应用十分广泛。与普通电磁式继电器相比，固态继电器的不足之处是没有辅助触点。

1. 固态继电器的组成结构

固态继电器的实物外形如图 1-45 所示。

2. 固态继电器的电气符号

固态继电器的电气符号如图 1-46 所示。

图 1-45　固态继电器的实物外形

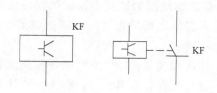

图 1-46　固态继电器的电气符号

3. 固态继电器的工作原理

图 1-47 所示为光电耦合式固态继电器工作原理电路。

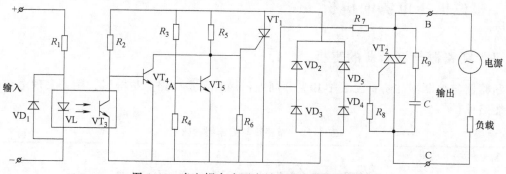

图 1-47　光电耦合式固态继电器工作原理电路

当无信号输入时，光电耦合器内的发光二极管 VL 不发光，光电晶体管 VT_3 截止，晶体管 VT_4 导通，晶闸管 VT_1 门极被钳在低电位而关断，双向晶闸管 VT_2 无触发脉冲，固态继电器的两个输出端处于断开状态。

当该电路的输入端输入很小的信号电压时，可使发光二极管 VL 导通发光，光电晶体管 VT_3 导通，晶体管 VT_4 截止。VT_1 门极为高电位而导通，双向晶闸管 VT_2 可以经 R_8、R_9、

VD_2、VD_3、VD_4、VD_5、VT_1 对称电路获得正负两个半周的触发信号，保持两个输出端处于接通状态。

固态继电器的输入电压、电流均不大，但能控制大电压、大电流电路，它与晶体管、TTL、CMOS 电子电路有较好的兼容性，可直接与弱电控制回路（如计算机接口电路）连接。常用的产品有 DJ 系列固态继电器，其是利用脉冲控制技术研制的新型固态继电器，采用无源触发方式。

4. 固态继电器的分类

固态继电器为四端器件，其中两个端口为输入端，两个端口为输出端，中间采用隔离元件，实现输入、输出电隔离。固态继电器的分类见表 1-18。

表 1-18　固态继电器的分类

分 类 方 式	具 体 内 容
切换负载性质	直流固态继电器、交流固态继电器
输入与输出之间的隔离	光电隔离固态继电器、磁隔离固态继电器
控制触发信号方式	过零型和非过零型固态继电器、有源触发型和无源触发型固态继电器

5. 固态继电器的选用原则及使用注意事项

1）固态继电器的选用应根据负载类型（阻性、感性）来确定，并要采用有效的过电压吸收保护措施。

2）输出端要采用 RC 浪涌吸收回路或加非线性压敏电阻吸收瞬间变电压。

3）过电流保护采用专门保护半导体器件的熔断器件（熔断器）或用动作时间小于 10ms 的断路器。

4）安装时采用散热器，要求接触良好且对地绝缘。

5）应避免负载侧两端短路。

1.7　相似低压电器的辨析

1.7.1　断路器与熔断器的辨析

断路器与熔断器的辨析见表 1-19。共同点：两者都是电路保护电器，用于实现电路的过载和短路保护。

表 1-19　断路器与熔断器的辨析

辨析方式	具 体 内 容
保护方式	1. 断路器的保护方式是跳闸，排除故障后通过合闸即可恢复供电，方便使用 2. 熔断器的保护方式是熔断，排除故障后需要更换熔体才能恢复供电，不便于下次使用或更换
保护速度	1. 断路器的跳闸速度是毫秒（ms）级，相对较慢，不适用于某些对截断速度要求高的场合 2. 熔断器的熔断速度是微秒（μs）级，远远快于断路器，适用于有快速截断要求的场合

1.7.2　行程开关与接近开关的辨析

行程开关与接近开关的辨析见表 1-20。

表 1-20 行程开关与接近开关的辨析

辨析方式	具 体 内 容
作用	1. 接近开关是无触点开关,寿命较长,适用于"通过信号" 2. 行程开关又称限位开关,行程开关和限位开关都是位置开关,但是行程开关可以检测行程,可作为输入信号控制电路在一定距离动作
触发方式	1. 行程开关:当运动物体接近静止物体时,开关的连杆驱动开关的触点,引起闭合的触点分断或断开的触点闭合 2. 电感式接近开关属于一种有开关量输出的位置传感器,它由 LC 高频振荡器和放大处理电路组成,利用金属物体在接近这个能产生电磁场的振荡感应头时,使物体内部产生涡流,从而引起内部电路的参数发生变化,由此识别出有无金属物体接近,进而控制开关的通或断
被测物体	1. 行程开关可以安装在相对静止物体(如固定架、门框等)上或者运动物体(如行车、门等)上 2. 接近开关根据其工作原理,主要作用在金属物体上

1.7.3 接触器与继电器的辨析

接触器与继电器的辨析见表 1-21。共同点:接触器与继电器的工作原理相似,都是线圈得电带动衔铁使触点动作(接通或分断)。

表 1-21 接触器与继电器的辨析

辨析方式	具 体 内 容
触点容量	接触器的触点容量大于继电器
触点数设计	1. 接触器的触点数不是成对设计的,3 组常开触点为主触点,再加以辅助触点(常开和常闭) 2. 继电器的触点是成对设计的,没有辅助触点
作用不同	1. 接触器的作用是电路的通或断,其触点通断电流较大,常用在主电路中,使大功率负载得电或失电 2. 继电器的作用是信号的检测、传递等,其触点通断电流比较小,常用在控制电路中
衍生电器	1. 继电器的衍生电器有很多,如时间继电器、速度继电器、中间继电器等 2. 接触器比较单一且没有其他衍生电器

1.7.4 通电延时与断电延时继电器的辨析

通电延时与断电延时继电器的辨析见表 1-22。

表 1-22 通电延时与断电延时继电器的辨析

辨析方式	具 体 内 容
工作原理	1. 通电延时就是线圈通电后,常开触点和常闭触点在延时时间到达设定时间时动作,继电器断电后触点立即复原(通电延时断电无延时) 2. 断电延时就是线圈断电后,常开触点和常闭触点立即动作,继电器断电后,延时时间到达设定时间时复原(断电延时通电无延时)
电气符号(线圈)	 通电延时　　断电延时

（续）

辨析方式	具体内容
电气符号（线路）	通电延时（凸）　　　　断电延时（凹）

本章小结

本章从实用的角度出发，直观、形象、简明扼要地介绍了电气控制中常用的低压电器及其电气符号，其是组成生产设备电气与 PLC 控制电路图的基础，也是分析、阅读和设计生产设备电气与 PLC 控制电路图的最基本的知识，必须熟练掌握。

学习目的：熟练掌握常用低压电器的简单工作原理和电气符号，能分析、阅读和设计生产设备电气控制电路图，会选用相关低压电器，会简单的故障处理和维修。

习　题

1-1　什么是低压电器？分为哪几类？常用的低压电器有哪些？

1-2　在低压主电路中，一般采用什么电器完成短路保护？采用什么电器完成过载保护？

1-3　交流接触器的铁心上嵌入短路环的作用是什么？

1-4　在电动机电路中，为什么熔断器一般只能用于短路保护？

1-5　额定电压为 220V 的交流线圈，若误接到交流 380V 或交流 110V 的电路上，分别会引起什么后果？为什么？

1-6　电动机的起动电流很大，当电动机起动时，热继电器会不会动作？为什么？

1-7　空气阻尼式时间继电器利用什么原理达到延时目的？

1-8　中间继电器的作用是什么？中间继电器与接触器有何异同？

1-9　交流接触器线圈断电后，若衔铁（动铁心）不能立即释放，电动机不能立即停止，原因是什么？

1-10　为什么电动机应进行零电压、欠电压保护？

1-11　交流接触器的短路环断开后会出现什么故障现象？为什么？

第 2 章

继电器控制基本电路

电气控制电路是用导线将电动机、电器、仪表等电气元件连接起来并实现特定控制功能的电路。为了便于分析系统的工作原理，必须用统一规定的电气符号来代表各种电器，电气控制电路图也应按统一的规则进行绘制和编号，这样也有利于电气设备的安装、调整、使用和维修。

2.1　电气控制电路的常用电气符号及绘制原则

2.1.1　电气控制电路常用的电气符号

电气控制电路图是工程技术的通用语言，其由各种电气元件的图形、文字符号等要素组成，为了便于沟通与交流，我国参照国际电工委员会（IEC）颁布的有关文件，制定了我国电气设备有关国家标准，颁布了 GB/T 4728 系列标准《电气简图用图形符号》、GB/T 5465 系列标准《电气设备用图形符号》、GB/T 16902 系列标准《设备用图形符号表示规则》、GB/T 6988 系列标准《电气技术用文件的编制》、GB/T 18135—2008《电气工程 CAD 制图规则》等。关于电气控制电路图中的文字符号，我国曾颁布 GB 7159—1987《电气技术中的文字符号制订通则》，该标准已于 2005 年废止，在目前尚无具体替代标准发布前，均习惯采用该标准中规定的文字符号。表 2-1 列出了常用电气符号（图形符号和文字符号），以供参考。

表 2-1　常用电气符号

名称	图形符号 GB/T 4728 系列标准	文字符号 GB 7159—1987	名称		图形符号 GB/T 4728 系列标准	文字符号 GB 7159—1987
三极刀开关	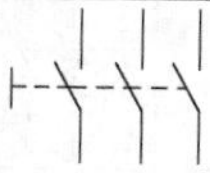	Q	接触器	线圈	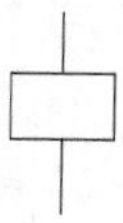	KM
三极隔离开关	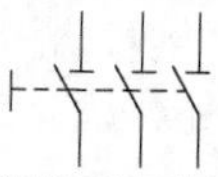	QS				
三极断路器	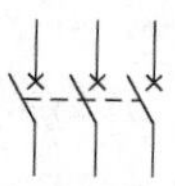	QF		常开主触点		

（续）

名称		图形符号 GB/T 4728 系列标准	文字符号 GB 7159—1987	名称		图形符号 GB/T 4728 系列标准	文字符号 GB 7159—1987
接触器	常闭主触点		KM	热继电器	热元件		FR
	辅助常开触点				动断触点		
	辅助常闭触点			熔断器			FU
中间继电器	线圈		KA	压力继电器	常开触点		KP
	常开触点				常闭触点		
	常闭触点			温度继电器	常开触点		KT
时间继电器	通电延时线圈		KT		常闭触点		
	延时闭合的常开触点			按钮	起动按钮		SB
	延时断开的常闭触点				停止按钮		
	断电延时线圈				复合触点		
	延时断开的常开触点				急停按钮常开触点		
	延时闭合的常闭触点				急停按钮常闭触点		

（续）

名称		图形符号 GB/T 4728 系列标准	文字符号 GB 7159—1987	名称	图形符号 GB/T 4728 系列标准	文字符号 GB 7159—1987
行程开关	常开触点		SQ	电流互感器		TA
	常闭触点			电压互感器		TV
	复合触点			电压表	Ⓥ	PV
接近开关	常开触点			电度表	Wh	PJ
	常闭触点			控制电路用电源的整流器		VC
蜂鸣器			HA	电动机	三相笼型异步电动机	M
电铃					三相绕线转子异步电动机	
报警器						
信号灯		⊗	HL		直流串励电动机	
照明灯			EL			
电抗器		或	L		直流并励电动机	
双绕组变压器		或	T			
自耦变压器				步进电动机		

2.1.2 电气控制电路的绘制原则

在绘制电气控制电路时，绘制对象所对应的绘制原则见表 2-2。

表 2-2 绘制对象所对应的绘制原则

绘制对象	具 体 内 容
电流	遵循电流方向"自上而下（垂直方位绘制时），自左向右（水平方位绘制时）"的原则绘制
常开或常闭触点	遵循"左开右闭（垂直方位绘制时），下开上闭（水平方位绘制时）"的原则绘制
开关电器	按图形布置的需要，采用图形符号的方位与 GB/T 4728 系列标准中所示的一致时，则直接画出；若方位不一致时，应遵循按图例"逆时针旋转 90°"的原则绘制，但文字和指示方向不得颠倒

电气控制系统图的种类很多，下面介绍电气原理图、电气安装接线图绘制的基本方法与原则。

1. 电气原理图

电气原理图是根据电路工作原理，用规定的图形符号和文字符号绘制出来的表示各个电器连接关系的线路图。为了简单清楚地表明电路功能，将原理图采用电气元件展开的形式绘制。

电气原理图根据通过电流的大小可分为主电路和控制电路。电动机、发电机主电路是指动力系统的电源电路，如电动机等执行机构的三相电源；控制电路是指控制主电路的控制回路，如主电路中接触器的线圈。

在绘制电气原理图时，一般应遵循以下原则：

1）电气电路根据电路通过的电流大小可分为主电路和控制电路。主电路包括从电源到电动机或电路末端的电路，是大电流通过的部分。控制电路一般由按钮、接触器及继电器的线圈和触点等组成。绘制电气原理图时，主电路用粗线条画在原理图的左边或上边，控制电路用细线条画在原理图的右边或下边[⊖]。

2）在电气原理图中，所有电气元件的图形、文字符号必须采用国家标准规定的统一符号。主电路标号一般由文字符号和数字标号组成。文字符号用以标明主电路中的元件或电路的主要特征，数字标号用以区别电路不同线段。三相交流电源引入线采用 L1、L2、L3 标号，电源开关之后的三相交流电源主电路分别标记 U、V、W。控制电路由 3 位或 3 位以下的数字组成，交流控制电路的标号一般以主要电气元件线圈为分界，左边用奇数标号，右边用偶数标号。直流控制电路中正极按奇数标号，负极按偶数标号。

3）接触器触点位置标注。在电路图中的每个接触器线圈下方画出两条竖直线，分成左、中、右三栏，把受其控制而动作的触点所处的图区号填入相应的栏内，对备而未用的触点，在相应的栏内用"×"标出或不标示任何符号，见表 2-3。

4）继电器触点位置标注。在电路图中的每个继电器线圈下方画出一条竖直线，分成左、右两栏，把受其控制而动作的触点所处的图区号填入相应的栏内。同样，对备而未用的触点，在相应的栏内用"×"标出或不标示任何符号，见表 2-4。

⊖ 本书中电路统一采用细线条。

表2-3 接触器触点位置标注

栏目	左栏	中栏	右栏
触点类型	主触点 所处的图区号	辅助常开触点 所处的图区号	辅助常闭触点 所处的图区号
举例 KM 2 7 × 2 8 × 2	表示3对主触点均在图区2	表示1对辅助常开触点在图区7,另1对常开触点在图区8	表示2对辅助常闭触点没有使用

表2-4 继电器触点位置标注

栏目	左栏	右栏
触点类型	常开触点所处的图区号	常闭触点所处的图区号
举例 KA2 4 4 4	表示3对常开触点在图区4	表示没有使用常闭触点

5）同一电器的不同部分可以不画在一起，但需用同一文字符号标出。

6）所有按钮、触点等均按操作前、电路未带电的原始状态画出。

7）控制电路原则上按照动作先后顺序排列，两线交叉连接时的电气连接点须用黑点标出。并应做到布局合理、排列均匀、图面清晰、便于看图。

8）电气原理图中电气元件的数据和型号，一般用小写字体注在电器代号附近，导线用其截面面积标注，如"1.5mm^2"字样表示该导线的截面面积为1.5mm^2，必要时需标出采用导线的颜色。

9）对于较复杂的电气原理图，为了便于读图分析、避免疏漏，应对图面进行区域划分或电路编号，必要时注明回路用途。

综上，多电动机状态控制电气原理图如图2-1所示。

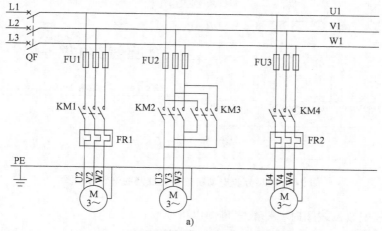

a)

图2-1 多电动机状态控制电气原理图

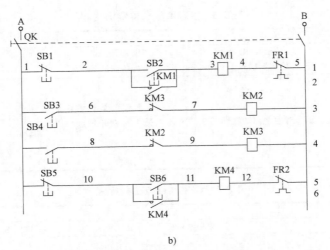

b)

图 2-1　多电动机状态控制电气原理图（续）

2. 电气安装接线图

电气安装接线图是电气原理图的具体实现形式，它是用规定的电气符号按电气元件的实际位置和实际接线来绘制的，用于电气设备和电气元件的安装、配线和电气故障检修。实际工作中，电气安装接线图常与电气原理图结合起来使用。

图 2-2 所示为图 2-1a 中笼型异步电动机正反转控制的安装接线图。图中标明了该车床中电源进线、按钮、照明灯、电动机与接触器等电气元件之间的连接关系，也标注了所采用的金属软管、连接导线的根数及截面面积。

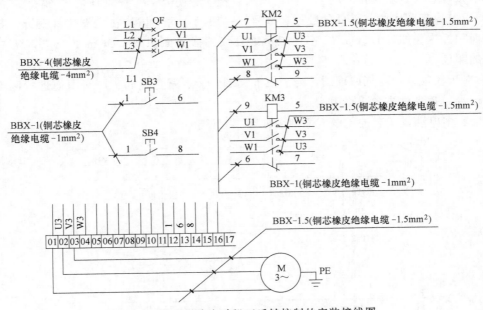

图 2-2　笼型异步电动机正反转控制的安装接线图

在绘制电气安装接线图时，一般应遵循以下原则：

1）电气元件的图形、文字符号应与电气原理图标注一致。同一电气元件的各部件必须画在一起。各电气元件的位置，应与实际安装位置一致。

2）要表示出控制板内外各电气元件，控制板内外电气元件的电气连接一般应通过端子排，并按电气原理图的接线编号连接。

3）走向相同的多根导线可用单线或线束来表示。

4）安装接线图中应标明导线的规格、型号、根数、颜色和穿线管的尺寸。

总之，安装接线图应画得明确、清楚，易检查接线有无错漏。另外，在实际工作中，往往还要画出电气元件布置图，以利于电气元件之间的接线安排和电气元件的维修与更换。

2.2 电气控制的基本环节及规律

任何简单或复杂的电气控制回路均由一系列基本环节组成，包括点动控制、连续控制、自锁控制、互锁控制、多地联锁控制、顺序控制和自动循环控制等诸多环节。

2.2.1 点动控制环节

所谓点动，即手动按下常开按钮时，电动机运转工作；手动松开常开按钮时，电动机停止工作。某些生产过程中，如张紧器、电动葫芦等机械电动机常要求此类实时控制，它能实现电动机短时转动，整个运行过程完全由操作人员控制，如图 2-3 所示。

1. 点动控制环节组成部分

主电路由断路器 QF、交流接触器 KM 的主触点和笼型异步电动机 M 组成，控制电路由起动按钮 SB 和交流接触器线圈 KM 组成。

2. 点动控制环节的起动与停机过程

（1）起动工作过程

控制电路：合上断路器 QF→按下起动按钮 SB→接触器 KM 线圈通电。

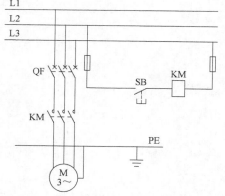

图 2-3 电动机点动控制电路图

主电路：接触器 KM 主触点闭合→电动机 M 通电直接起动。

（2）停机工作过程

控制电路：松开按钮 SB→接触器 KM 线圈断电。

主电路：接触器 KM 主触点断开→电动机 M 断电停转。

点动运行的另一典型电路为控制电动机正反转的电路，如图 2-4 所示。以张紧类机构为例，其工作过程为：若机构较松弛，希望张紧时按下 SB1，电动机正转进行张紧，根据张紧程度，适时松开按钮 SB1 停止张紧；若希望停机检修或更换机构，需要松弛机构，按下 SB2，电动机反转，机构松弛。此类电路应用灵活，可根据实际需要随时调整装置状态。

2.2.2 连续控制环节

1. 连续控制环节的组成部分

连续运转即要求电动机长时间连续运行，此时需要用到连续控制，从电动机控制角度说

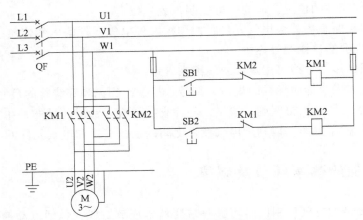

图 2-4　电动机点动正反转控制电路图

即为长动控制。如图 2-5 所示，主电路由断路器 QF、接触器 KM 的主触点、热继电器 FR 的热元件和电动机 M 组成；控制电路由停止按钮 SB1、起动按钮 SB2、接触器 KM 的辅助常开触点和线圈、热继电器 FR 的常闭触点组成。

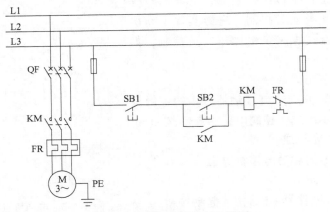

图 2-5　电动机连续控制电路图

2. 连续控制环节的起动和停机过程

（1）起动工作过程

控制电路：合上断路器 QF→按下起动按钮 SB2→接触器 KM 线圈通电。

主电路：接触器 KM 线圈通电→接触器 KM 主触点闭合（接触器 KM 辅助常开触点闭合）→电动机 M 接通电源运转（松开 SB2）。

（2）停机工作过程

控制电路：按下停止按钮 SB1→接触器 KM 线圈断电。

主电路：接触器 KM 线圈断电→接触器 KM 主触点和辅助常开触点断开→电动机 M 断电停转。

2.2.3　起动、保护和停止控制环节

起动环节主要完成电动机由静止状态到转动状态的控制，在点动控制中，例如图 2-3

中，按钮 SB 就是起动环节。在连续控制中，例如图 2-5 中，SB2 和 KM 为起动环节。保护环节分为两个方面：一是控制电路的保护，即每个运转状态的控制电路中的熔断器 FU；二是主电路的保护，包括断路器、热继电器等对电路的限流保护。停止环节完成电动机由运转到停止的转换，主要由停止按钮来实现。在点动控制电路中，起动按钮也同时起停止作用。当保护环节起保护作用时，它也可认为是一个停止环节，只不过是一个非正常停止环节。

2.2.4 电气控制常用的保护环节

电气控制的保护环节非常多，在电气控制电路中，最为常用的是熔断器及断路器，应用方法是串联在回路中，当电路电流超过其允许最大电流时熔断或跳保护（跳闸）。第二类较常用的保护环节是电动机保护，即热继电器，当电动机过电流并达到一定时间时跳保护。电气控制电路中常设有以下保护环节。

（1）短路保护 当电路发生短路时，短路电流会引起电气设备绝缘损坏和产生强大的电动力，使电动机和电路中的各种电气设备产生机械性损坏，因此当电路发生短路时，必须迅速而可靠地断开电源。图 2-6a 所示为采用熔断器作短路保护的电路。当主电动机容量较小时，其控制电路无须另设熔断器，主电路中熔断器也作为控制电路的短路保护。当主电动机容量较大时，则控制电路一定要单独设置短路保护熔断器。图 2-6b 所示为采用断路器作短路保护的电路，断路器既作为短路保护，又作为过载保护，

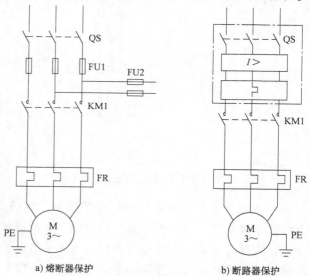

a) 熔断器保护   b) 断路器保护

图 2-6 短路保护

其过电流线圈用作短路保护。电路出故障时，断路器动作，事故处理完重新合闸，电路则重新运行工作。

（2）过电流保护及欠电压保护 不正确的起动和过大的负载，也常常使电动机产生很大的过电流，由此引起的过电流一般比短路电流要小。过大的冲击负载，使电动机流过过大的冲击电流，以致损坏电动机的换向器；同时，过大的电动机转矩也会使机械的转动部件受到损伤。因此要瞬时切断电源，电动机在运行过程中产生这种过电流比发生短路的可能性要大，频繁起动和正反转重复短时工作的电动机更是如此。图 2-7 所示控制电路中设有过电流保护及欠电压保护环节。为避免电动机起动时过电流保护误动作，电路中接入时间继电器 KT，并使 KT 延时时间稍长于电动机 M 的起动时间。这样，电动机起动结束后，过电流继电器 KI 才接入电流检测回路起保护作用。当电路电压过低时，KV 失电，KV 的常开触点断开主电动机 M 的控制电路。

（3）过载保护 电动机长期超载运行时，其绕组的温升将超过允许值而损坏，所以应设过载保护环节。过载保护一般采用热继电器作为保护元件（图 2-8）。热继电器具有反时

限特性，由于热惯性的存在，热继电器不会受短路电流的冲击而瞬时动作；当有 8~10 倍额定电流通过热继电器时，其需经 1~3s 动作，这样，在热继电器动作前，热继电器的热元件可能已烧坏。所以，在使用热继电器进行过载保护时，还必须有熔断器或过流继电器配合使用。

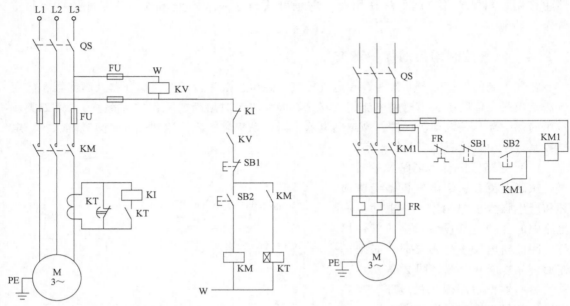

图 2-7　过电流保护及欠电压保护环节　　　　　　　图 2-8　过载保护电路

（4）失电压保护　电动机在正常工作时，如果因为电源的关闭而使电动机停转，那么在电源电压恢复时，电动机就会自行起动。电动机的自起动可能造成人身事故或设备事故。防止电压恢复时电动机自起动的保护称为失电压保护。失电压保护是通过并联在起动按钮上的接触器的常开触点，或并联在主令控制器的 0 位闭合触点上零位继电器的常开触点来实现的，即自锁控制，如图 2-9 所示。

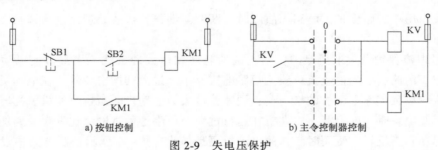

a) 按钮控制　　　　　　　　　　b) 主令控制器控制

图 2-9　失电压保护

（5）极限保护　某些直线运动的生产机械常设极限保护，该保护是由行程开关的常闭触点来实现的。如龙门刨床的刨台，设有前、后极限保护；矿井提升机，设上、下极限保护。在生产过程中，可根据生产机械和控制系统的不同要求（温度、压力、液位等），设置相应的极限保护环节。对电动机的基本保护，如过载保护、断相保护、短路保护等，最好能在一个保护装置内同时实现。

2.2.5 自锁控制与互锁控制

自锁即要求电动机控制电路起动按钮按下并松开后，电动机仍能保持运转工作状态，与点动相对应，以图 2-10 所示电路来对比说明，详见表 2-5。互锁控制即在实际控制过程中，常常有这样的要求，两台电动机不准同时接通，如图 2-11 所示。当按下 SB1，KM1 得电工作时，即使误按下 SB2，也不准 KM2 得电，否则会使两个接触器的主触点同时吸合，引起主电路短路，发生危险。

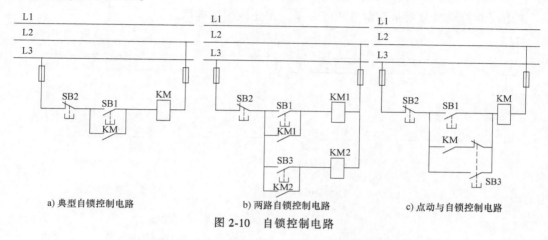

a) 典型自锁控制电路   b) 两路自锁控制电路   c) 点动与自锁控制电路

图 2-10 自锁控制电路

表 2-5 自锁控制电路的类型及具体内容

自锁控制电路类型	具 体 内 容
典型自锁控制电路	图 2-10a 所示为典型自锁控制电路，当按钮 SB1 按下后，接触器 KM 线圈得电，同时其辅助常开触点吸合，当按钮被松开后仍能保持接触器 KM 线圈得电，自锁功能得以实现
两路自锁控制电路	图 2-10b 所示为两路自锁控制电路，SB2 起停止作用，按下 SB1，KM1 线圈自锁运行，按下 SB3，KM2 自锁运行
点动与自锁控制电路	图 2-10c 所示为点动与自锁同时实现的控制电路，图中用复合按钮实现点动控制，当 SB3 按下时，实现电动机点动运行，SB3 松开后，电动机停转；SB1 实现自锁连续运行

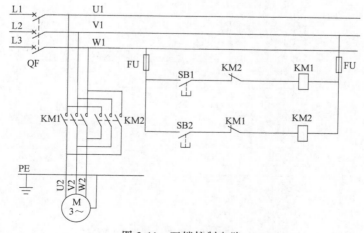

图 2-11 互锁控制电路

2.2.6 多地控制

有些电气设备，如大型机床、起重运输机等，为了操作方便，常要求能在多个地点对同一台电动机实现控制（如要求既可在现场控制运转状态，又可在控制室或其他远程场合控制运转状态），这种控制方法叫作多地控制。图 2-12 所示为三地控制电路。把一个起动按钮和一个停止按钮组成一组，并把 3 组起动、停止按钮分别放置三地，即可实现三地控制。图中，SB11、SB12、SB21、SB22、SB31、SB32 构成 3 组，分别放在现场（本地）、控制室及操作间。

多地控制的接线原则是起动按钮应并联，停止按钮应串联。

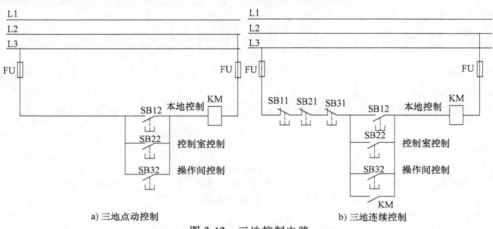

图 2-12 三地控制电路

2.2.7 多台电动机先后顺序工作的控制

在生产中，有时要求一个拖动系统中多台电动机实现先后顺序工作，例如，机床中要求润滑电动机起动后，主轴电动机才能起动。图 2-13 所示为两台电动机顺序起动控制电路。

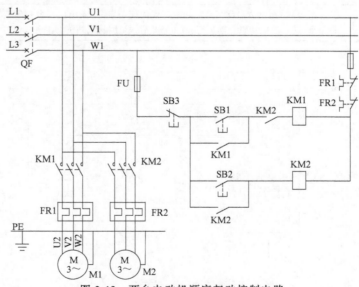

图 2-13 两台电动机顺序起动控制电路

图中，接触器 KM1 控制电动机 M1 的起动，接触器 KM2 控制电动机 M2 的起动。现要求电动机 M2 起动后，电动机 M1 才能起动。工作过程如下：

控制电路：① 合上断路器 QF→按下起动按钮 SB2→接触器 KM2 通电。

② 按下起动按钮 SB1→接触器 KM1 通电。

主电路：① 接触器 KM2 通电→电动机 M2 起动→辅助常开触点 KM2 闭合。

② 接触器 KM1 通电→电动机 M1 起动。

按下停止按钮 SB3，两台电动机同时停止。电动机顺序控制的接线规律如下：

1）要求接触器 KM2 动作后接触器 KM1 才能动作，故将接触器 KM2 的辅助常开触点串联于接触器 KM1 的电路中。

2）要求电动机 M1 及 M2 中有任何故障发生，控制电路均不能动作。

2.2.8　自动循环控制

在某些电气设备中，有些功能是通过设备自动往复循环实现的，例如造纸自动喷水管左右摆动喷水，就是通过电动机的正、反转实现自动往复循环的。自动循环控制电路如图 2-14 所示。

控制电路按照行程控制原则，利用生产机械运动的行程位置实现控制，通常采用限位开关。

控制电路：① 合上断路器 QF→按下起动按钮 SB1→接触器 KM1 得电。

② SQ2 常开触点接通→接触器 KM2 通电。

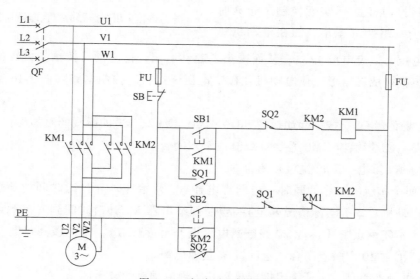

图 2-14　自动循环控制电路

主电路：① 接触器 KM1 通电→电动机 M 正转，喷水管左移→喷水管左移到一定位置，螺杆碰撞限位开关 SQ2→SQ2 常闭触点断开→KM1 停止吸合。

② 电动机 M 反转，喷水管右移→喷水管右移到一定位置，螺杆碰撞限位开关 SQ1→SQ1 常闭触点断开→KM2 停止吸合，KM1 再次得电，依次往复运行。

2.3　三相异步电动机的起动控制

不同型号、不同功率和不同负载的电动机，往往有不同的起动方法，因而其控制电路也不同。三相异步电动机一般有直接起动或减压起动两种方法。

2.3.1　三相笼型异步电动机直接起动控制

在供电变压器容量足够大时，较小容量笼型异步电动机可直接起动。直接起动的优点是电气设备少、线路简单。实际的直接起动电路一般采用带熔断器的刀开关或断路器直接起动控制，如图 2-15 所示。对于容量大的电动机来说，由于起动电流大，会引起较大的电网压降，所以必须采用减压起动的方法，以限制起动电流。

减压起动虽然可以减小起动电流，但降低了起动转矩，因此仅适用于空载或轻载起动。三相笼型异步电动机的减压起动方法有定子绕组串电阻（或电抗器）起动、自耦变压器减压起动、星-三角减压起动、延边三角形起动等。

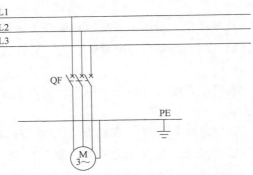

图 2-15　采用断路器的直接起动控制电路

2.3.2　星-三角减压起动控制

控制电路按时间原则实现控制。起动时将电动机定子绕组接成星形，加在电动机每相绕组上的电压为额定电压 $1/\sqrt{3}$，从而减小了起动电流。待起动后按预先设定的时间把电动机定子绕组换接成三角形，使电动机在额定电压下运行。控制电路如图 2-16 所示。工作过程如下：

1）合上断路器 QF→按下起动按钮 SB1→KM0、KM2、KT 的线圈同时加电：

控制电路：① 接触器 KM0 通电→KM0 主触点闭合。

② 同时 KM2 得电→KM2 主触点闭合。

③ 在前两个接触器工作的同时→时间继电器 KT 开始计时（计时时间的长短根据现场负载大小及电动机功率等实际情况确定）→当时间继电器 KT 计时时间到时，触点动作（常开触点吸合，常闭触点断开）→KM2 线圈断电（断开星形联结），KM1 线圈得电。

主电路：① KM0 主触点闭合→电动机 M 接通电源。

② KM2 主触点闭合→定子绕组接成星形→实现电动机的减压起动。

③ KM1 线圈得电→KM1 主触点闭合→定子绕组连接成三角形。

2）实现电动机全压运行，转入电动机正常运行工作状态，起动过程结束。

该电路结构简单，起动电流降为三角形直接起动的 1/3，缺点是起动转矩也相应下降为三角形联结起动转矩的 1/3，转矩特性差。因而本电路适用于电网电压 380V、电动机的额定电压为 660V/380V、星-三角联结的电动机轻载或空载起动的场合。

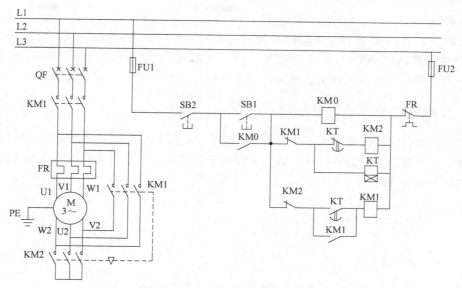

图 2-16　星-三角减压起动控制电路

2.3.3　定子绕组串电阻减压起动控制

控制电路按时间原则实现控制，依靠时间继电器延时动作来控制各电气元件的先后顺序动作。控制电路如图 2-17 所示。

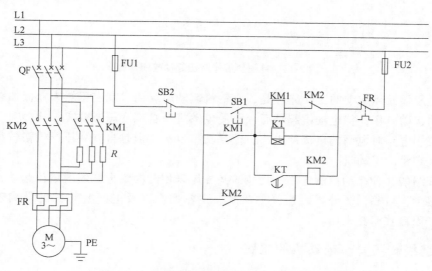

图 2-17　定子绕组串电阻减压起动控制电路

起动时，在三相定子绕组中串入电阻 R，通过电阻的分压作用降低定子绕组上的电压，待电动机起动后，再将电阻 R 排除，使电动机在额定电压下正常运行。工作过程如下：

控制电路：① 合上断路器 QF→按下起动按钮 SB1→KM1 线圈通电。

② 时间继电器 KT 开始计时（计时时间的长短根据现场负载大小及电动机功率等实际情况确定），当时间继电器计时时间到后，触点动作（延时闭合常开触点闭合）→接触器

KM2 线圈得电。

主电路：① KM1 线圈得电→KM1 主触点闭合→定子绕组串电阻减压起动。

② KM2 线圈得电→KM2 主触点闭合→同时 KM2 辅助常闭触点断开，KM1 线圈失电，KM1 主触点断开→电动机工作在全压运行状态，串电阻减压起动过程结束。

2.3.4 自耦变压器减压起动控制

起动时电动机定子绕组串入自耦变压器，定子绕组得到的电压为自耦变压器的二次电压，起动完毕后自耦变压器被排除，额定电压加于定子绕组上，电动机以全压投入运行，控制电路如图 2-18 所示。

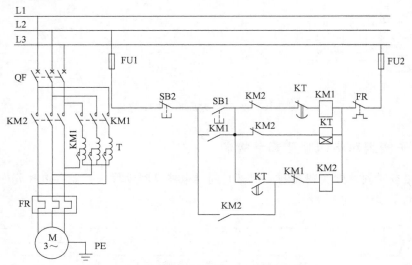

图 2-18　自耦变压器减压起动控制电路

自耦变压器减压起动的工作原理是，电动机起动时利用自耦变压器来降低加在电动机定子绕组上的起动电压，待电动机起动后，再使电动机与自耦变压器脱离，从而在全压下正常运行。该控制电路对电网的电流冲击小，损耗功率也小，但是自耦变压器价格较高，主要用于起动较大容量的电动机。

以上介绍的几种起动控制电路，均按时间原则采用时间继电器实现减压起动，这种控制方式的线路工作可靠，受外界因素（如负载、飞轮惯性以及电网波动）的影响较小，结构比较简单，因而被广泛采用。

2.3.5 绕线转子异步电动机的电路

除笼型异步电动机外，在要求起动转矩较大但起动电流不大的场合，绕线转子异步电动机得到了广泛应用。绕线转子异步电动机可以在转子绕组中通过集电环串联外加电阻起动，达到减小起动电流、提高起动转矩的目的。串联在转子绕组中的外加电阻，常用的有铸铁电阻片和用镍铬电阻丝绕制成的板形电阻，且一般都接成星形。在起动前，外加电阻全部接入转子绕组，随着起动过程的结束，外接电阻被逐段短接。

1. 按时间原则控制

控制过程中选择时间作为变化量进行控制的方式称为时间原则控制。图 2-19 所示电路采用时间继电器控制绕线转子异步电动机的起动。该电路使用3个时间继电器依次将转子电路中的三级电阻自动排除。工作过程如下：

控制电路：① 合上断路器 QF→按下起动按钮 SB2→接触器 KM1 线圈得电并自锁。

② 时间继电器 KT1 线圈得电并开始计时，当到达计时时间后，KT1 延时闭合常开触点闭合→接触器 KM2 线圈得电。

③ 同时时间继电器 KT2 线圈得电并开始计时，当到达计时时间后，KT2 延时闭合常开触点闭合→接触器 KM3 线圈得电，KM3 辅助常开触点闭合。

④ 时间继电器 KT3 线圈又得电并开始计时，当到达计时时间后，KT3 延时闭合常开触点闭合→接触器 KM4 线圈得电。

主电路：① 接触器 KM1 线圈得电且自锁→KM1 主触点闭合→电动机 M 串三级电阻起动。

② 接触器 KM2 线圈得电→KM2 主触点闭合→切除一级起动电阻 R_1。

③ 接触器 KM3 线圈得电→KM3 主触点闭合→切除第二级起动电阻 R_2。

④ 接触器 KM4 线圈得电→KM4 主触点闭合→切除第三级起动电阻 R_3，同时 KM4 的辅助常闭触点依次将 KT1、KT2、KT3 和 KM2、KM3 的电源切除→KT1、KT2、KT3 和 KM2、KM3 的线圈断电→电动机起动结束。

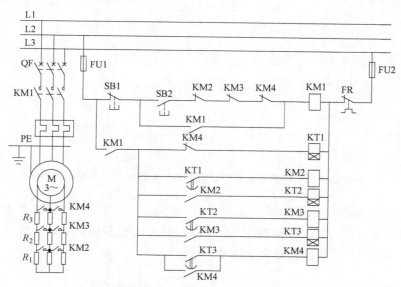

图 2-19　采用时间继电器控制绕线转子异步电动机的起动电路

2. 按电流原则控制

控制过程中选择电流作为变化参量进行控制的方式称为电流原则控制。图 2-20 所示电路采用电流继电器控制绕线转子异步电动机的起动。该电路根据电动机转子电流的变化，利用电流继电器来自动切除转子绕组中串联的外加电阻。工作过程如下：

1）图中 KA1 和 KA2 是电流继电器，其线圈串联在转子电路中，这两个电流继电器的吸合电流相同，但释放电流不同，KA1 的释放电流大，KA2 的释放电流小。

2）刚起动时，转子绕组中的起动电流很大，电流继电器 KA1 和 KA2 都吸合，它们接在控制电路中的常闭触点都断开，转子绕组的外接电阻全部接入。

控制电路：① 待电动机的转速升高后，转子电流减小，电流继电器 KA1 先失电→KA1 的常闭触点恢复闭合→使接触器 KM2 线圈得电。

② 当 R_1 电阻被移除后，转子电流重新增大，但当转速继续上升时，转子电流又会减小→使电流继电器 KA2 失电→KA2 常闭触点又恢复闭合→接触器 KM3 线圈又得电。

主电路：① 接触器 KM2 线圈得电→转子电路 KM2 的常开主触点闭合→移除电阻 R_1。

② 接触器 KM3 线圈得电→转子电路中 KM3 的常开主触点闭合→第二级电阻 R_2 短接移除→电动机起动完毕，正常运转。

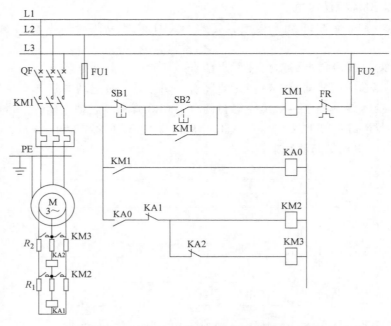

图 2-20　采用电流继电器控制绕线转子异步电动机的起动电路

中间继电器 KA0 的作用是保证起动时全部电阻接入，只有在中间继电器 KA0 线圈得电、KA0 的常开触点闭合后，接触器 KM2 和 KM3 线圈方能得电，然后才能逐级移除电阻，这样就保证了电动机在串联全部电阻下起动。

2.4　三相异步电动机的制动控制

由于惯性的关系，三相异步电动机从切除电源到完全停止旋转，总要经过一段时间，这往往不能适应某些机械工艺的要求。许多由电动机驱动的机械设备无论是从提高生产效率，还是从安全及准确停位等方面考虑，都要求能迅速制动，因此要对电动机进行制动控制。

三相异步电动机的制动方法有机械制动和电气制动两种。机械制动是利用机械装置使电动机迅速停转。常用的机械装置是电磁抱闸，抱闸装置由制动电磁铁和闸瓦制动器组成，可分为断电制动和通电制动。电气制动是在电动机上产生一个与原转动方向相反的制动转矩，迫使电动机迅速制动。常用的电气制动方式是能耗制动和反接制动。

2.4.1 电磁机械制动控制

电磁机械制动控制电路一般采取电磁抱闸制动控制，其设计原理是利用外加的机械作用力，使电动机迅速停止转动。由于这个外加的机械作用力是靠电磁制动闸紧紧抱住与电动机同轴的制动轮来产生的，所以叫作电磁抱闸制动。电磁抱闸制动又分为两种制动方式，即断电电磁抱闸制动和通电电磁抱闸制动。

1. 断电电磁抱闸制动

图 2-21 所示为断电电磁抱闸制动控制电路。制动轮通过联轴器直接或间接与电动机主轴相连，电动机转动时，制动轮也跟着同轴转动。

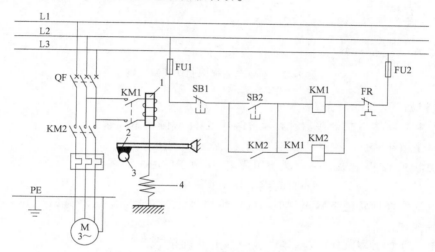

图 2-21　断电电磁抱闸制动控制电路
1—电磁铁心　2—制动闸　3—制动轮　4—弹簧

工作过程如下：

控制电路：① 合上电源开关 QF→按下起动按钮 SB2→接触器 KM1 得电吸合。

② KM1 得电→KM2 顺序得电吸合。

③ 按下停止按钮 SB1→接触器 KM1 及 KM2 失电释放。

主电路：① 接触器 KM1 得电吸合→电磁绕组接入电源→电磁铁心向上移动→抬起制动闸→松开制动轮。

② KM2 顺序得电吸合→电动机接入电源→起动运转。

③ 接触器 KM1 及 KM2 失电释放→电动机和电磁绕组均断电→制动闸在弹簧的作用下紧压在制动轮上→依靠摩擦力使电动机快速制动。

由于接触器 KM1 和 KM2 顺序得电，使得电磁绕组先通电，待制动闸松开后，电动机才接通电源。这就避免了电动机在起动前瞬时出现的"电动机定子绕组通电而转子被掣住不转的堵转运行状态"。这种断电抱闸制动的结构形式，在电磁铁绕组一旦断电或未接通时电动机都处于制动状态，故又称断电制动方式。

2. 通电电磁抱闸制动

图 2-22 所示为通电电磁抱闸制动控制电路。制动闸平时总是处于松开状态。

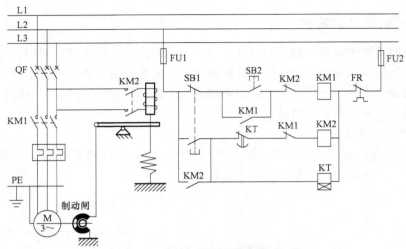

图 2-22　通电电磁抱闸制动控制电路

工作过程如下：

控制电路：① 按下起动按钮 SB2→接触器 KM1 线圈得电吸合。

② 按停止按钮 SB1→接触器 KM1 失电释放。

③ 接触器 KM2 得电吸合→电磁绕组通电 → 电磁铁心向下移动。
　　　　　　　　　　　　　　└→时间继电器 KT 得电。

④ 当电动机惯性转速下降至零时→时间继电器 KT 的常闭触点经延时断开→使 KM2 和 KT 线圈先后失电。

主电路：① 接触器 KM1 线圈得电吸合→电动机起动运行。

② 接触器 KM1 失电释放→电动机断电。

③ 电磁铁心向下移动→制动闸紧紧抱住制动轮。

④ KM2 和 KT 线圈先后失电→电磁绕组断电，制动闸又恢复了"松开"状态。

电磁抱闸制动的优点是制动力矩大、制动迅速、安全可靠、停车准确。其缺点是制动越快，冲击振动就越大，对机械设备不利。由于这种制动方法较简单，操作方便，所以在生产现场得到广泛应用。选用哪种电磁抱闸制动方式，要根据生产机械工艺要求来确定。一般在电梯、吊车、卷扬机等升降机械上，应采用断电制动方式；像机床等需要经常调整加工件位置的机械设备，往往采用通电制动方式。

2.4.2　三相异步电动机反接制动控制

反接制动是利用改变电动机电源相序，使定子绕组产生的旋转磁场与转子旋转方向相反，从而产生制动力矩的一种制动方法。应注意的是，当电动机转速接近零时，必须立即断开电源，否则电动机会反向旋转。另外，由于反接制动电流较大，制动时需在定子回路中串联电阻以限制制动电流。反接制动电阻的接法有对称电阻接法和不对称电阻接法。单向运行的三相异步电动机反接制动控制电路如图 2-23 所示。电路按速度原则实现控制，通常采用速度继电器。速度继电器与电动机同轴相连，速度继电器触点在 $120 \sim 3000 \mathrm{r/min}$ 范围内动作，当转速低于 $100 \mathrm{r/min}$ 时，其触点复位。

工作过程如下：

控制电路：① 合上电源开关 QF→按下起动按钮 SB1→接触器 KM1 通电。

② 制动时按下停止按钮 SB2→KM1 断电，KM2 通电（KS 常开触点尚未断开）。

主电路：① 接触器 KM1 通电→电动机 M 起动运行→速度继电器 KS 常开触点闭合，为制动做准备。

② KM2 通电→KM2 主触点闭合→定子绕组串入限流电阻 R 进行反接制动→当转速 n 接近 0 时，KS 常开触点断开→KM2 断电，电动机制动结束。

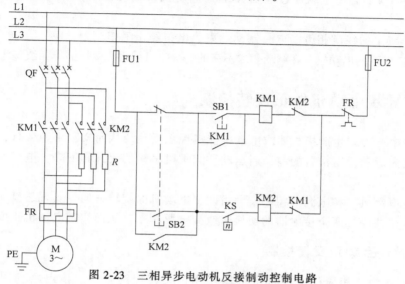

图 2-23　三相异步电动机反接制动控制电路

2.4.3　三相异步电动机能耗制动控制

三相异步电动机能耗制动时，切断定子绕组的交流电源后，在定子绕组任意两相通入直流电，形成固定磁场，与旋转转子中的感应电流相互作用产生制动力矩。制动结束必须及时移除直流电源。能耗制动控制电路如图 2-24 所示。工作过程如下：

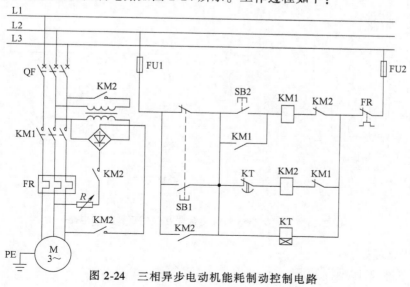

图 2-24　三相异步电动机能耗制动控制电路

电动机运转时，KM1 工作，KM2 与 KT 不工作。

控制电路：① 欲使电动机经能耗制动停止，按下停止按钮 SB1→KM1 线圈失电。

② 根据电机功率及负载大小设定时间继电器的延时制动时间→到达延时时间后，KT 的延时触点动作→使 KM2 与 KT 的线圈相继失电。

主电路：① KM1 主触点断开→切断电动机主电路电源→KM2 与 KT 线圈得电→KM2 主触点闭合，经整流后直流电压通过电阻 R 加到电动机两相绕组上，使电动机进入能耗制动工作状态。

② KM2 与 KT 的线圈相继断电→制动结束，电路停止工作。

对于 10kW 以下的电动机，在制动要求不高的场合，可采用无变压器单相波整流控制电路。

2.5 三相异步电动机的正反转控制

生产实践中，许多生产机械要求电动机能实现正反转，从而实现可逆运行，如机床中的主轴正向和反向运动，工作台的前、后运动，起重机吊钩的上升和下降，电梯的向上和向下运动等。

改变交流电动机三相电源的相序，即可改变电动机的旋转方向，实现正反向的运动。在实际应用中，往往通过两个接触器的切换来改变电源相序，从而实现电动机正反转控制。

2.5.1 接触器互锁正反转控制

图 2-25 所示为三相异步电动机接触器互锁正反转控制电路。该电路利用交流接触器 KM1、KM2 主触点的切换来改变电动机电源的相序，实现电动机正反转控制。

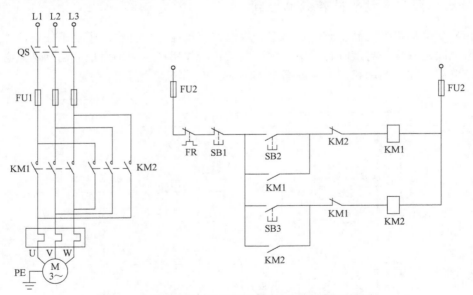

图 2-25 三相异步电动机接触器互锁正反转控制电路

电路工作原理如下：

1）正转控制工作过程如下：

控制电路：合上电源开关 QS→按下起动按钮 SB2→KM1 线圈得电→KM1 辅助常开触点闭合，实现自锁；同时，KM1 辅助常闭触点断开，保证 KM2 断电，实现电气互锁。

主电路：KM1 主触点闭合→电动机正转运行。

2）反接控制工作过程如下：

控制电路：按下停止按钮 SB1，自锁解除，KM1 线圈失电。

主电路：KM1 主触点断开→电动机停止运行。

同样通过如下步骤实现反转控制：

按下起动按钮 SB3→KM2 线圈得电→KM2 辅助常开触点闭合，实现自锁→KM2 主触点闭合；同时 KM2 辅助常闭触点断开，保证 KM1 断电，实现电气互锁→电动机反转运行。

该电路的缺点是在进行正反转转换时，要先断开 SB1，这样会增加一个操作步骤，不利于正反转的快速对接。

2.5.2　双重互锁正反转控制

为解决接触器互锁正反转控制电路的缺点，对电路进行改进，得到图 2-26 所示三相异步电动机双重互锁正反转控制电路。该电路也是利用交流接触器 KM1、KM2 主触点的切换来改变电动机电源的相序，实现电动机正反转控制的。其控制原理与图 2-25 所示的电动机接触器互锁正反转控制电路相同，只是在电路设计上，除了利用交流接触器 KM1、KM2 的辅助常闭触点串联在对方的线圈控制回路上实现"电气互锁"外，还利用复合按钮的常闭触点实现"机械互锁"。

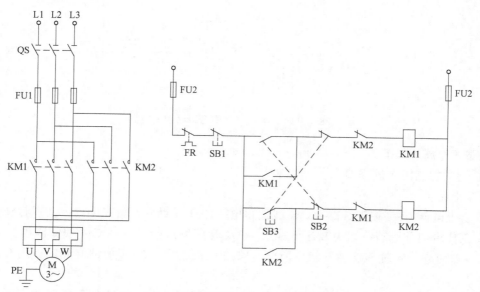

图 2-26　三相异步电动机双重互锁正反转控制电路

2.5.3　电动机正反转自动循环控制

在实际应用中，有些生产机械的工作台需要自动往返运动，如龙门刨床、导轨磨床等。自动往返的可逆运行通常是利用行程开关来检测往返运动的相对位置，进而控制电动机的正反转来实现的。

图 2-27 所示为机床工作台自动往返运动示意图。行程开关 SQ1、SQ2 分别固定安装在床身上，反映运动的原位与终点。挡块 A、B 固定在工作台上，SQ3、SQ4 为正反向极限保护行程开关。图 2-28 所示为机床工作台自动往返运动控制电路。

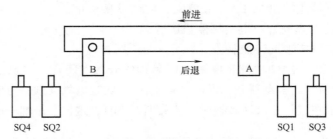

图 2-27　机床工作台自动往返运动示意图

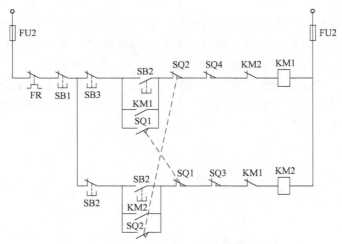

图 2-28　机床工作台自动往返运动控制电路

电路工作原理如下：

1）起动控制工作过程如下：

控制电路：

① 合上电源 QS→按下 SB2→KM1 线圈得电→KM1 辅助常开触点闭合，实现自锁。

② 工作台向前运动→挡块 B 压下 SQ2→SQ2 常闭触点断开，→KM1 线圈断电，KM1 辅助常闭触点闭合；同时 SQ2 常开触点闭合→KM2 线圈得电，KM2 辅助常开触点闭合，实现自锁。

③ 挡块 A 压下 SQ1→SQ1 常闭触点断开，KM2 线圈断电，KM2 辅助常闭触点闭合；同时 SQ1 常开触点闭合，KM1 线圈得电。

主电路：① KM1 主触点闭合，电动机正常运转；同时 KM1 辅助常闭触点断开，保证 KM2 断电 KM2 主触点不闭合，实现电气互锁→电动机 M 正转运行，工作台向前移动。

② KM2 主触点闭合；同时 KM2 辅助常闭触点闭合，KM1 断电，KM2 主触点不闭合实现电气互锁→电动机 M 反转运行，工作台向后运转。

③ 如此周而复始实现工作台的自动往返运动。

2）停机控制工作过程如下：

控制电路：按下 SB1→KM1、KM2 线圈失电。

主电路：电动机 M 断电→电动机停机，工作台停止运动。

若换向行程开关失灵而无法实现，则由行程开关 SQ3、SQ4 实现极限保护，避免运动部件因超出极限位置而发生事故。

2.6 电气控制电路设计举例

2.6.1 电气控制电路设计的基本原则

电气控制电路的设计是在传动形式及控制方案选择的基础上进行的，是传动形式与控制方案的具体化。其设计灵活多变，没有固定的方法和模式，即使是同一个电路的功能结构，不同人员设计出来的电路也可能不完全相同。因此，作为设计人员，应该随时发现和总结经验，不断丰富和拓宽思路，才能做出最为合理的设计。一般情况下，电气控制系统的设计应满足生产机械加工工艺的要求，电路要求安全可靠、操作和维护方便、设备投资少等。因此，控制电路的设计必须正确，并能合理地选择电气元件，一般在设计时应该满足以下要求。

1. 最大限度地实现生产机械和工艺对电气控制电路的要求

首先要对生产要求、机械设备的工作性能、结构特点和实际加工情况有充分了解。生产工艺要求一般是由机械设计人员提供的，实际执行时有些地方可能会有些差异，这就需要电气设计人员深入现场对同类或接近的产品进行调查、分析和综合，并作为设计电气控制电路的依据。在此基础上考虑控制方式，起动、反向、制动及调速的要求，设置各种联锁及保护装置。

2. 在满足生产要求的前提下，力求使控制电路简单、经济

1）尽量选用标准的、成熟的环节和电路。

2）尽量缩短连接导线的数量和长度。

设计控制电路时，应合理安排各电气的位置、考虑各个器件之间的实际接线。要注意电气柜、操作台和限位开关之间的连接线，如图 2-29 所示，仅从控制电路上分析，没有什么不同，但若考虑实际接线，图 2-29a 就明显不合理，因为按钮在操作台上，而接触器在电气柜内，这样就需要由电气柜二次引出较长的连接线到操作台的按钮上。而图 2-29b 的连接是将起动按钮和停止按钮直接连接，这样就可以减少一次引出线，减少了布线的麻烦和导线的使用数量。特别要注意，同一电气的不同触点在电路中应尽可能具有更多的公共接线，这样可以减少连接线数和缩短连接线的长度。

a) 不合理　　　　　　　　　　　　　　　　b) 合理

图 2-29 电气连接图

3）尽量减少电气数量，采用标准件，尽可能选用相同型号的电气元件，以减少备用量。

4）尽量减少不必要的触点，简化控制电路以减小控制电路的故障率，提高系统工作的可靠性。为此可采用以下 4 种方法：

① 合并同类触点。如图 2-30 所示，在获得同样功能的情况下，图 2-30b 比图 2-30a 在电路中减少了一个触点。但是在合并触点时应注意触点对额定电流值的限制。

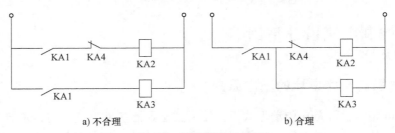

图 2-30 同类触点的合并

② 利用转换触点。利用具有转换触点的中间断电气，将两触点合并成一对转换触点，如图 2-31 所示。

③ 利用半导体二极管的单向导电性来有效减少触点数，如图 2-32 所示。对于弱电电气控制电路，这样做既经济又可靠。

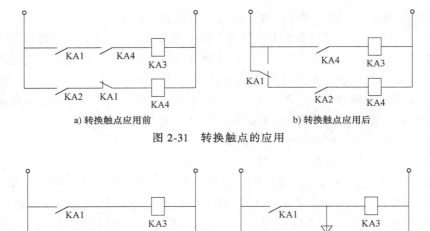

图 2-31 转换触点的应用

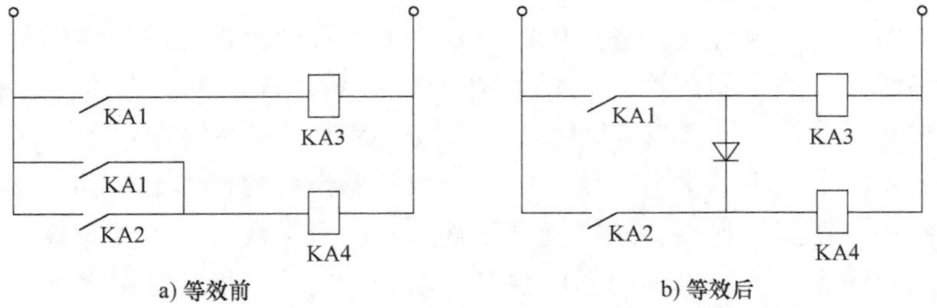

图 2-32 利用二极管等效

④ 利用逻辑代数进行化简，以便得到最简化的电路。

5）电路在工作时，除必要的电路必须通电外，其余尽量不通电以节约电能，并延长电路的使用寿命。由图 2-33a 可知，接触器 KM2 得电后，接触器 KM1 和时间继电器 KT 就失去了作用，不必继续通电，但它们仍处于带电状态。图 2-33b 电路比较合理，在 KM2 得电后，就切断了 KM1 和 KT 的电源，节约了电能，并延长了该电气的寿命。

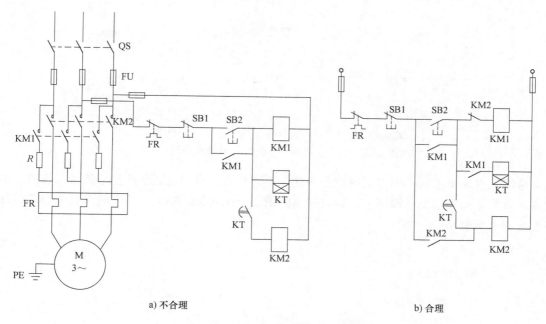

图 2-33 减少电气通电时间电路

3. 保证控制电路工作的可靠性

1）选用的电气元件要可靠，抗干扰性能强。

2）正确连接电气的线圈。在交流控制电路中，不能串联接入两个电气的线圈，即使外加电压是两个线圈额定电压之和，也是不允许的，如图 2-34a 所示。因为串联电路中每个线圈上所分配到的电压与线圈阻抗成正比，两个电气动作总是有先有后，不能同时动作。若接触器 KM1 先吸合，线圈电感显著增加，其阻抗比未吸合接触器 KM2 的阻抗大，因而在该线圈上的电压降增大，使 KM2 的电压达不到动作电压。因此，若需两个电气同时动作时，其线圈应该并联，如图 2-34b 所示。

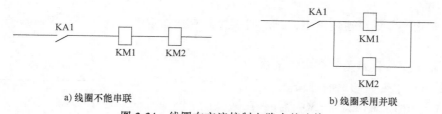

图 2-34 线圈在交流控制电路中的连接

在直流控制电路中，对于电感较大的电磁线圈，如电磁阀、电磁铁和直流电动机励磁绕组等，不宜与相同电压等级的继电器直接并联工作。如图 2-35a 所示，当 KM 常开触点断开时，电磁铁 YA 线圈两端产生大的感应电动势，加在中间继电器 KA 的线圈上，造成 KA 误动作。为此需在 YA 线圈两端并联放电电阻 R，并在 KA 支路中串入 KM 常开触点，如图 2-35b 所示，这样电路才能可靠工作。

3）正确连接电气的触点。设计时应使分布在电路不同位置的同一电气触点尽量接到同一极或同一相上，以避免在电气触点上引起短路。如图 2-36a 所示，限位开关 SQ 的常开触

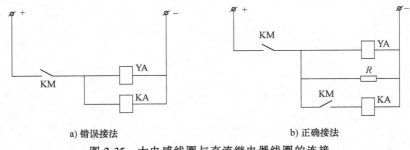

a) 错误接法　　　　　　　　b) 正确接法

图 2-35　大电感线圈与直流继电器线圈的连接

点与常闭触点靠得很近，而在电路中分别接在不同相上，当触点断开产生电弧时，可能在两触点间形成电弧而造成电源短路，若改接成如图 2-36b 所示的形式，因两触点电位相同，就不会造成电源短路。

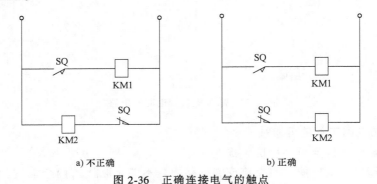

a) 不正确　　　　　　　　b) 正确

图 2-36　正确连接电气的触点

在控制电路中，应尽量将所有电气的联锁触点接在线圈的左端，线圈的右端直接接电源，这样可以减少电路内产生虚假回路的可能性，还可以简化电气柜的出线。

4) 在控制电路中，采用小容量继电器的触点来断开或接通大容量接触器的电路时，要计算继电器触点断开或接通容量是否足够，不够时必须加小容量的接触器或中间继电器，否则工作不可靠。

5) 在频繁操作的可逆电路中，正反向接触器应选加重型的接触器，同时应有电气和机械的联锁。

6) 电路中应尽量避免许多电气依次动作才能接通另一个电器的控制电路。

图 2-37a 中的继电器 KM4 需要在 KM1、KM2、KM3 相继动作后才接通。改为如图 2-37b 所示的接线形式，每一继电器的接通只需经过一对触点，工作可靠性大大提高。

7) 防止触点竞争现象。图 2-38a 所示为用时间继电器的反身自停电路。当时间继电器 KT 的常闭触点延时断开后，时间继电器 KT 线圈失电，又使经时间 t_s 延时

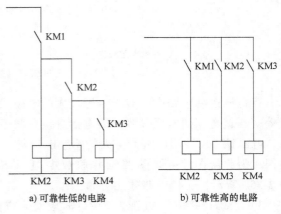

a) 可靠性低的电路　　b) 可靠性高的电路

图 2-37　触点的连接

断开的常闭触点闭合，以及经 t_1 瞬时动作的常开触点断开。若 $t_s > t_1$，则电路能反身自停；若 $t_s < t_1$，则继电器 KT 再次吸合，这种现象就是触点竞争。在此电路中，增加中间继电器 KA 便可以解决，如图 2-38b 所示。

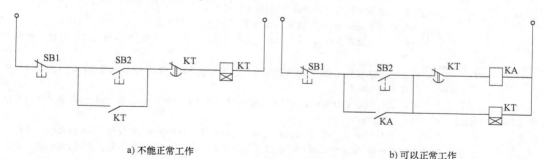

a) 不能正常工作　　　　　　　　　　　　　　b) 可以正常工作

图 2-38　反身自停电路

8）设计的电路应能适应所在电网情况，如电网容量的大小、电压频率的波动范围，以及允许的冲击电流数值等。据此决定电动机的起动方式是直接起动还是间接（减压）起动。

9）防止寄生电路。控制电路在正常工作或事故情况下，发生意外接通的电路叫寄生电路。若控制电路中存在寄生电路，将破坏电气和电路的工作顺序，造成误动作。图 2-39 所示电路在正常工作时能完成正反向起动、停止时信号指示，但当热继电器 FR 动作时，电路出现了寄生电路，如图 2-39 中虚线所示，使正向接触器 KM1 不能释放，起不了保护作用。

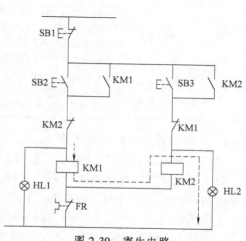

图 2-39　寄生电路

4. 控制电路工作的安全性

电气控制电路应具有完善的保护环节，用以保护电网、电动机、控制电气以及其他电气元件，消除不正常工作时的有害影响，避免因误操作而发生事故。在自动控制系统中，常用的保护环节有短路、过电流、过载、过电压、失电压、弱磁、超限、极限等。

5. 保证操作、安装、调整、维修方便和安全

为了使电气设备维修方便、使用安全，电气元件应留有备用触点，必要时应留有备用电气元件，以便检修、调整、改接线路；应设置隔离电气，以免带电检修。控制机构应操作简单，能迅速而方便地由一种控制形式转换到另一种控制形式，例如由手动控制转换到自动控制。

为避免带电维修，每台设备均应装有隔离开关。根据需要可设置手动控制及点动控制，以便于调整设备。必要时可设多点控制开关，使操作者可在几个位置均能控制设备。需要注意的是，装有手动电气的控制电路和带行程开关的控制电路，一定要有零电压保护环节，以避免由于断电时手动开关没扳到分断位置或行程开关恰好被压动，在恢复供电时造成意外事故。还要注意，实际生产中总有误操作的可能性，在控制电路中应该加入必要的联锁保护。可简化归纳见表 2-6。

表 2-6　电气控制系统设计的基本原则

设计原则	具体内容
控制电路力求简单、经济	1. 设计控制电路时，应考虑电气元件的实际位置，尽可能减少连接导线的根数和长度 2. 尽量减少电气元件的品种、规格与数量 3. 在控制电路中，应尽量减少触点，以提高电路的可靠性 4. 控制电路在工作时，尽可能减少通电电气的数量，以节能、延长电气元件寿命以及减少故障
保证控制电路的安全和可靠性	1. 在交流控制电路中，同时动作的两个电气线圈不能串联，两电感值相差悬殊的直流电压线圈不能并联 2. 设计时应使分布在电路不同位置的同一电气触点接到电源同一相上，以避免在电气触点上引起短路 3. 设计控制电路时，应考虑继电器触点的接通和分断能力，若容量不够，可在电路中增加中间继电器，或增加电路中触点数目。若需增加接通能力，就用多触点并联；若增加分断能力，则用多触点串联 4. 避免发生触点"竞争"现象
应具有完善的保护环节	电气控制电路的安全工作主要靠完善的保护环节来完成，常用的保护环节包括短路、过载、过电流、过电压、失电压和弱磁等，有时还设有合闸、正常工作、事故和分闸等指示信号。保护环节应工作可靠、满足负载的需求，做到动作准确、正常操作下不发生误动作、事故情况下能准确可靠动作（如切断事故回路）
电路设计时要考虑操作、使用、维修与调试方便	若操作回路数较多，如要求正反向运转并调速，应采用主令控制器，而不能用许多个按钮。为了检修电路方便，应设隔离电气，避免带电操作；为了调试电路方便，应加入方便的转换控制方式，如从自动控制转换到手动控制。设多点控制，以便于在生产机械旁进行调试

6. 一般设计方法的基本步骤

电气控制电路是为整个电气设备和工艺过程服务的，所以在设计前要深入现场收集资料，对生产机械的工作情况做全面的了解，并对已有的同类或相接近的生产机械所用的电气控制电路进行调查、分析，综合制定出具体、详细的工艺要求，再征求机械设计人员和现场操作人员的意见后，作为设计电气控制电路的依据。设计电气控制电路的基本步骤如下：

1）提出问题。根据实际生产工艺的需要，了解生产设备在起动、制动、反向和调速时的具体要求，构思设计整体主电路。

2）分析问题。

① 根据具体要求设计控制电路的基本环节，满足设计要求的起动、制动、反向和调速等环节。

② 根据各部分运动要求的配合关系及联锁关系，确定控制参量并设计控制电路的特殊环节。

③ 分析电路工作中可能出现的故障，在电路中增加必要的保护环节。

3）解决问题。综合审查，仔细检查其控制电路动作是否无误，关键环节可做必要的试验，并使电气控制电路进一步完善和简化。

2.6.2　电气控制电路的设计实例

在立式车床、龙门刨床、龙门铣床中，要求其横梁能根据加工工件的不同高度，沿立柱上下移动以进行调整。在进行切削加工时，要求横梁必须固定在立柱上不允许松动，以保证加工质量和工作安全可靠。为了实现这些要求，在中型、重型机床上，常用两台电动机分别拖动横梁升降机构和横梁夹紧机构，并实现横梁升降与横梁夹紧的互锁控制，即横梁移动时，只需按下按钮，即可自动完成横梁放松→横梁升降→横梁夹紧的全部过程。

1. 横梁升降-夹紧机构的工艺要求

1）横梁移动为点动操作，即按一下按钮，横梁移动一下，不按则停止。

2）横梁夹放与横梁升降之间有一定的操作顺序，即按下按钮，横梁夹紧机构自动放松，当完全放松后夹放电动机自动停止，紧接着升降电动机自动起动，拖动横梁上下移动；松开按钮，横梁应立即停止移动，并自动夹紧于立柱上。

3）夹紧机构必须保证有一定的夹紧力。当夹紧到一定程度时，夹放电动机应自动停止。

4）应限制横梁在上下两个方向的移动距离，即向上不应碰到上梁，向下不应碰到左右侧刀架。

5）应具有必要的联锁保护。横梁升降与夹紧机构之间不能同时动作；横梁移动与主拖动（如工作台）之间也不能同时动作。

2. 龙门刨床横梁升降-夹紧机构控制电路设计

龙门刨床结构如图 2-40 所示。

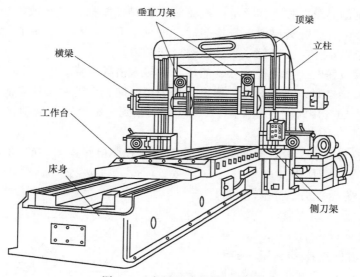

图 2-40　龙门刨床结构示意图

工件安装在龙门刨床的工作台上，工作台放置在床身导轨上做前后往返直线运动（主运动）。而刀具安装在横梁或侧刀架上，做垂直于工件运动方向的进给运动（辅助运动）。

工件在加工之前要调整好刀具与工件的相对位置（即对刀），对刀时横梁必须上下移动。横梁升降是由安装在龙门顶上交流升降电动机 M_H 通过蜗轮蜗杆和立柱上的两根丝杠实现的。横梁升降调整完毕后，横梁必须夹紧在立柱上，以免在加工切削时因横梁产生位移而影响加工精度。为此，应设置夹紧机构，夹放电动机 M_J 安装在横梁背面。M_J 正转时，通过连杆带动两个"爪子"将横梁夹紧在立柱上，夹紧的程度通过 M_J 主电路上串联的过电流继电器 KA_{MJ} 的过电流值来调整。M_J 反转时，"爪子"松开（只有松开后横梁才能自由升降），松开的程度通过行程开关 LK 的位置来调整。横梁升降-夹紧机构主电路如图 2-41 所示。

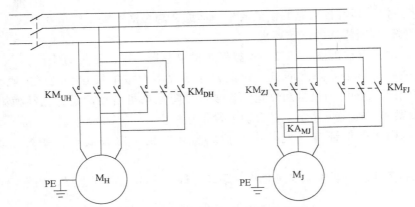

图 2-41　横梁升降-夹紧机构主电路

横梁升降电动机 M_H 由上升接触器 KM_{UH} 和下降接触器 KM_{DH} 控制。横梁夹放电动机 M_J 由夹紧接触器 KM_{ZJ} 和放松接触器 KM_{FJ} 控制。在 M_J 主电路中串联过电流继电器 KA_{MJ} 以控制夹紧程度。

横梁自动控制的要求：按下横梁上升按钮时，横梁先放松，直至放松到触碰行程开关，此时自动转入横梁上升。松开横梁上升按钮时，横梁上升立即停止，并自动转入横梁夹紧，夹紧到过电流继电器动作，夹紧完毕，该过程全部结束。

按下横梁下降按钮时，横梁先放松，然后自动转入横梁下降。松开下降按钮，横梁下降停止并自动转入横梁夹紧，与此同时，横梁正转一定时间，以消除丝杠与横梁螺母之间的齿隙（即横梁回升，回升用时间原则控制）。当横梁夹紧到过电流继电器动作时，横梁下降全过程结束。

为满足上述控制要求，设计的横梁升降-夹紧机构控制电路如图 2-42 所示。

控制电路中，KA_J 是中间继电器，KM_{UM}、KM_{DH} 为横梁上升、下降接触器。KM_{ZJ}、KM_{FJ} 为横梁夹紧、放松接触器，HL 是横梁运行指示灯，KT_{MT} 是横梁下降末回升时间继电器，LK 是横梁放松行程限位开关，KA_{MJ} 是夹紧过流继电器。SB_U、SB_D 为横梁上升、下降控制按钮。

横梁上升工作过程：当按横梁升按钮 SB_U 时，中间继电器 KA_J 得电，它的 3 个常开触点闭合，为接通 KM_{UH}、KM_{DH}、KM_{FJ} 线圈创造条件，而它的一个常闭触点断开了 KM_{ZJ} 线圈回路。由于行程开关 LK 处于原始状态，其常开触点断开 KM_{UH}、KM_{DH} 回路，其常闭触点接通 KM_{FJ} 回路，KM_{FJ} 线圈得电，夹放电动机 M_J 首先反转（即放松），

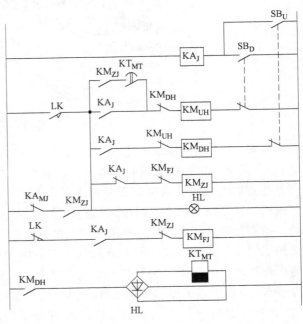

图 2-42　横梁升降-夹紧机构控制电路

放松到"爪子"碰撞限位开关 LK，LK 动作，其常闭触点断开 KM_{FJ} 回路，放松结束；其常开触点接通横梁上升接触器 KM_{UH} 回路（而 KM_{DH} 因 SB_U 常闭触点断开的联锁而不得电），KM_{UH} 得电动作，横梁电动机正转（即横梁上升）。当梁上升到要求的位置时，松开 SB_U 按钮，中间继电器 KA_J 失电，它的 4 个触点复位，其常开触点断开 KM_{UH} 回路，横梁上升停止，其常闭触点闭合，接通横梁夹紧接触器 KM_{ZJ} 回路，并通过它的常开触点接通自锁回路，横梁夹放电动机正转而开始夹紧，夹紧过程中行程开关 LK 复位，其常开触点断开，但由于自锁回路作用 KM_{ZJ} 仍保持通电，直到夹紧到一定程度，过电流继电器动作（KA_{MJ} 常闭触点断开），KM_{ZJ} 失电，此时夹紧完毕，横梁上升过程完成。

横梁下降过程：当按下横梁下降按钮 SB_D 时，横梁自动先放松，而后自动转入横梁下降，其过程与上升过程类似。所不同的是：在放开 SB_D 时，横梁下降停止，转入夹紧的同时多产生一个回升的动作。在横梁下降期间，KM_{DH} 常开触点接通回升时间继电器 KA_{MT}，其常开触点闭合为接通 KM_{UH} 回升做准备，当横梁下降结束，夹紧接触器 KM_{ZJ} 动作，夹紧开始，其常开触点闭合，回升回路接通 KM_{UH}，横梁升降电动机正转，从横梁下降结束开始，KT_{MT} 断电，开始计时，KT_{MT} 延时断开 KM_{UH} 线圈，回升停止。同时夹紧也在进行，直到夹紧到一定程度，过电流继电器动作，KA_{MJ} 常闭触点断开，夹紧工作结束。横梁下降过程全部结束。

本章小结

本章主要讲解了电气控制电路的一系列基本环节，包括点动控制、连续控制、自锁控制、互锁控制、多地控制、顺序控制和自动循环控制等。这些环节是整个电气控制系统的组成单元，起到维持系统稳定运行的作用。

学习目的： 在熟悉和掌握生产工艺要求的基础上，进行电路设计：一般先设计主电路，然后设计控制电路，并设置必要的联锁和保护环节。初步设计完成后，应仔细检查，反复验证，以确定电路符合设计的要求，并做进一步的修改和简化，使之完善。

习　　题

2-1　什么是失电压保护和欠电压保护？采用什么电气元件来实现失电压保护和欠电压保护？

2-2　三相异步电动机的起动特性是起动电流大，该电流一般为额定电压的多少倍？

2-3　三相笼型异步电动机有哪几种电气制动方式？各有什么特点和适用场合？

2-4　星-三角减压起动方法有什么特点？并说明其适用场合。

2-5　什么是自锁控制？为什么说接触器自锁控制电路具有欠电压保护和失电压保护作用？

2-6　某三相笼型异步电动机单向运转，要求起动电流不能过大，制动时要快速停车。试设计主电路和控制电路，并要求有必要的保护。

2-7　三相笼型异步电动机在什么条件下可直接起动？试设计带有短路保护、过载保护、失电压保护的三相笼型异步电动机直接起动的主电路和控制电路，对所设计的电路进行简要说明，并指出所选电气元件在电路中完成了哪些保护功能。

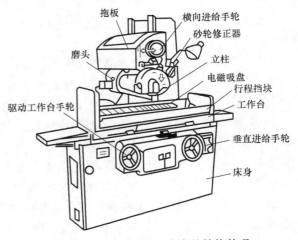

第3章

典型生产机械的电气控制

机械设备的电气控制，不仅要求能够实现起动、制动、反向和调速的基本要求，而且要保证机械设备各个运动的准确和协调，以满足生产工艺提出的各种要求。同时，还要具有各种保护功能，使其工作可靠。在分析机械设备电气控制系统时，应首先对机械设备的基本结构、运动情况、工艺要求有基本的了解，还应熟悉机械、液压与电气的配合关系，此外还应抓住各个机械设备电气控制的特点，这样才能深刻理解各电气元件的作用和工作原理。

3.1 平面磨床的电气控制

磨床是用砂轮的周边或端面进行机械加工的一种机床。磨床的种类很多，有平面磨床、外圆磨床、内圆磨床、无心磨床及各种专用磨床，如螺纹磨床、齿轮磨床、导轮磨床等，其中以平面磨床应用最为广泛。平面磨床是用砂轮磨削加工各种零件平面的磨床，本节以M7120型平面磨床为例加以分析。

3.1.1 M7120型平面磨床的主要结构及运动形式

M7120型平面磨床主要由床身、工作台、电感吸盘（又称电磁工作台）、砂轮架、滑座、立柱等部分组成，其结构外观如图3-1所示。

M7120型平面磨床共有4台电动机，砂轮电动机直接带动砂轮旋转，对工件进行磨削加工，是平面磨床的主运动；砂轮升降电动机使滑座（砂轮架安装在滑座上）沿立柱导轨上下移动，用以调整砂轮位置；工作台和砂轮的往复运动依靠的是液压泵电动机的液压传动，能实现无级调速与平稳传动，保证加工精度；冷却泵电动机带动冷却泵供给砂轮和工件切削液，同时利用切削液带走磨削下来的金属屑。

图 3-1 M7120型平面磨床的结构外观

3.1.2 M7120 型平面磨床的电气控制电路分析

M7120 型平面磨床的电气控制电路如图 3-2 所示，图中分为主电路、控制电路、电磁吸盘控制电路和照明及指示灯电路四部分。

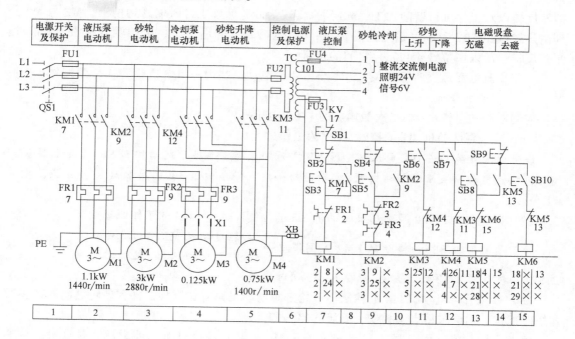

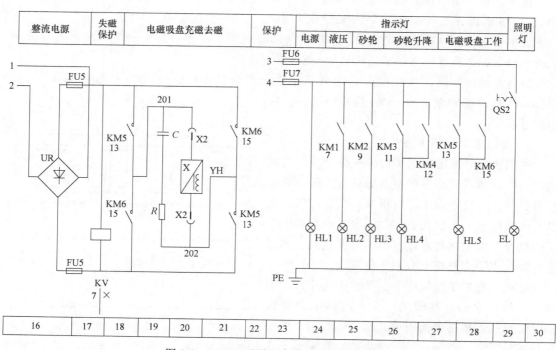

图 3-2 M7120 型平面磨床的电气控制电路

1. 主电路分析

主电路共有 4 台电动机, 其中, M1 是液压泵电动机, 由接触器 KM1 控制, 实现工作台的往复运动, M1 由热继电器 FR1 作过载保护用; 对于砂轮电动机 M2 和冷却泵电动机 M3, 由于 M3 通过插接器 X1 和 M2 联动控制, 所以 M2 和 M3 由接触器 KM2 控制, M2 用来实现砂轮旋转以对工件进行磨削加工, M3 用来实现为砂轮磨削工件时输送切削液, M2 与 M3 分别由热继电器 FR2 和 FR3 进行过载保护; M4 是砂轮升降电动机, 由接触器 KM3、KM4 控制正反转, 用以调整砂轮与工件之间的位置。

三相交流电源通过转换开关 QS1 引入, 4 台电动机共用一组熔断器 FU1 作短路保护用。

2. 控制电路分析

控制电路的电源由 TC 二次侧输出的 110V 电压提供。

（1）液压泵电动机 M1 的控制 M1 的工作过程如下:

合上电源开关 QS1→欠电压继电器 KV 常开触点闭合→按下起动按钮 SB3→接触器 KM1 线圈得电且自锁→液压泵电动机 M1 起动运转→按下停车按钮 SB2→接触器 KM1 线圈失电→M1 停转

（2）砂轮电动机 M2 及冷却泵电动机 M3 的控制 M2 和 M3 的工作原理如下:

按下起动按钮 SB5→接触器 KM2 线圈得电→$\begin{cases} 砂轮电动机\ M2\ 起动运转 \\ 冷却泵电动机\ M3\ 起动运转 \end{cases}$→按下停车按钮 SB4→接触器 KM2 线圈失电→M2 和 M3 同时停转

（3）砂轮升降电动机 M4 的控制 砂轮升降电动机只有在调整工件和砂轮之间的位置时才短时工作, 因此采用点动控制, 其工作原理如下:

按下按钮 SB6→接触器 KM3 线圈得电→M4 起动正转→砂轮上升到所需位置时, 松开 SB6→KM3 线圈失电→M4 停转, 砂轮停止上升

按下按钮 SB7→接触器 KM4 的线圈得电→M4 起动反转砂轮下降→下降到所需位置时, 松开 SB7→KM4 线圈失电→M4 停转, 砂轮停止下降

为防止相间短路, 在控制电路中采用了接触器联锁保护, 即 KM3 的辅助常闭触点和 KM4 的辅助常闭触点。由于 M4 为短时工作, 故未加过载保护。

3. 电磁吸盘控制电路分析

电磁吸盘是固定加工工件的一种夹具, 它是利用通电导体在铁心中产生的磁场力来吸牢铁磁材料工件, 以便于加工。与机械夹具相比较, 它具有夹紧迅速、不损伤工件、一次能吸牢若干个工件以及工件发热时可以自由伸缩等优点, 因而电磁吸盘在平面磨床上应用十分广泛。

电磁吸盘的结构如图 3-3 所示, 其外壳是钢制的箱体, 中部有凸起的心体, 心体上绕有线圈。吸盘的盖板用钢板制成, 钢板盖板用非磁性材料如铅锡合金等隔成若干个小块。线圈通上直流电后, 吸盘的心体被磁化而产生磁场力, 工件

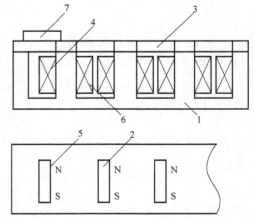

图 3-3 电磁吸盘的结构

1—钢制箱体 2—铁心 3—钢板 4—铁心极靴
5—非磁性垫片 6—线圈 7—工件

就被牢牢地吸住。电磁吸盘的控制电路包括整流装置、控制装置和保护装置三部分。

整流装置由变压器 TC 和单相桥式全波整流器 UR 组成，提供电压约为 110V 的直流电源。控制装置由按钮 SB8、SB9、SB10 和接触器 KM5、KM6 等组成。

充磁过程如下：按下充磁按钮 SB8，接触器 KM5 线圈得电并自锁，其联锁触点断开，同时它的主触点闭合，电磁吸盘 YH 得电充磁而吸住工件；加工完毕，在取下加工工件时，先按下按钮 SB9，KM5 的线圈失电，其主触点断开，YH 失电，由于吸盘和工件都有剩磁，所以需要对吸盘和工件进行去磁。去磁过程如下：按下去磁按钮 SB10，接触器 KM6 线圈得电，其联锁触点断开，同时主触点闭合，电磁吸盘 YH 通入反向直流电，使吸盘和工件去磁。去磁时，为了防止去磁时间过长使吸盘反向磁化，接触器 KM6 采用点动控制。

保护装置由放电电阻 R、放电电容 C 以及欠电压继电器 KV 组成。

电阻 R 和电容 C 的作用如下：电磁吸盘相当于一个大电感，在电磁吸盘工作时，线圈中储存着大量的磁场能量；电磁吸盘在脱离电源的瞬间，吸盘线圈的两端会产生很大的自感电动势，若没有放电电路，将使吸盘线圈绝缘及其他电气损坏，故用此电阻和电容组成放电回路，使电磁吸盘断电瞬间线圈中所储存的能量通过电阻 R 和电容 C 进行释放。如果 R、C 的参数选配得当，RLC 电路可以组成一个衰减振荡电路，这对去磁十分有利。

欠电压继电器 KV 的作用如下：在加工过程中，若电源电压过低，则电磁吸盘的吸力将减小，导致工件因吸力不足而被高速旋转的砂轮碰击抛出，造成严重事故，因此在电路中设置了欠电压继电器 KV，将其线圈并联在电磁吸盘的工作电路中，而将其常开触点串联在液压泵电动机 M1 的控制电路中，当电源电压过低或断电时，欠电压继电器 KV 便释放复位，其常开触点断开，切断控制电路，使液压泵电动机 M1 和砂轮电动机 M2 停转，以保证安全。

4. 照明及指示灯电路分析

图 3-2 中，EL 为照明灯，其工作电压为 24V，由变压器 TC 供电，QS2 为照明灯开关。HL1、HL2、HL3、HL4 与 HL5 为指示灯，其工作电压为 6V，也由变压器 TC 供电，指示灯的作用如下：

1）HL1 亮，表示控制电路电源正常；不亮，表示电源有故障。

2）HL2 亮，表示液压泵电动机 M1 处于运转状态，工作台正在进行往复运动；不亮，表示 M1 停转。

3）HL3 亮，表示砂轮电动机 M2 与冷却泵电动机 M3 处于运转状态；不亮，表示 M2 与 M3 停转。

4）HL4 亮，表示砂轮升降电动机 M4 处于运转状态；不亮，表示 M4 停转。

5）HL5 亮，表示电磁吸盘 YH 处于工作状态（充磁或去磁）；不亮，表示 YH 未工作。

3.2 卧式车床的电气控制

在各种金属切削机床中，车床占比最大，应用也最为广泛，它能够车削外圆、内圆、端面、螺纹、螺杆及成型表面，并可用钻头、铰刀等进行加工。本节以 CA6140 型卧式车床为例进行分析。

3.2.1 CA6140 型卧式车床的主要结构及运动形式

CA6140 型卧式车床由主轴箱、进给箱、溜板箱、尾座、滑板与刀架、光杠、丝杠、床身等部件组成，图 3-4 所示为 CA6140 型卧式车床的结构外观。

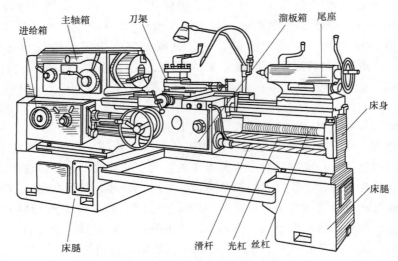

图 3-4 CA6140 型卧式车床的结构外观

CA6140 型卧式车床的主运动是主轴的旋转运动，由主轴电动机通过传动带经过主轴箱带动主轴旋转。进给运动是指由溜板箱带动刀架做纵向与横向直线移动，具体而言，主轴电动机动力经过主轴箱传给进给箱，再通过光杠或丝杠将运动传入溜板箱，溜板箱带动刀架做纵、横两个方向的进给运动。刀架由快速移动电动机带动还可做快速移动。

3.2.2 CA6140 型卧式车床的电气控制电路分析

CA6140 型卧式车床的电气控制电路如图 3-5 所示。

1. 主电路分析

主电路共有 3 台电动机，其中 M1 是主轴电动机，由接触器 KM1 控制，实现主轴的旋转和刀架的进给运动，M1 由热继电器 FR1 作过载保护；M2 是冷却泵电动机，由接触器 KM2 控制，用以输送切削液，M2 由热继电器 FR2 作过载保护；M3 是刀架快速移动电动机，由接触器 KM3 控制，实现刀架的快速移动。三相交流电源通过转换开关 QS1 引入，电动机 M2 和 M3 共用一组熔断器 FU1 作短路保护。

2. 控制电路分析

控制电路的电源由控制变压器 TC 二次侧输出的 110V 电压提供。

（1）主轴电动机 M1 的控制 M1 的工作原理如下：

按下起动按钮 SB2→接触器 KM1 线圈得电且自锁→$\begin{cases} \text{KM1 主触点闭合→主轴} \\ \text{电动机 M1 起动运转} \\ \text{KM1 的另一对常开触点闭合} \end{cases}$→按下

停车按钮 SB1→M1 停转

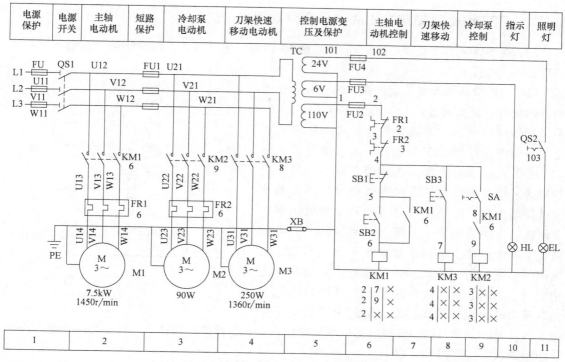

图 3-5　CA6140 型卧式车床的电气控制电路

（2）冷却泵电动机 M2 的控制　M2 的工作原理如下：

当接触器 KM1 线圈得电，其辅助常开触点闭合后，合上手动开关 SA，接触器 KM2 线圈得电，主触点闭合，冷却泵电动机起动运转。

（3）刀架快速移动电动机 M3 的控制　刀架快速移动电动机 M3 的起动是由安装在进给操纵手柄顶端的按钮 SB3 来控制的，它与接触器 KM3 组成点动控制环节。将操纵手柄扳到所需的方向，按下按钮 SB3，KM3 线圈得电，其主触点闭合，电动机 M3 起动运转，刀架就向指定的方向快速移动。因刀架快速移动电动机是短时工作，故未设置过载保护。

3. 照明及指示灯电路分析

控制变压器 TC 的二次侧分别输出 24V 和 6V 电压，作为机床低压照明和指示灯的电源。EL 为机床的低压照明灯，由开关 QS2 控制；HL 为电源的指示灯。它们分别用 FU4 和 FU3 作短路保护。

3.3　钻床的电气控制

钻床是一种用途广泛的机床，其可以进行钻孔、铰孔、扩孔、镗孔、攻螺纹及修刮平面等多种形式的加工。钻床的种类有很多，有台式钻床、立式钻床、摇臂钻床、卧式钻床及专用钻床等。其中，摇臂钻床适用于单件或批量生产中带有多孔大型工件的孔加工，本节以 Z37 型摇臂钻床为例加以分析。

3.3.1　Z37 型摇臂钻床的主要结构及运动形式

Z37 型摇臂钻床由底座、外立柱、内立柱、摇臂、主轴箱、工作台等部分组成，其结构外观如图 3-6 所示。

Z37 型摇臂钻床摇臂一端的套筒部分与外立柱为滑动配合，摇臂通过丝杠可沿外立柱上下移动，但不能做相对运动，而摇臂与外立柱一起可绕固定不变的内立柱做 360° 的回转运动。摇臂的升降和立柱的夹放都要求电动机能够正反转运行。主轴箱是一个复合部件，它由主轴电动机、主轴及主轴传动机构、进给及变速机构和操作机构等部分组成。主轴箱安装于摇臂的水平导轨上，可以通过手动操作使主轴箱沿摇臂水平导轨移动。在钻削时，主轴箱、摇臂、外立柱均要紧固在相应位置上，用机电结合的方法实现。摇臂钻床的主运动是主轴的旋转运动，而主轴的上下运动是进

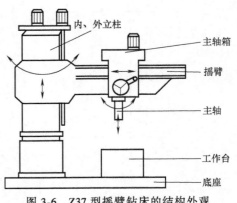

图 3-6　Z37 型摇臂钻床的结构外观

给运动；辅助运动包括主轴箱沿摇臂水平导轨移动、摇臂沿外立柱上下移动与摇臂连同外立柱一起绕内立柱的回转运动。

3.3.2　Z37 型摇臂钻床的电气控制电路分析

Z37 型摇臂钻床的电气控制电路如图 3-7 所示，分为主电路、控制电路及照明电路三个部分。

Z37 型摇臂钻床的电力拖动特点及控制要求如下：

1）Z37 型摇臂钻床的相对运动部件较多，常采用多台电动机拖动，以简化传动装置。

2）Z37 型摇臂钻床的各种工作状态是通过十字开关 SA 来操作的，为防止十字开关手柄停在任何位置时因接通电源而产生误动作，控制电路中应设零电压保护环节。

3）摇臂的升降要求有限位保护。

4）摇臂的夹紧与放松由机械和电气装置联合控制，外立柱和主轴箱的夹紧与放松由电动机配合液压装置完成。

5）钻削加工时，需要对刀具及工件使用切削液进行冷却。各电动机的作用及控制要求见表 3-1。

表 3-1　各电动机的作用及控制要求

电 动 机	作 用	控 制 要 求
冷却泵电动机 M1	提供切削液	单向正转控制，拖动冷却泵输送切削液
主轴电动机 M2	拖动钻削及进给运动	单向正转控制，主轴的正反转通过摩擦离合器实现，主轴转速和进刀量由变速机构调节
摇臂升降电动机 M3	拖动摇臂升降	正反转控制，通过机械和电气装置联合控制
立柱夹紧与放松电动机 M4	拖动内、外立柱及主轴箱与摇臂夹紧与放松	正反转控制，通过液压装置和电气联合控制

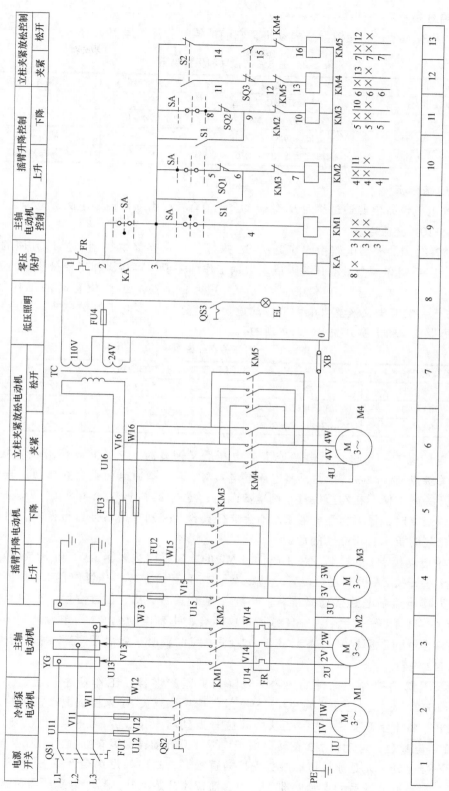

图 3-7 Z37 型摇臂钻床的电气控制电路

1. 主电路分析

主电路中共有 4 台三相交流异步电动机，它们的控制和保护电器见表 3-2。

表 3-2　主电路的控制和保护电器

电 动 机	控 制 电 器	过载保护电器	短路保护电器
冷却泵电动机 M1	组合开关 QS2	无	熔断器 FU1
主轴电动机 M2	交流接触器 KM1	热继电器 FR	无
摇臂升降电动机 M3	交流接触器 KM2、KM3	无	熔断器 FU2
立柱松紧电动机 M4	交流接触器 KM4、KM5	无	熔断器 FU3

2. 控制电路分析

摇臂上的电气设备电源通过组合开关 QS1 及汇流环 YG 引入。控制电路的电源由控制变压器 TC 提供 110V 交流电。

Z37 型摇臂钻床的控制电路由十字开关 SA 来操作，它有集中控制和操作方便的优点。十字开关由十字手柄和 4 个微动开关组成。根据工作的需要，可将操作手柄分别扳在孔槽内 5 个不同位置（左、右、上、下和中间位置），手柄处在各个工作位置时的工作情况见表 3-3。为防止突然停电又恢复供电而造成的危险，电路设有零电压保护环节。零电压保护是由中间继电器 KA 和十字开关 SA 来实现的。

表 3-3　十字开关操作说明

手柄位置	接通微动开关的触点	工作情况	手柄位置	接通微动开关的触点	工作情况
中	都不通	停止	上	SA(3-5)	KM2 获电，摇臂上升
左	SA(2-3)	KA 获电并自锁	下	SA(3-8)	KM3 获电，摇臂下降
右	SA(3-4)	KM1 获电，主轴运转			

（1）零电压保护　每次合上电源或电源中断后又恢复时，必须将十字开关左扳一次。这时微动开关触点 SA（2-3）接通，零电压继电器 KA 因线圈通电而吸合并自锁。若机床工作时，十字开关的手柄不在左边位置，则电源断电，零电压继电器 KA 将释放，其自锁触点断开。当电源恢复时，零电压继电器 KA 不会自行吸合，控制电路不会自行得电，可防止电源中断后又恢复时机床自行起动的危险。

（2）主轴电动机 M2 的控制　主轴电动机 M2 的旋转是由接触器 KM1 和十字开关 SA 控制的。先将十字开关 SA 扳到左边位置，其触点（2-3）闭合，零电压继电器 KA 线圈得电吸合并自锁，为其他控制电路接通做准备。再将十字开关 SA 扳到右边位置，其触点（2-3）分断，触点（3-4）闭合，接触器 KM1 线圈得电吸合，主轴电动机 M2 通电旋转。主轴的正反转由摩擦离合器的手柄控制。将十字开关扳到中间位置时，接触器 KM1 线圈断电释放，主轴电动机 M2 停转。

（3）摇臂升降的控制　摇臂的放松、升降及夹紧的半自动工作顺序是通过十字开关 SA，接触器 KM2、KM3，位置开关 SQ1、SQ2 及鼓形组合开关 S1 来控制电动机 M3 实现的。要使摇臂上升，将十字开关 SA 的手柄从中间位置扳到向上位置，SA 的触点（3-5）接通，接触器 KM2 得电吸合，电动机 M3 正转。由于摇臂在升降前被夹紧在立柱上，所以 M3 刚起动时，摇臂不会上升，而是通过传动装置先把摇臂松开，这时鼓形组合开关 S1 的常开触点（3-9）闭合，为摇臂上升后的夹紧做准备，随后摇臂才开始上升。当上升到所需位置时，将十字开关 SA 扳到中间位置，接触器 KM2 线圈断电释放，电动机 M3 停转。由于摇臂松开时，鼓形组合开关 S1 的常开触点（3-9）已闭合，所以当接触器 KM2 线圈断电释放其联锁触点（9-10）恢复闭合后，接触器 KM3 得电吸合，电动机 M3 反转，带动机械夹紧机构将摇臂夹紧，夹紧后鼓形开关 S1 的常开触点（3-9）断开，接触器 KM3 线圈断电释放，电动机 M3 停转。要使摇臂下降，将十字开关 SA 的手柄从中间位置扳到向下位置，SA 的触点（3-8）接通，接触器 KM3 获电吸合，其余动作与上升相似。

从分析可知，摇臂的升降是由机械、电气装置联合控制实现的，能够自动完成摇臂松开-摇臂上升或下降-摇臂夹紧的过程。在摇臂升降时，为了不致超出允许的极限位置，在摇臂升降控制电路中分别串联了位置开关 SQ1、SQ2 作为限位保护。

（4）立柱的夹紧与松开控制　钻床正常工作时，外立柱夹紧在内立柱上。要使摇臂和外立柱绕内立柱转动，应先扳动手柄放松外立柱。立柱的松开与夹紧是靠电动机 M4 的正反转拖动液压装置来完成的。电动机 M4 的正反转由组合开关 S2 和位置开关 SQ3、接触器 KM4 和 KM5 来实现。位置开关 SQ3 由主轴箱与摇臂夹紧的机械手柄操作。拨动手柄使 SQ3 的常开触点（14-15）闭合，接触器 KM5 线圈得电吸合，电动机 M4 拖动液压泵工作，使立柱夹紧装置放松。当夹紧装置完全放松时，组合开关 S2 的常闭触点（3-14）断开，使接触器中 KM5 线圈断电释放，电动机 M4 停转，同时 S2 常开触点（3-11）闭合，为夹紧做好准备。当摇臂转到所需位置时，只需扳动手柄使位置开关 SQ3 复位，其常开触点（14-15）断开，常闭触点（11-12）闭合，接触器 KM4 线圈得电吸合，电动机 M4 带动液压泵反向运转，就能完成立柱夹紧动作。当完全夹紧后，组合开关 S2 复位，其常开触点（3-11）断开，常闭触点（3-14）闭合，使接触器 KM4 线圈失电，电动机 M4 停转。Z37 型摇臂钻床的主轴箱在摇臂上的松开与夹紧和立柱的松开与夹紧是由同一台电动机 M4 拖动液压机构完成的。

3. 照明电路分析

照明电路的电源由控制变压器 TC 将 380V 交流电压降为 24V 安全电压提供。照明灯 EL 由开关 QS3 控制，由熔断器 FU4 作为短路保护。

3.3.3　Z37 型摇臂钻床的电气故障分析

Z37 型摇臂钻床电气控制电路常见故障的检修方法与车床相似。但因其摇臂的升降和松紧控制是由电气和机械机构相互配合的，实现摇臂的放松-上升（或下降）-夹紧半自动顺序控制，因此在检修时不但要检查电气部分的故障，还必须检查机械部分是否正常。常见故障及处理方法见表 3-4。

表 3-4　Z37 型摇臂钻床电气控制电路的常见故障及处理方法

故障现象	可能原因	处理方法
主轴电动机 M2 不能起动	1. 电源开关 QS1、汇流环 YG 有断开故障 2. 十字开关 SA 的触点(3-4)接触不良 3. 接触器 KM1 主触点接触不良 4. 零电压继电器 KA 自锁触点接触不良 5. 连接电气元件的导线开路或脱落 6. 电源电压过低	1. 检修或更换 2. 更换十字开关 3. 更换接触器 KM1 4. 更换零电压继电器 KA 5. 检查并更换导线 6. 检查原因并排除
主轴电动机 M2 不能停止	1. 接触器 KM1 主触点熔焊 2. 十字开关 SA 右边微动开关失控	1. 查明原因，更换接触器 KM1 2. 查明原因，更换十字开关 SA（此时应及时切断电源开关）

（续）

故障现象	可能原因	处理方法
摇臂升降后不能完全夹紧	1. 鼓形组合开关 S1 未能按要求闭合（位置移动） 2. 鼓形组合开关 S1 的触点有故障，其中 S1 触点(3-9)断开，下降不能夹紧；S1 触点(3-6)断开，上升不能夹紧	1. 查明原因，更换 S1 2. 更换鼓形组合开关 S1
摇臂升降后不能按要求停止	鼓形组合开关 S1 常开触点(3-6)或(3-9)的闭合顺序颠倒	查明原因后修复（此时应及时切断电源开关）
摇臂升降方向与十字开关标志方向相反	电动机电源相序接错（此时十字开关的触点和终端限位开关的触点都没有被鼓形组合开关 S1 的触点短路，失去控制作用或终端保护作用）	将电动机电源线中的两根电线相互调换（此时应及时断开电源开关）
立柱松紧电动机 M4 不能起动	1. 熔断器 FU2 熔体熔断 2. 接触器 KM4 的主触点接触不良 3. 位置开关 SQ3 触点断开 4. 组合开关 S2 触点断开	1. 更换熔体 2. 更换接触器 3. 更换位置开关 SQ3 4. 更换组合开关 S2

3.4 组合机床的电气控制

组合机床是针对特定工作，进行特定加工而设计的一种高效率自动化专用加工设备。这类设备大多能多机、多刀同时工作，并且具有工作自动循环的功能。组合机床通常由标准通用部件和加工专用部件组合构成，动力部件采用电动机驱动或液压系统驱动，由电气系统进行工作自动循环的控制，是典型的机电或电液一体化的自动加工设备。本节以深孔钻削组合机床为例进行介绍。

3.4.1 深孔钻削组合机床的主要结构

长径比超过 20 的深孔叫作细长孔。在大批量生产时，一般用加长麻花钻对细长孔进行钻削加工。由于钻头无法制成中空结构，并且其结构细长、刚性差，加工过程中钻头容易过热，导致硬度下降、磨损加快、切削力增大，容易造成钻头断裂，但孔的质量不易保证。另外，当刀具切削到孔的中部位置时，存在排屑困难、散热差等问题，所以细长孔加工被视为比较困难的工序。实践中常采用行程控制法，通过分级进给来进行细长孔加工。当工件孔

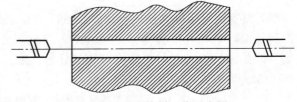

图 3-8 深孔钻削工作示意图

的深度较大时，为了缩短刀具长度，提高刀具刚性和生产效率，常常采用两边同时分级进给的方式进行，其工作示意图如图 3-8 所示。

3.4.2 深孔钻削组合机床的运动说明

在大批量生产中，加工深孔常采用分级进给的方法，即让钻头钻进一段距离后即退出一次，以便排屑和冷却。分级进给过程如下：当钻削到一定的深度后，刀具退离工件加工位置，退到工件孔的端面附近进行排屑和刀具的冷却，然后再快速进给，当钻头快进到接近上

次加工末端（一般留 3~5mm）时又转为工进，这样反复多次，直到加工完毕。根据被加工工件的材料、硬度及刀具材料等相关参数，可以确定首次钻削深度，并设置其工作循环次数。孔的深度越大，反复循环的次数越多，控制越复杂。由于分级进给是往复多次，其加工时间往往很长，设计时必须合理安排动作循环，既要保证钻头的正常工作，又要力求减少循环时间、提高生产效率。分级进给实质就是将深孔简化为短孔加工，可以将长孔等分成若干短孔，这些短孔加工时间为循环的机动时间，而每次快进和快退等所费的时间为辅助工时。为了提高深孔加工的生产效率，减少辅助时间损失，要求能实现以下动作循环：首先，保证多次进给的切入长度一样，即在钻头钻完一个短孔后，退出再次快进时应能迅速通过已加工的孔，接近待加工表面时再转换成工作进给，并保证有一个较小的切入量（距离待加工部分 3~5mm）；其次，第一次加工循环完毕后，动力头快退时无须退到原位，而只退到钻头离开工件端面一小段距离的位置，达到排屑和冷却的目的即可；而且之后的每次中间退回，都是退回到这个位置，这个位置通常称为退离线。之后的每次循环都是从退离线开始快进，然后工进，最后快退，不断往复，直到到达终点后才快速退回滑台原位。左、右滑台加工孔的深度基本相当，循环过程相同，自动工作循环过程如图 3-9 所示。

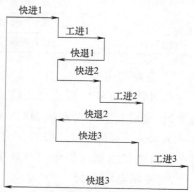

图 3-9 深孔钻削自动工作循环过程

深孔钻削组合机床电气控制要求如下：

1）加工循环过程。滑台原位起动→快进→进给挡块压下行程开关→滑台工进→进给到分级退回处→滑台快退→快退到退离线→滑台再快进→到距离未加工部分一定距离，压下行程开关→滑台再工进→如此往复。滑台这样循环往复，一直加工到孔深的位置压下加工终点开关，滑台快速退回原位。

2）在工作循环过程中，动力头电动机必须先起动，进给电动机才能起动，以保证切削时刀具已经转动起来。

3）在动力头电动机不转时也能单独调整进给电动机。

4）两边刀具的总进给行程相当，但必须避免两把刀具同时到达中间位置，以免发生碰撞。

5）左、右快进电动机停止时必须制动。

6）动力头电动机在循环中同时起动，但为了调整方便，也可以单独起动。

7）保证在工件夹紧后才能进行进给加工。

8）左、右滑台可以单独调整。

深孔钻削组合机床的电气原理图如图 3-10 所示，各电气元件说明见表 3-5。

表 3-5 深孔钻削组合机床电气元件说明

符号	名　称	符号	名　称
M1,M2	左、右动力头电动机	FR1~FR6	热继电器
M4,M6	左右滑台快进电动机	FU1~FU8	熔断器
M3,M5	左右滑台工进电动机	TC	变压器

（续）

符 号	名 称	符 号	名 称
VC	整流器	SQ5、SQ10	滑动挡块复位行程开关
SB7、SB8	故障退回按钮	SQ6～SQ9	右滑台进给行程开关
KZ1、KZ2	过扭触点	KM1～KM8	电动机控制接触器
KP	夹紧压力继电器	YA1、YA2	滑动挡块复位用电磁铁
HL1、HL2	过扭指示灯	YB1、YB2	滑台快进电动机电磁制动器
KT1～KT3	时间继电器	KA1、KA2	左滑台快退用中间继电器
SA1、SA2	左、右动力头电动机摘除转换开关	KA3、KA4	右滑台快退用中间继电器
SA3、SA4	左右滑台调整用转换开关	SB1、SB2	动力头电动机起停按钮
SA5、SA6	左右滑台摘除用转换开关	SB3～SB6	左、右滑台控制按钮
SQ1～SQ4	左滑台进给行程开关		

1. 主电路分析

双向分级进给的深孔加工组合机床电动机主要包括左动力头电动机 M1、右动力头电动机 M2、左滑台工进电动机 M3、左滑台快进电动机 M4、右滑台工进电动机 M5、右滑台快进电动机 M6。其中，左、右滑台快进电动机 M4 和 M6 需要正、反转，其他电动机都是单向转动；所有电动机都需要进行过载保护和短路保护。

2. 控制电路分析

（1）动力头电动机控制

1）左、右动力头电动机 M1、M2 的起动过程如下：

SB1 闭合→KM1 和 KM2 线圈得电→$\begin{cases} \text{KM1 和 KM2 主触点闭合→M1 和 M2 转动} \\ \text{KM1 和 KM2 辅助触点闭合→准备左右滑台进给} \end{cases}$

2）左、右动力头电动机 M1、M2 停转过程如下：

SB2 断开→KM1 和 KM2 线圈失电→KM1 和 KM2 主触点断开→M1 和 M2 停转

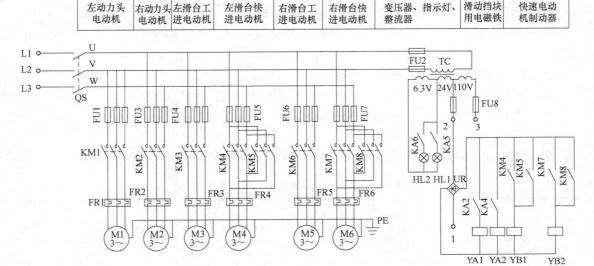

图 3-10　深孔钻削组合机床的电气原理图

左、右动力头电动机控制	左滑台进给控制				
	快进	工进	快退	结束后退	延时起动右滑台

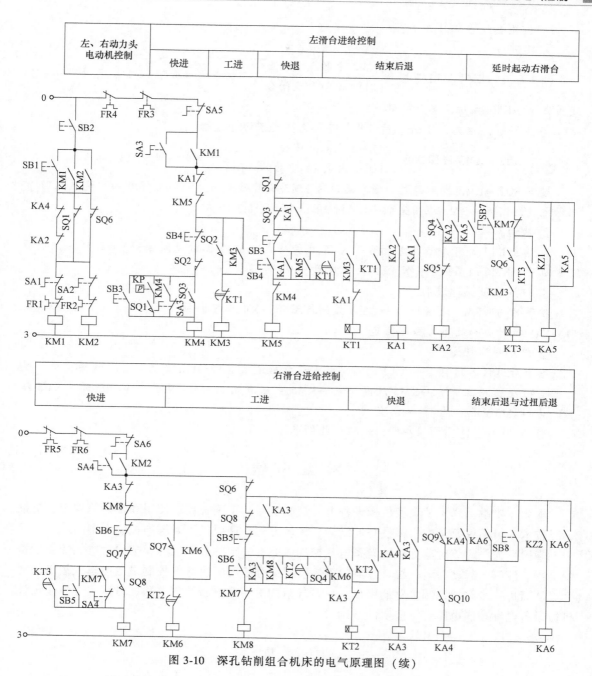

右滑台进给控制			
快进	工进	快退	结束后退与过扭后退

图 3-10 深孔钻削组合机床的电气原理图（续）

（2）自动循环过程控制电路 自动循环工作前的准备条件如下：

1）动力头电动机已经起动。

2）滑台停留在起点位置。左、右滑台的起点行程开关 SQ1 和 SQ6 被压下，常开触点闭合。

3）工件已经被夹紧，压力继电器 KP 触点闭合。夹紧部分没有直接画出，可以参考相关的液压夹紧示例。

1）左滑台工作循环如下：

① 快进：

按下 SQ1→KM4 线圈得电→$\begin{cases} \text{KM4 主触点闭合} \\ \text{KM4 辅助触点闭合} \end{cases}$→M4 转动→压下 SQ2 常闭触点→KM4 线圈失电→KM4 主触点断开→M4 停转

② 工进（左动力头工进开始过程与左动力头工进停止过程）：

按下 SQ2→KM3 线圈得电→$\begin{cases} \text{KM3 主触点闭合} \\ \text{工进区 KM3 辅助触点闭合} \end{cases}$→M3 转动

按下 SQ2→KM3 线圈得电→结束后退区 KM3 辅助触点闭合→KT1 得电→工进区 KT1 常闭触点延时断开→KM3 线圈失电→KM3 主触点断开→M3 停转

③ 快退：

快退区 KT1 常开触点延时闭合→KM5 线圈得电→KM5 主触点闭合→M4 反转→快退区 SQ3 断开→KM5 线圈失电→KM5 主触点断开→M4 停转

④ 往返自动循环进给：

按下 SQ3→KM4 线圈得电→KM4 主触点闭合→M4 正转→按下 SQ2→M4 断电→M3 起动→KT1 延时→如此下去循环往复

⑤ 最后一次快退：

结束后退区 SQ4 闭合→KA2 线圈得电→结束后退区 KA2 触点闭合→KA1 线圈得电→快退区 KA1 常开触点闭合→KM5 线圈得电→KM5 主触点闭合→M4 反转→SQ1 断开→KM5 线圈失电→KM5 主触点断开→M4 停转

2）右滑台工作循环与左滑台一致，此处不再介绍。

本 章 小 结

本章主要举例介绍了典型机械设备电气控制电路的正确安装、使用和维护等知识，机械工程技术人员不仅要考虑机械设备的结构、传动方式，还要提出系统的控制方案。

学习目的：应该对典型机械设备电气控制电路有一定的分析能力，加深对电气控制设备中机械、液压、起动与电气综合控制的理解。提高分析与解决电气控制设备中电气故障的能力，从而进一步掌握控制电路的组成、典型环节的应用及分析控制电路的方法，为独立设计机械设备电气控制电路打下坚实的基础。

习 题

3-1 设计机床电气控制电路，机床主轴由一台三相笼型异步电动机拖动，润滑液压泵由另一台三相笼型异步电动机拖动，均采用直接起动，工艺要求如下：

（1）主轴必须在润滑液压泵起动后，才能起动。

（2）主轴为正向运转，为调试方便，要求能正、反向点动。

（3）主轴停止后，才允许润滑液压泵停止。

（4）具有必要的电气保护环节。

3-2 设计一个电气控制电路,要求:第一台电动机起动 10s 后,第二台电动机自行起动;运行 5s 后,第一台电动机停止并同时使第三台电动机自行起动,再运行 10s 后电动机全部停止。

3-3 设计一小车运行控制电路,小车由异步电动机拖动,其动作程序如下:

(1)小车由原位开始前进,到终端后自动停止。

(2)在终端停留 2min 后自动返回原位停止。

(3)要求在前进或后退途中任意位置都能停止或起动。

第4章

可编程序控制器应用技术

可编程序控制器（Programmable Logic Controller，PLC）应用技术主要包括硬件与软件两方面。硬件主要由微处理器、存储器、现场信号输入输出接口、I/O 扩展接口、通信接口和电源组成。PLC 采用循环扫描的工作方式，所谓扫描，就是依次对各种规定的操作项目进行访问和处理。PLC 抗干扰能力强，可靠性高，通用性强，使用方便，功能强大，适用范围广，编程简单，易学易用。在学习过程中，应抓住可编程序控制器与其他控制方式的区别。

4.1 PLC 的基本结构与工作原理

4.1.1 PLC 的基本结构

PLC 硬件主要由微处理器（CPU）、存储器、现场信号输入输出接口、I/O 扩展接口、通信接口和电源组成。PLC 的基本组成如图 4-1 所示。

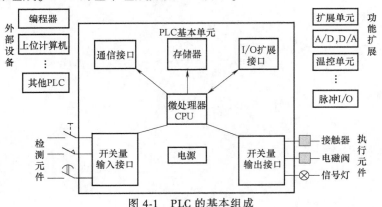

图 4-1 PLC 的基本组成

1. 微处理器（CPU）

微处理器（CPU）是 PLC 的核心部件，是 PLC 的运算与控制中心，主要完成逻辑运算、算术运算以及对整机进行协调控制。CPU 根据系统程序赋予的功能完成下列任务：编程时，接收并存储来自编程器输入的用户程序和数据，或者对程序、数据进行修改、更新；进入运行状态后，CPU 以扫描方式接收用户现场输入装置的状态和数据，并存入输入状态表和数据寄存器中，形成所谓现场输入的"内存映像"；再从存储器读取用户程序，经命令解释后，按指令规定的功能产生有关的控制信号，开启或关闭相应的控制门电路，分时分路完成数据的存取、传送、组合、比较、变换等操作，完成用户程序中规定的各种逻辑或算术运算等任务，并根据运算结果更新有关标志位的状态和输出映像存储器等内容；再由输出状态表的位状态或数据寄存器的有关内容实现输出控制、数据通信等功能；同时，在每个工作循环中还要对 PLC 进行自我诊断，避免故障扩散造成事故。

2. 存储器

PLC 中的存储器主要用来存放 PLC 的系统程序、用户程序以及工作数据。常用的存储器有 ROM、EPROM、快闪内存、RAM 等几种类型，不同型号的 PLC 所配置的存储器类型也不相同。

3. 现场信号输入输出接口

PLC 与被控对象的联系是通过各种输入输出接口单元实现的。尽管被控对象可能是具备各种各样信息的生产过程，但最终都可以利用技术手段把相关信息转变成模拟信号、开关量信号以及数字量信号的形式，PLC 只要具备处理这三种形式的信号的能力即可。

（1）开关量输入接口　开关量输入接口是 PLC 与现场以开关量为输出形式的检测元件（如操作按钮、行程开关、接近开关、压力继电器等）的连接通道，它把反映生产过程的有关信号转换成 CPU 单元所能接收的数字信号。为了防止各种干扰和高电压窜入 PLC 内部影响 PLC 工作的可靠性，必须采取电气隔离与抗干扰措施。在工业现场，出于各种原因的考虑，可采用直流供电，也可采用交流供电，PLC 要提供相应的直流输入、交流输入接口。

（2）开关量输出接口　开关量输出接口是 PLC 与现场执行机构的连接通道。现场执行机构包括接触器、继电器、电磁阀、指示灯及各种变换驱动装置，有直流的、交流的、电压控制的，还有电流控制的，所以开关量输出接口有多种形式，主要是继电器输出、晶闸管输出和晶体管输出三种形式。

4. I/O 扩展接口

I/O 扩展接口用于扩展 PLC 的功能和规模。因为被控制对象的广泛性和多样性，虽然一般场合主要是开关量的输入和输出，但也常常出现需要处理特殊参量的情况，例如 A/D（模/数）转换、D/A（数/模）转换、温度采样与控制、比例积分调节、高精度定位控制等。PLC 的生产厂家设计了许多可满足各种专门用途的输入输出模块，可供用户选用，通过输入输出扩展接口与 PLC 连接，形成一个完整的控制系统。

5. 通信接口

通信接口也称外部设备接口，PLC 可通过该接口与触摸屏、文本显示器、打印机等外部设备相连，提供方便的人机交互途径；也可以与其他 PLC、计算机或现场总线相连，构建控制网络。

6. 电源

PLC 的工作电源有的采用交流供电，有的采用直流供电，用户可以选择合适的工作电源。交流供电一般采用单相交流 220V，直流供电一般采用 24V。为了减少供电电源的质量对 PLC 工作造成的影响，PLC 的电源模块都具备很强的抗干扰能力。例如，额定工作电压为交流 220V 时，有的 PLC 允许供电电压波动范围达 140~250V；有些 PLC 的电源部分还提供 24V 直流电压输出，用于对外部传感器供电。

4.1.2　PLC 的工作原理

　　PLC 采用循环扫描的工作方式。所谓扫描，就是依次对各种规定的操作项目进行访问和处理。PLC 运行时，用户程序中有许多操作需要去执行，但一个 CPU 每一时刻只能执行一个操作而不能同时执行多个操作，因此 CPU 按程序规定的顺序依次执行各个操作。这种多个作业依次处理的工作方式被称为扫描工作方式。这种扫描是周而复始无限循环的，扫描一次所用的时间称为扫描周期。一个扫描周期主要分为 3 个阶段，如图 4-2 所示。

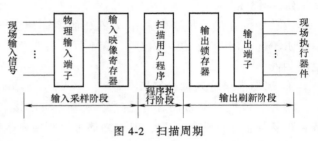

图 4-2　扫描周期

　　（1）输入采样阶段　在输入采样阶段，CPU 扫描全部输入端口，读取其状态并写入输入映像寄存器中。完成输入端采样工作后，将关闭输入端口，转入程序执行阶段。在程序执行期间，即使输入端状态发生变化，输入映像寄存器的内容也不会改变，而这些变化必须等到下一个扫描周期的输入采样阶段才能被读入。

　　（2）程序执行阶段　在程序执行阶段，根据用户输入的控制程序，从第一条开始逐步执行，并将相应的逻辑运算结果存入对应的内部辅助寄存器和输出映像寄存器。当最后一条控制程序执行完毕后，即转入输出刷新阶段，允许对数字量 I/O 指令和不设置数字滤波的模拟量 I/O 指令进行处理。

　　（3）输出刷新阶段　当所有指令执行完毕后，CPU 按照输出缓冲区中对应的状态和数据刷新所有的输出锁存器，再经输出电路驱动相应的外设。然后 PLC 进入下一个扫描周期，重新进入输入采样阶段，周而复始。

　　如果程序中使用了立即 I/O 指令，则可以直接存取 I/O 点。用立即 I/O 指令读输入点值时，相应的输入映像寄存器的值未被修改；用立即 I/O 指令写输出点值时，相应的输出映像寄存器的值被修改。

　　在扫描周期的各个部分，均可对中断事件进行响应。顺序扫描是 PLC 的基本工作方式，这种工作方式会对系统的实时响应产生一定滞后的影响。有的 PLC 为了满足对响应速度有特殊需求的场合，特别指定了特定的输入/输出端口以中断的方式工作，大大提高了 PLC 的实时控制能力。PLC 在扫描过程中要进行 4 个方面的工作：以故障诊断和处理为主的公共操作，处理工业现场数据的 I/O 操作，执行用户程序和操作外设服务。

　　不同型号 PLC 的扫描工作方式有所差异，典型扫描工作流程如图 4-3 所示。

　　（1）公共操作　公共操作即每次扫描前的再一次自检，若发现故障，除了显示灯亮起，还判断故障性质：一般性故障只报警不停机，等待处理；对于严重故障，则停止运行用户程序，此时 PLC 使全部输出为 OFF 状态。

　　（2）I/O 操作　I/O 操作又称为 I/O 状态刷新，它包括两种操作：一是输入信号采样；二是处理结果输出。

　　在 PLC 的存储器中，有一个专门的 I/O 数据区，其中对应于输入端子的数据区称为输入映像存储器，对应输出端子的数据区称为输出映像寄存器。当 CPU 采样时，输入信号由

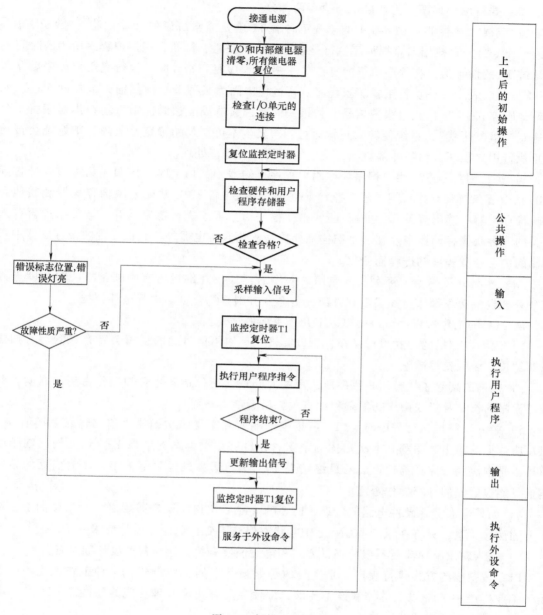

图 4-3 扫描工作流程

缓冲区进入映像区。只有采样刷新时刻，输入映像存储器中的内容才与输入信号一致；其他时间范围内，输入信号的变化不会影响输入映像存储器中的内容。由于 PLC 的扫描周期一般只有十几毫秒，所以两次采样间隔很短，对一般开关量来说，可以忽略因间断采样引起的误差，即认为输入信号一旦发生变化，就能立刻反映到输入映像存储器内。

在输出阶段，将输出映像数据的内容送到输出端子上。这步操作称为输出状态刷新，刷新后的时间间隔一般为十几毫秒，相对小于输出电路的惯性时间常数，可以认为输出信号是即时的。

（3）执行用户程序　包括监视与执行两部分。

1）监视定时器 T1。图 4-3 中的监视定时器 T1 就是通常所说的"看门狗"（Watch-Dog Timer，WDT），它被用来监视程序执行是否正常：若正常，则执行完用户程序所用的时间不会超过 T1 的设计值。在程序执行前复位 T1，执行程序时开始计时；执行完用户程序后立即令 T1 复位，表示程序执行正常。当程序执行过程中因为某种干扰使扫描失去控制或进入死循环，则 WDT 会发出超时报警信号，如果是偶然因素造成的超时，则重新扫描程序就不会再遇到"偶然干扰"，系统便转入正常运行；若发生不可恢复的确定性故障，则系统会自动停止执行用户程序，切断外部负载，发出故障信号，等待处理。

2）执行用户程序。用户程序放在用户程序存储器中，扫描时，按顺序从零步开始直到 END 指令逐条解释和执行用户程序指令。在执行指令时，CPU 从输入映像存储器和其他元件映像存储器中读出有关元件的通/断状态，根据用户程序进行逻辑运算，运算结果再存入有关的元件映像存储器中。在一个扫描周期内，除输入继电器外，其他元件映像存储器中所存储的内容会随程序的进程而变化。

（4）执行外设指令　每次执行完用户程序后，如果外部设备有中断请求，PLC 就进入服务外部设备命令操作；如果没有外部设备命令，则系统会自动进行循环扫描。

从 PLC 的工作过程，可以得出以下几个重要的结论：

1）因为以扫描的方式执行操作，所以其输入、输出信号间的逻辑关系存在滞后，扫描周期越长，滞后就越严重。

2）扫描周期除了执行用户程序所占用的时间外，还包括系统管理操作占用的时间，前者与程序的长短及指令操作的复杂程度有关，后者基本不变。

3）第 n 次扫描执行程序时，PLC 所依据的输入数据是该次扫描之前的输入采样值 X_n；PLC 所依据的输出数据既有本次扫描的值 Y_{n-1}，也有本次解算的结果 Y_n。送往输出端子的信号，是本次执行完全部运算后的最终结果 Y_n。执行运算过程并不输出，因为前面的某些结果可能被后面的计算操作否定。

4）如果考虑 I/O 硬件电路的延迟，PLC 响应滞后比扫描原理滞后更大。PLC 的 I/O 端子上的信号关系，只有在稳态（ON 或 OFF 状态保持不变）时才与设计要求一致。

5）输入输出响应滞后不仅与扫描方式和电路惯性有关，还与程序设计顺序有关。

PLC 按扫描的方式执行程序，是主要的也是最基本的工作方式，这种工作速度不仅适用于工业生产中 80% 以上的控制设备要求，即使在具有快速处理功能的高性能 PLC 中，其主程序还是以扫描方式执行的。

4.2　PLC 的主要特点

PLC 是一种专为工业应用而设计的控制器，它主要有以下特点。

1. 抗干扰能力强，可靠性高

绝大多数用户都将可靠性作为选择控制装置的首要条件。针对 PLC "专为在工业环境下应用而设计"的要求，PLC 采取了一系列硬件和软件的抗干扰措施。

硬件方面，隔离是抗干扰的主要措施之一。PLC 的输入输出电路一般采用光电耦合器传递信号，使外部电路与 CPU 间完全没有电路上的联系，从而有效地抑制了外部干扰源对 PLC 的影响，同时还可以防止外部高电压窜入 CPU。滤波则是 PLC 抗干扰的另一主要措施。在 PLC 电源电路和 I/O 模块中，设置了多种滤波电路，它们对高频干扰信号有良好的抑制作用；对 PLC 内部向 CPU 供电的电源，采取了多级滤波和稳压措施，有效地防止了干扰信号通过供电电源进入 PLC。此外，还设置了联锁、环境检测与诊断电路。

软件方面，设置故障检测与诊断程序。PLC 在扫描过程的内部处理期间，检测系统硬件是否正常、锂电池电压是否过低、外部环境是否正常（如交流电源是否断电、输入电路电压是否超过允许值）；PLC 还能检查用户程序的语法错误，发现问题后立即自动进行相应的处理，如报警、保护数据、封锁输出等。

采用以上抗干扰措施后，一般 PLC 的抗电平干扰能力可达 1000V/μs，其平均无故障时间可高达 $(4\sim5)\times10^4$h，使得 PLC 具有极高的可靠性。

2. 通用性强，使用方便

PLC 产品现在已形成系列化和模块化，并配备有品种齐全的各种硬件装置以供用户选用，用户在硬件方面的设计工作只是确定 PLC 的硬件配置和 I/O 的外部接线。一个控制对象的硬件配置确定以后，可通过修改用户程序，方便、快速地适应工艺条件的变化。

3. 功能强，适用范围广

现代 PLC 不仅具有逻辑运算、定时、计数、顺序控制等功能，而且还具有 A/D 转换、D/A 转换、数值运算和数据处理等功能。因此，它既可对开关量，也可对模拟量进行控制；既可控制一台生产机械、一条生产线，也可控制一个生产过程。PLC 还具有通信联网的功能，可与上位计算机构成分布式控制系统。用户只需根据控制的规模和要求，合理选择 PLC 的型号和硬件配置，即可组成所需的控制系统。

4. 编程简单，易学易用

考虑到企业中一般技术人员和技术工人的传统读图习惯和应用微机的实际水平，PLC 配备有容易接受和掌握的梯形图语言。梯形图语言编程的符号和表达形式与继电器控制电路原理图很接近。某些仅有开关量逻辑控制功能的小型 PLC 只有 20 多条指令，通过阅读 PLC 使用手册或短期培训，很快就可以熟悉梯形图语言，并编制一般的用户程序。同时，PLC 最基本的输入设备（如简易编程器）的操作和使用也很简单。这些正是 PLC 近年来获得迅速普及和推广的原因之一。

5. 安装调试简单，维修方便

PLC 已实现了产品系列化、标准化和通用化，用 PLC 组成的控制系统在设计、安装、调试和维修等方面，表现出了明显的优越性。设计部门能在规格繁多、品种齐全的系列化 PLC 产品中，精选出他们所需要的类型，使选定的 PLC 具有较高的性价比。PLC 用软件功能取代了继电器控制系统中大量的中间继电器、时间继电器、计数器等器件，使控制柜的设计、安装、接线工作量大为减少。PLC 的用户程序大都可在实验室中模拟调试，用模拟试验开关代替输入信号，其输出状态可以通过观察 PLC 上对应的发光二极管获得。模拟调试后即可进行 PLC 控制系统的现场联机统调，既安全，又方便，大大缩短了应用设计和调试周期。在用户维修方面，PLC 的故障率低，且有完善的诊断和显示功能。当 PLC 及其外部输入装置和执行机构发生故障时，可根据 PLC 有关器件提供的信息，迅速查明原因。如果是 PLC 本身故障，可用更换模块的方法排除故障，给维修带来极大的方便。

6. 体积小、质量轻，易于实现机电一体化

PLC 结构紧凑、坚固、体积小、质量轻、功耗低，同时还具有很好的抗振性及适应环境温度、湿度变化的能力。因此，PLC 很容易安装在机械设备内部，是机电一体化设备中较为理想的控制装置。

4.3 PLC 控制系统与其他工业控制系统的比较

4.3.1 PLC 控制系统与继电器控制系统的比较

1. 组成的器件不同

继电器控制系统由许多硬件继电器组成，而 PLC 则由许多"软继电器"组成，这些"软继电器"实质上是存储器中的触发器，它们可以置 0 或置 1。

2. 触点的数量不同

继电器的触点数较少，一般只有 4~8 对，触发器的状态可取用任意次，因此"软继电器"可供编程的触点有无限对。

3. 控制方法不同

继电器控制功能是通过元件间的硬接线来实现的，控制功能就固定在电路中，一旦改变生产工艺过程，就必须重新配线，适应性差。而且其体积庞大，安装、维修均不方便。PLC 功能是通过软件编程来实现的，只要改变程序，功能即可改变，控制很灵活。

4. 工作方式不同

在继电器控制电路中，当电源接通时，电路中各继电器都处于受制约状态。在 PLC 梯形图中，各"软继电器"都处于周期性循环扫描接通中，受制约接通的时间短暂。也就是说，电气控制的工作方式是并行的，而 PLC 的工作方式是串行的。PLC 控制系统与继电器控制系统的比较见表 4-1。

表 4-1 PLC 控制系统与继电器控制系统的比较

项目	PLC 控制系统	继电器控制系统
控制功能的实现	通过编制程序	通过继电器接线
对工艺变更的适应性	修改程序	改变继电器接线
控制速度	电子元器件速度快	触点机械动作较慢
安装调试	安装容易，调试方便	连线多，调试麻烦
可靠性	PLC 内部无触点，可靠性高	触点多，可靠性差
寿命	长	短
可扩展性	易	难
维护	有 I/O 指示和自诊断，维护方便	工作量大，故障不易查找

4.3.2 PLC 控制系统与工业计算机控制系统的比较

工业计算机是在以往计算机与大规模集成电路的基础上发展起来的，其硬件结构的总线标准化程度高、品种兼容性强、软件资源丰富、有实时操作系统的支持，在要求快速、实时性强、模型复杂的工业控制中占有优势。但是，使用工业计算机的技术人员水平要求较高，

一般应具有一定的计算机专业知识。另外，工业计算机在整机结构上尚不能适应恶劣的工作环境，因此不如 PLC 那样容易推广。

PLC 在结构上采用了整体密封或插件组合型，并采用了一系列抗干扰措施，在工业现场有很高的可靠性。PLC 采用梯形图语言编程，使熟悉电气控制的技术人员易学易懂、易于推广，但是 PLC 的工作方式不同于工业计算机，计算机的很多软件还不能直接应用。此外，PLC 的标准化程度低，各厂家的产品不通用。PLC 控制系统与工业计算机控制系统的比较见表 4-2。

随着 PLC 功能的不断增强且越来越多地采用计算机技术，工业计算机为了适应用户需要，向提高可靠性、更耐用与便于维修等方向发展，两者间相互渗透，差异也越来越小。它们将继续共存，在一个控制系统中，通常使 PLC 集中在功能控制上，工业计算机集中在信息处理上，各显神通。

表 4-2 PLC 控制系统与工业计算机控制系统的比较

项目	PLC 控制系统	工业计算机控制系统
工作目的	工业控制	科学计算，数据管理
工作环境	工业现场	空调房
工作方式	扫描方式	中断方式
系统软件	只需简单的监控程序	需要强大的软件系统支持
采用的特殊措施	抗干扰、自诊断等	断电保护
编程语言	梯形图、助记符	汇编语言、高级语言
对使用者要求	短期培训即可使用	具有一定的计算机基础
对内存要求	容量小	容量大
其他	I/O 模块多，容易构成控制系统	—

4.4 PLC 的发展趋势

PLC 最初是针对工业顺序控制发展而研制的，经过 40 多年的迅速发展，PLC 已不仅能进行开关量控制，而且还能进行模拟量控制、位置控制。特别是 PLC 通信网络技术的发展，使 PLC 由单机控制向多机控制、由集中控制向多层次分布式控制系统发展。现在 PLC 的足迹已遍布国民经济的各个领域，形成了满足各种需要的形形色色的 PLC 应用系统。今后 PLC 控制系统将朝着小型化、网络化、兼容性和标准化的方向发展。

1. 小型化

近年来，小型 PLC 的应用十分普遍，微型 PLC 的需求日趋增多。据统计，美国机床行业应用微型 PLC 的企业几乎占 1/4，因此国外许多 PLC 厂家正在积极研发各种微型 PLC。例如，欧姆龙公司的 CP1 系列 PLC 既可单机运行，也可联网实现复杂的控制。CP1 系列 PLC 的最小配置是 8 个开关量输入和 6 个开关量输出，可以根据实际情况扩展模块，最多可达 320 个输入和输出。此外，它还具有模拟量输入输出、高速计数以及脉冲输出等功能，是一种性价比很高的微型 PLC。

2. 网络化

多层次分布式控制系统与集中型相比，具有更高的安全性和可靠性，系统设计、配置更为灵活方便，地域分布更广，是当前控制系统发展的主流。为实现工厂生产自动化，世界各PLC生产厂家不断研发出功能更强的PLC网络系统。这种网络一般是多级的，网络的底层是现场执行级，中间是协调级，最上层为组织管理级。现场执行级可由多个PLC或远程输入输出工作站组成，中间级由PLC或计算机构成，最高级一般由高性能的计算机组成。它们之间采用以太网和MAP（Manufacture Automation Protocol）网、工业现场总线连接，构成多级分布式PLC控制系统。随着自动控制系统技术的发展，这种多级分布式PLC控制系统除了实现控制功能外，还可以实现在线优化、生产过程的实时调度、产品计划、统计管理等功能，成为一种测、控、管一体化的多功能综合系统。

3. 兼容性

目前，PLC与计算机已成功地结合并广泛应用，成为控制系统中的一个重要的组成部分和环节。随着集成电路和计算机技术的进一步发展，今后将更加注重PLC与其他智能控制系统的结合。许多PLC生产厂家已经注意到了PLC的兼容性，不仅是PLC与PLC的兼容，而且还注意到PLC与计算机的兼容，使之可以充分利用计算机现有的软件资源。例如欧姆龙CJ1等系列PLC，其软件编程、监控都可以在Windows平台上操作和运行。今后PLC将采用速度更快、功能更强的CPU，容量更大的存储器，并将更加充分地利用计算机资源。PLC与工业控制计算机、集散控制系统、嵌入式计算机系统等还将进一步渗透与结合，这必将进一步拓宽PLC的应用领域。

4. 标准化

长期以来，PLC走的是专门化发展道路，这使其在获得成功的同时也带来诸多不便。例如，各个公司的PLC都有通信联网的能力，但各个公司的PLC之间无法通信联网，因此制定PLC的国际标准势在必行。从1978年起，国际电工委员会在其下设TC65的SC65B中专设WGT工作组，制订PLC的国际标准，到目前为止已公布和制订的标准有如下5个：

1131-1：General Information（一般信息）。

1131-2：Equipment Characteristics and Test Requirement（设备特性与测试要求）。

1131-3：Programming Language（编程语言）。

1131-4：User Guidelines（用户向导）。

1131-5：MMS Companion Standard（制造信息规范伴随标准）。

本 章 小 结

本章主要介绍了PLC的基本结构：CPU、存储器、输入输出（I/O）单元、电源单元等，列举了PLC的优点。PLC控制系统与继电器控制系统、工业计算机控制系统相比，具有通用性强、编程简单与易学易用的特点。

学习目的：熟练掌握PLC的基本结构及各个部分的特点，并了解市面上现有的PLC的厂商及其特点，为接下来的学习打下坚实的基础。

习　题

4-1　简述 PLC 的使用特点。

4-2　什么是立即输入和立即输出？它们分别应用在何种场合？

4-3　PLC 的输入和输出模块主要由哪几部分组成？各部分的作用是什么？

4-4　PLC 的发展趋势是什么？

第5章

三菱FX系列PLC及其编程方法

PLC 是计算机技术与继电器常规控制技术相结合的产物，是在顺序控制器的基础上发展起来的新型控制器。它采用一类可编程的存储器，用其内部存储的程序，执行逻辑运算、顺序控制、定时、计数与计算操作等面向用户的指令，并通过数字或模拟形式输入输出信号，控制各种类型的机械或生产过程。目前，市面上应用比较广泛的 PLC 主要有日本三菱公司和德国西门子公司生产的 PLC，本章主要对三菱 FX 系列 PLC 的基本指令进行讲解。

5.1 三菱 FX 系列 PLC 的基本组成

三菱公司是日本生产 PLC 的主要厂商之一，其先后推出的小型、超小型 PLC 有 F、F1、F2、FX1、FX2 等系列。其中，F 系列已停产，取而代之的是 FX2 系列，属于高性能叠装机型，是三菱公司的典型产品。同其他 PLC 一样，三菱 FX 系列 PLC 主要由微处理器、存储器、输入输出接口以及电源组成，各组成部分的原理也同其他 PLC 基本相同，但三菱 FX 系列 PLC 有其不同于其他制造商的编程元件和扩展模块。

5.1.1 FX 系列 PLC 的型号

FX 系列 PLC 型号的基本命名格式如图 5-1 所示。

1）系列序号：有 0、0S、0N、2、2C、1S、2N、2NC 共 8 种。

2）I/O 总数：10～56，最大 I/O 数为 256 点。

3）单元类型：M 为基本单元（含 CPU）；E 为输入输出混合扩展单元及扩展模块；EX 为输入专用扩展模块；EY 为输出专用扩展模块。

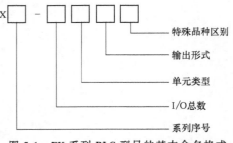

图 5-1　FX 系列 PLC 型号的基本命名格式

4）输出形式：R 为继电器输出；T 为晶体管输出；S 为晶闸管输出。

5）特殊品种区别：D 表示 DC 电源、DC 输入；A1 表示 AC 电源、AC 输出。此外，还有 H（大电流）、V（立式端子排）、C（接插口输入输出）、F（输入滤波器）、L（TTL 输入）和 S（独立端子）等扩展模块。若该项无符号，指 AC 电源、DC 输入、横排端子，继电器输出时 2A/点、晶体管输出时 0.5A/点、晶闸管输出时 0.3A/点。例如，FX2N-48MTD 的含义为 FX2N 系列、输入输出总数为 48 点、晶体管输出、DC 电源、DC 输入的基本单元；FX-4EYSH 的含义为 FX 系列，输入点数为 0 点，输出 4 点，晶闸管输出，大电流输出扩展模块。

5.1.2　FX 系列 PLC 的扩展

除 FX0S 和 FX1S 等系列 PLC 不可扩展外，大多数 FX 系列 PLC 具有较为灵活的 I/O 扩展功能。FX2N 系列 PLC 可通过基本单元右侧的扩展单元、扩展模块、特殊单元或特殊模块的接线插座进行扩展。FX2N 系列 PLC 的 16 种基本单元（M 系列）的可扩展输入输出点数见表 5-1。

表 5-1　FX2N 系列 PLC 的可扩展点数

输入输出总数	输入点数	输出点数	FX2N 系列		
			AC 电源,DC 输入		
			继电器输出	晶闸管输出	晶体管输出
16	8	8	FX2N-16MR-001	—	FX2N-16MT-001
32	16	16	FX2N-32MR-001	FX2N-32MS-001	FX2N-32MT-001
48	24	24	FX2N-48MR-001	FX2N-48MS-001	FX2N-48MT-001
64	32	32	FX2N-64MR-001	FX2N-64MS-001	FX2N-64MT-001
80	40	40	FX2N-80MR-001	FX2N-80MS-001	FX2N-80MT-001
128	64	64	FX2N-128MR-001	—	FX2N-128MT-001

FX2N 系列 PLC 的扩展单元由内部电源和内部输入输出接口组成，不与 PLC 基本单元共用电源，需要单独的电源供电。扩展单元有 FX2N-48ER、FX2N-48ET、FX2N-32ER、FX2N-32ET、FX2N-16ER、FX2N-16EYT、FX2N-8ER 等型号。

FX2N 系列 PLC 的扩展模块不同于扩展单元，它仅由输入输出接口组成，需由基本单元或扩展单元供电，其控制用电源为 DC 5V，如 FX2N-16EX、FX2N-16EYR、FX2N-16EYS 等。

FX2N 系列 PLC 还有特殊单元、特殊模块及特殊功能板等特殊扩展设备可供选用，特殊扩展设备也需由基本单元或扩展单元供 DC 15V 电源。FX2N 系列 PLC 的特殊模块包括模拟量输入输出模块、通信接口模块及外围设备等，使用时可以参照 FX 系列 PLC 产品手册。

5.1.3　FX 系列 PLC 的编程元件

PLC 内部的编程元件称为内部软继电器，不同厂商、不同型号 PLC 编程元件的功能和编号各不相同。表 5-2 列出了三菱 FX 系列 PLC 内部的编程元件及其编号，以供使用时查用。其编号由字母和数字组成，其中输入输出继电器用八进制数字编号，其他编程元件均采用十进制数字编号。

编程时，所有内部编程元件的编号应在表 5-1 点数（含扩展时）和表 5-2 编程元件列表范围内，不能任意命名或使用。

表 5-2　三菱 FX 系列 PLC 内部的编程元件及其编号

编程元件类型		编程元件编号			
		FX1S 系列 PLC	FX0N 系列 PLC	FX1N 系列 PLC	FX2N 系列 PLC
输入继电器 X		X000~X017	X000~X043	X000~X043	X000~X077
输出继电器 Y		Y000~Y015	Y000~Y027	Y000~Y027	Y000~Y077
辅助继电器 M	普通	M0~M383	M0~M383	M0~M383	M0~M499
	保持	M384~M511	M384~M511	M384~M1535	M500~M3071
	特殊	M8000~M8255			
状态寄存器 S	初始状态	S0~S9	S0~S9	S0~S9	S0~S9
	返回原点	—	—	—	S10~S19
	普通状态	S10~S127	S10~S127	S10~S999	S20~S499
	保持状态	S0~S127	S0~S127	S0~S999	S500~S899
	信号报警状态	—	—	—	S900~S999
定时器 T	100ms	T0~T62	T0~T62	T0~T199	T0~T199
	10ms	T32~T62	T0~T62	T0~T199	T0~T199
	1ms	—	T63	—	—
	1ms 累积	T63	—	T246~T249	T246~T249
	100ms 累积	—	—	T250~T255	T250~T255
计数器 C	普通 16 位加	C0~C15	C0~C15	C0~C15	C0~C99
	带保持 16 位加	C16~C31	C16~C31	C16~C199	C100~C199
	普通 32 位加减	—	—	C200~C219	C200~C219
	带保持 32 位加减	—	—	C220~C234	C220~C234
	高速	C235~C255			
数据寄存器 D(16)	普通	D0~D127	D0~D127	D0~D127	D0~D199
	保持	D128~D255	D128~D255	D128~D7999	D200~D7999
	特殊	D8000~D8255	D8000~D8255	D8000~D8255	D8000~D8255
	变址高位	V0~V7	V	V0~V7	V0~V7
	变址低位	Z0~Z7	Z	Z0~Z7	Z0~Z7
指针 N、P、I	嵌套	N0~N7	N0~N7	N0~N7	N0~N7
	跳转	P0~P63	P0~P63	P0~P127	P0~P127
	外部中断	I00*~I50*	I00*~I3*	I00*~I50*	I00*~I50*
	定时器中断	—	—	—	I6**~I8**
	计数器中断	—	—	—	I010~I060
常数	16 位	K:−32768~32767　H:0000~FFFF			
	32 位	K:−2147483648~2147483647　H:00000000~FFFFFFFF			

注：*表示 1~7。

（1）输入继电器 X　输入继电器专门用来接收 PLC 外部的开关信号。PLC 通过输入接口将外部输入端子信号状态（断开为 0，接通为 1）读入并存储在输入映像寄存器中。一方面，输入继电器由外部信号驱动，不能用程序驱动，因此在程序中不能出现其线圈；另一方面，输入继电器反映的是输入映像寄存器的状态，因此其触点的使用次数不限。

FX系列PLC的输入继电器以八进制编号，输入点数范围为X000~X267，其中基本单元有固定的64个输入点（X000~X077），扩展单元和扩展模块从与基本单元最靠近的设备开始，自X080开始依次进行编号。

（2）输出继电器Y 输出继电器用来将PLC内部的信号通过输出映像寄存器和输出锁存器传送到输出端子，然后驱动负载工作。一方面，输出继电器由PLC内部的指令驱动，将其线圈状态传送给输出单元，因此程序中应该出现其线圈，但应避免双线圈输出。另一方面，输出继电器反映的是输出锁存器的状态，因此其触点使用次数不限。要特别注意的是，负载只能由输出继电器驱动，不能由其他任何继电器驱动。

FX系列PLC的输出继电器以八进制编号，PLC的输出点数也和其他型号有关。例如，FX2N-128MR型号PLC输出点数范围为Y000~Y267，其中基本单元的64个输出点编号为Y000~Y077，扩展单元和扩展模块从与基本单元最靠近的设备开始，自Y080开始依次进行编号。

（3）辅助继电器M 辅助继电器分为普通辅助继电器、保持辅助继电器和特殊辅助继电器三种，它们用十进制数编号，可以有线圈，也可以有触点，由PLC内部的软件驱动，其触点使用次数不限。

对于FX2N系列PLC，M0~M499为普通辅助继电器，除了不能直接驱动外部负载外，其他用法和输出继电器相同。

M500~M3071和M0~M499的主要区别是，它具有断电保持功能，其中M500~M1023可根据需要由软件将其设定为普通辅助继电器。

M8000~M8255为特殊辅助继电器，不同编号的继电器有不同的功能，可分为触点型和线圈型两种。

触点型特殊辅助继电器的线圈由PLC自动驱动，用户可以自由使用其触点，但不可使用其线圈。常用的触点型辅助继电器功能有：M8000为运行监视器特殊辅助继电器（RUN监控常开触点），在PLC运行时为常开；M8001（RUN监控常闭触点）与M8000的逻辑正好相反；M8011、M8012、M8013、M8014分别是产生10ms、100ms、1s和1min时钟脉冲的特殊辅助继电器。

线圈型特殊辅助继电器由用户程序驱动线圈后使PLC执行特定的动作，其功能由用户通过驱动其线圈来完成。例如，M8033为存储器保持特殊辅助继电器，若该线圈得电，则PLC停止时保持输出映像寄存器和数据寄存器中的内容；M8034为禁止输出特殊辅助继电器，若该线圈得电，则PLC的输出全部禁止。其他特殊辅助继电器的功能请参阅使用手册。

（4）状态寄存器S 状态寄存器分为初始状态寄存器、返回原点寄存器、普通状态寄存器、保持状态寄存器和信号报警状态寄存器等。状态寄存器一般与步进顺序控制指令配合使用，不与步进顺序控制指令配合使用时，可以当成普通辅助继电器使用。

用步进顺序控制指令设定PLC的状态时，只能按表5-2中指明的功能使用，例如，设定FX2N系列PLC的初始状态寄存器为S0~S9中之一。

（5）定时器T 按照计时时间单位的长短和是否断电保持其定时值，FX系列PLC有100ms、10ms、1ms、1ms累积和100ms累积五种定时器。

累积型定时器有后备电池，具有断电保持功能，在定时过程中如果输入断开或系统掉电，当前计时值不变，当定时器线圈下次接通或上电后继续在当前计时值基础上累积计时，只有将累积定时器复位，才能将其当前定时值清零；其他定时器没有后备电池，在输入断开或系统掉电后计时值会复位，再次接通后从零开始重新计时。

FX2N 系列 PLC 的定时器 T246～T249 为 1ms 累积定时器，T250～T255 为 100ms 累积定时器，共 10 个累积定时器，其余定时器不具有记忆功能。

（6）计数器 C　FX2N 系列 PLC 的计数器分为普通 16 位加计数器、带保持 16 位加计数器、普通 32 位加减计数器、带保持 32 位加减计数器和高速计数器等。

带保持计数器有后备电池，具有记忆功能，当系统掉电时，会保持当前计数值，在系统上电后会在当前值的基础上继续计数。非保持型计数器在系统掉电后计数值会清零。FX2N 系列 PLC 的保持计数器为 C100～C199 和 C220～C234。

FX2N 系列 PLC 的计数器 C200～C234 为加减计数器，也称双向计数器，共 35 点，其中 C200～C219 为普通型，C220～C234 为断电保持型。当控制 M8200～M8234 的值为 0 时，C200～C234 为加计数器；为 1 时，C200～C234 为减计数器。

（7）数据寄存器 D　FX 系列 PLC 的数据寄存器分为普通数据寄存器、保持数据寄存器、特殊数据寄存器和变址数据寄存器四种，数据寄存器为 16 位，最高位符号位。当用到 32 位数据时，用两个数据寄存器来存储。无论哪一种数据寄存器，数值一旦写入，只要不再写入其他数据，内容就不会发生变化。

（8）指针 N、P、I　指针 N 为嵌套指针，用在主控指令（MC/MCR）中表示嵌套的级数。指针 P 为跳转指针，用在跳转指令（CJ）和子程序调用指令（CALL/CALLP）中。指针 I 用于外部中断、定时器中断、计数器中断等中断指令中。

（9）常数　数字前用 K 和 H 表示数的进制，其中 K 为十进制常数符号，主要用来指定定时器和计数器的设定值及应用功能指令操作数中的数值；H 为十六进制常数符号，主要用来表示应用功能指令的操作数值。

5.2　PLC 的编程语言

国际电工委员会（IEC）1994 年公布的 PLC 标准的第三部分（IEC 1131-3）规定了 PLC 的五种编程语言，分别是梯形图（LD）、指令表（IL）、功能模块图（FBD）、顺序功能流程图（SFC）及结构化文本（ST）。

1. 梯形图（LD）

梯形图是 PLC 程序设计中最常用的编程语言。它是与继电器电路类似的一种编程语言。由于电气设计人员对继电器控制较为熟悉，所以梯形图得到了广泛的欢迎和应用。

梯形图编程语言的特点是：与电气操作原理图相对应，具有直观性和对应性；与原有继电器控制相一致，电气设计人员易于掌握。

梯形图与原有继电器控制的不同点是：梯形图中的能流不是实际意义的电流，内部的继电器也不是实际存在的继电器，应用时需要与原有继电器控制的概念区别对待。

图 5-2a 所示为典型的交流异步电动机直接起动控制电路图，图 5-2b 所示为采用 PLC 控制的程序梯形图。

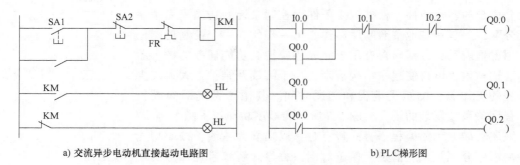

a) 交流异步电动机直接起动电路图　　　　b) PLC梯形图

图 5-2　交流异步电动机直接起动控制的电路图和梯形图

2. 指令表（IL）

指令表是与汇编语言类似的一种助记符编程语言，和汇编语言一样，其由操作码和操作数组成。在无计算机情况下，适合采用 PLC 手持编程器对用户程序进行编制。同时，指令表与梯形图一一对应，在 PLC 编程软件下可以相互转换。图 5-2b 所示 PLC 梯形图对应的指令表如图 5-3 所示。

指令表的特点是：采用助记符来表示操作功能，容易记忆、便于掌握；可在手持编程器的键盘上采用助记符编制，便于操作，可在无计算机的场合进行编程设计；与梯形图有一一对应关系。其特点与梯形图基本一致。

```
LD   I 0.0
O    Q 0.0
AN   I 0.1
AN   I 0.2
=    Q 0.0
LD   Q 0.0
=    Q 0.1
LDN  Q 0.0
=    Q 0.2
```

图 5-3　指令表

3. 功能模块图（FBD）

功能模块图是与数字逻辑电路类似的一种 PLC 编程语言。采用功能模块图的形式来表示模块所具有的功能时，不同的功能模块有不同的功能。图 5-4 所示为交流异步电动机直接起动的功能模块图。

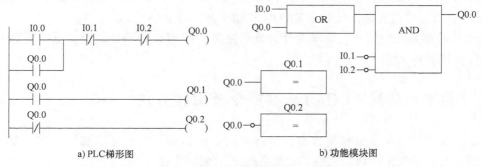

a) PLC梯形图　　　　　　　b) 功能模块图

图 5-4　功能模块图

功能模块图编程语言的特点是：以功能模块为单位分析、理解控制方案，简单容易；功能模块以图形的形式表达功能，直观性强，使具有数字逻辑电路基础的设计人员很容易掌握；对规模大、控制逻辑关系复杂的控制系统，由于功能模块图能够清楚地表达功能关系，使编程调试时间大大减少。

4. 顺序功能流程图（SFC）

顺序功能流程图是为了满足顺序逻辑控制而设计的编程语言。编程时将顺序流程动作的过程分成步和转换条件，根据转换条件对控制系统的功能流程顺序进行分配，一步一步地按照顺序动作。每一步代表一个控制功能任务，用方框表示，方框内含有用于完成相应控制功能任务的梯形图逻辑。这种编程语言使程序结构清晰、易于阅读及维护，大大减少了编程的工作量，缩短了编程和调试时间。其用于系统的规模较大、程序关系较复杂的场合。图 5-5 所示为顺序功能流程图示例。

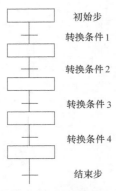

图 5-5　顺序功能流程图示例

顺序功能流程图编程语言的特点是：以功能为主线，按照功能流程的顺序分配，条理清楚，便于对用户程序理解；避免梯形图或其他编程语言不能顺序动作的缺陷，同时也避免了用梯形图对顺序动作编程时，由于机械互锁造成用户程序结构复杂、难以理解的缺陷；用户程序扫描时间也大大缩短。

5. 结构化文本（ST）

结构化文本是用结构化的描述文本来描述程序的一种编程语言，它是类似于高级语言的一种编程语言。在大中型 PLC 系统中，常采用结构化文本来描述控制系统中各个变量的关系，主要用来编制其他编程语言较难实现的用户程序。

结构化文本采用计算机的描述方式来描述系统中各变量之间的各种运算关系，完成所需的功能或操作。大多数 PLC 厂商采用的结构化文本编程语言与 BASIC 语言、PASCAL 语言或 C 语言等高级语言相类似，但为了应用方便，在语句的表达方法及语句的种类等方面都进行了简化。

结构化文本编程语言的特点：采用高级语言进行编程，可以完成较复杂的控制运算；需要有一定的计算机高级语言知识和编程技巧，对工程设计人员要求较高；直观性和操作性较差。

不同型号的 PLC 编程软件对以上五种编程语言的支持种类是不同的，早期的 PLC 仅仅支持梯形图和指令表编程语言。目前的 PLC 对梯形图（LD）、指令表（STL）、功能模块图（FBD）编程语言都已支持，比如 SIMATIC STEP7 MicroWIN V3.2。

在 PLC 控制系统设计中，要求设计人员不但要了解 PLC 的硬件性能，也要了解 PLC 对编程语言支持的种类。

5.3　三菱 FX 系列 PLC 的基本指令及编程方法

PLC 的生产厂商和型号种类繁多，但基本指令的名称、内容基本相同，有些基本指令的梯形图形式甚至完全一致。三菱 FX2N 系列 PLC 的基本指令有 27 条。

5.3.1　输入输出指令

LD 为取指令，其功能是使常开触点与左母线连接。

LDI 为取反指令，其功能是使常闭触点与左母线连接。

LDP 为取上升沿指令，即与左母线连接的常开触点的上升沿检测指令，其功能是在指定元件的上升沿（OFF 变为 ON）时，接通一个扫描周期。

LDF 为取下降沿指令，即与左母线连接的常闭触点的下降沿检测指令。

OUT 为输出指令,其功能是根据运算结果去驱动一个线圈。

LD、LDI、LDP 和 LDF 指令的操作元件可以是软继电器 X、Y、M、S、T 和 C 的触点,OUT 指令的操作元件是软继电器 Y、M、S、T 和 C 的线圈。输入输出指令的使用示例如图 5-6 所示。

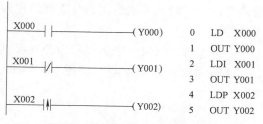

图 5-6　输入输出指令的使用示例

5.3.2　连接指令

AND 为与逻辑指令,其功能是使软继电器的常开触点与其他软继电器的触点串联。

ANI 为与非逻辑指令,其功能是使软继电器的常闭触点与其他软继电器的触点串联。

ANDP 为上升沿与指令,与后续触点的上升沿串联,受该触点驱动的线圈只在触点的上升沿接通一个扫描周期。

ANDF 为下降沿与指令,与后续触点的下降沿串联,受该触点驱动的线圈只在触点的下降沿接通一个扫描周期。

OR 为或逻辑指令,其功能是使软继电器的常开触点与其他软继电器的触点并联。

ORI 为非逻辑指令,其功能是使软继电器的常闭触点与其他软继电器的触点并联。

ORP 为上升沿或指令,触点中间用一个向上的箭头表示上升沿检测并联,受该触点驱动的线圈只在触点的上升沿接通一个周期。

ORF 为下降沿或指令,触点中间用一个向下的箭头表示下降沿检测并联,受该触点驱动的线圈只在触点的下降沿接通一个周期。

ANB 为电路块与指令,其功能是使电路块与电路块串联。

ORB 为电路块或指令,其功能是使电路块与电路块并联。

AND、ANI、ANDP、ANDF、OR、ORI、ORP 和 ORF 指令的操作元件可以是软继电器 X、Y、M、S、T 和 C 的触点,其使用示例如图 5-7、图 5-8 所示。

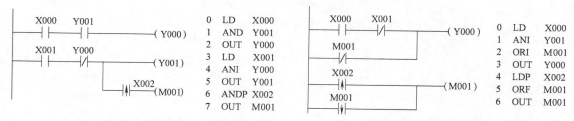

图 5-7　AND、ANI、ANDP 指令的使用示例　　　图 5-8　ORI、ORF 指令的使用示例

有些梯形图不能使用 AND、ANI、ANDP、ANDF、OR、ORI、ORP 和 ORF 指令正确地写出其语句,如图 5-9 和图 5-10 所示的梯形图,这时可以用块指令 ANB 和 ORB 来完成。ANB、ORB 指令没有操作元件。

使用两条或两条以上指令时,可以将电路块看成一个分支电路。两个或两个以上的触点串联连接的分支电路称为"串联电路块",在并联连接这些电路块时,要用 ORB 指令;两个或两个以上的触点并联连接的分支电路称为"并联电路块"，在串联这些电路块时，要用ANB指令。

每个分支电路的第一个触点称为分支起点，无论分支起点是否直接连在左母线上，都要用 LD、LDI 等输入类指令写出。图 5-9 和图 5-10 所示梯形图的指令表如图 5-11 和图 5-12所示。

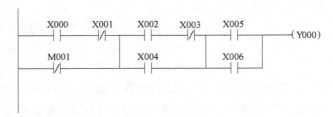

图 5-9　梯形图 1

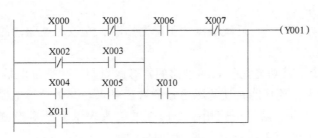

图 5-10　梯形图 2

当电路中有 n 个电路模块时，一般要用到 $n-1$ 个块指令。块指令的作用是把最近的两个块按电路的逻辑性质用"块与"或"块或"的形式相连，所以可以在两个块后紧接着使用块指令（块指令的使用次数无限制）；也可以先把全部电路块写完，然后一次性按由近到远的顺序连续写出所有块指令，但此时最多允许连续使用 8 条块指令。

0	LD X000
1	ANI X001
2	ORI M001
3	LD X002
4	ANI X003
5	OR X004

6	ANB
7	LD X005
8	AND X006
9	ANB
10	OUT Y000

图 5-11　指令表 1

0	LD X000
1	ANI X001
2	LDI X002
3	AND X003
4	ORB
5	LD X004
6	AND X005

7	ORB
8	LD X006
9	ANI X007
10	OR X010
11	ANB
12	OR X011
13	OUT Y001

图 5-12　指令表 2

5.3.3　多路输出指令

1. 主控指令 MC 和 MCR

MC 称为主控起始指令，通过 MC 指令的操作元件 Y 或 M 的常开触点将左母线临时移动到所需的位置，产生一条临时左母线，形成一个主控电路块。

MCR 称为主控复位指令，通过 MCR 指令可以取消临时左母线，并将左母线返回到原来

的位置，结束主控电路块，它是主控
电路块的终点。

主控起始指令的操作元件由嵌套
指针 N0~N7 和软继电器 Y 或 M 组成。
主控复位指令的操作元件是嵌套指针。
主控指令 MC 和 MCR 要成对使用，缺
一不可，两者对应的指针号要顺序排
列，且保持一致。与主控起始指令相
连的触点必须用 LD、LDI 等输入类
指令。

在一个 MC 指令内再使用 MC 指
令，则称为主控指令嵌套。嵌套级数
最多为 8 级，嵌套编号按 N0~N7 的顺
序增大，用 MCR 返回时，从编号大的
嵌套级开始复位，即按 N7~N0 顺序复
位。在无嵌套结构中，N0 的使用次数
无限制，其嵌套使用示例如图 5-13
所示。

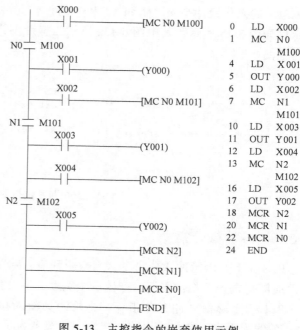

图 5-13　主控指令的嵌套使用示例

2. 堆栈指令

MPS 为进栈指令，其功能是将触点的逻辑运算结果推入栈存储器中，栈存储器中原先
的数据依次向下推移。

MRD 为读栈指令，其功能是将栈存储器中最高层的数据读出，栈存储器的内容不发生
变化。

MPP 为出栈指令，其功能是将栈存储器中最高层的数据取出，栈存储器中的其他数据
依次向上推移，原先次高层的数据上升成为最高层数据。

通常，PLC 都有栈存储器。FX2N 系列 PLC 中有 11 个存储单元，采用先进后出的数据
存取方式，专门用来存放运算的中间结果，
称为栈存储器。对栈存储器的操作要用堆
栈指令，如图 5-14 所示。

MPS、MRD 和 MPP 均没有操作元件，
与主控指令一样，它们也用于多路输出。
需注意，MPS 和 MPP 两条指令必须成对
使用。

5.3.4　置位与复位指令

SET 为置位指令，其功能是驱动线圈，
使其具有自锁功能，维持接通（ON）的
状态。

RST 为复位指令，其功能是使线圈复

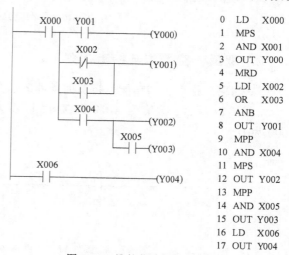

图 5-14　堆栈指令的使用示例

位，保持 OFF 状态。

　　SET 的操作元件是 Y、M 和 S，RST 的操作元件是 Y、M、S、T、C、D、V 和 Z。其使用示例如图 5-15 所示，其中图 5-15a 所示为梯形图，图 5-15b 所示为指令表，图 5-15c 所示为时序图。

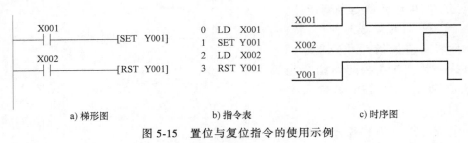

图 5-15　置位与复位指令的使用示例

5.3.5　脉冲微分指令

　　PLS 为上升沿脉冲微分指令，当检测到输入脉冲的上升沿时，PLS 指令的操作元件 Y 或 M 的线圈得电一个扫描周期，产生一个宽度为一个扫描周期的脉冲信号输出。

　　PLF 为下降沿脉冲微分指令，当检测到输入脉冲的下降沿时，PLF 指令的操作元件 Y 或 M 的线圈得电一个扫描周期，产生一个宽度为一个扫描周期的脉冲信号输出。

　　图 5-16 所示为脉冲微分指令的使用示例。

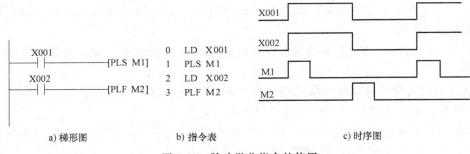

图 5-16　脉冲微分指令的使用

5.3.6　取反、空操作与结束指令

　　INV 为取反指令，其功能是将前面条件的运算结果取反。

　　如图 5-17 所示，只有当 X010 和 X011 同步为 ON 时，Y000 才为 OFF；在其他情况下，Y000 为 ON。

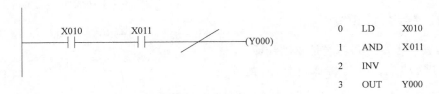

图 5-17　取反指令的使用示例

NOP 为空指令，它没有操作数，不产生任何操作，经常用在延时子程序中，有时也用来延长指令的操作，提高程序的抗干扰能力。

END 为结束指令，它也没有操作数。当程序扫描到 END 指令后，不再进行该指令后面程序的扫描，而进入输出刷新状态。

5.4 三菱 FX 系列 PLC 基本指令的应用实例

5.4.1 用 PLC 实现三相异步电动机的起动和停止控制

图 5-18 所示为三相异步电动机主电路，首先根据功能要求列出输入、输出所需元件表，该电路需要用 3 个输入点和 1 个输出点，电动机单向运行控制输入输出点分配表见表 5-3。

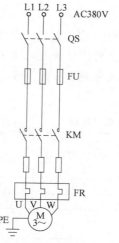

图 5-18 三相异步电动机主电路

表 5-3 电动机单向运行控制输入输出点分配表

输入点		
输入元件	输入软继电器	作用
SB1	X000	起动按钮
SB2	X001	停止按钮
FR	X002	过载保护
输出点		
输出元件	输出软继电器	作用
KM	Y000	运行用接触器

其次，按照输入输出点分配表，并参考继电器控制电路的惯例，画出 PLC 的硬件接线图，如图 5-19 所示。

最后，依据 PLC 控制接线图写出控制用梯形图，如图 5-20 所示。

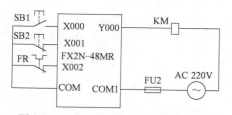

图 5-19 PLC 起动和停止控制接线图

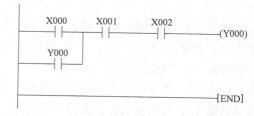

图 5-20 PLC 起动和停止控制梯形图

该方案中，物理输入输出元器件均采用了与继电器控制电路图相同的接线方法，即起动按钮用常开触点，停止按钮和热继电器触点用常闭触点，所以梯形图的触点全部接成了常开形式，以满足实际使用功能。

在实际工作中，如果采用图 5-19 的接线方法，将会带来操作不可靠、电动机运行安全性差和能耗大等缺点，因此实际的 PLC 控制接线图和梯形图如图 5-21 所示。当然也可以用其他方法来实现电动机的起动和停止控制，但无论用哪种方法，一般都选择 PLC 物理端的触点类型为常开触点。

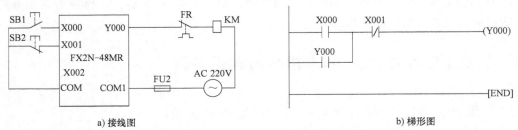

a) 接线图　　　　　　　　　　　　　　b) 梯形图

图 5-21　实际用 PLC 控制三相异步电动机起动和停止运行的接线图和梯形图

5.4.2　三相异步电动机的正反转控制

在图 5-18 中，如果再加一个交流接触器来改变三相电源的相序，就可以实现对电动机正反转的控制。设交流接触器 KM1 的线圈通电使电动机正转，交流接触器 KM2 的线圈通电使电动机反转，SB1 为电动机正向起动按钮，SB2 为电动机反向起动按钮，SB3 为停止按钮。

首先，画出 PLC 控制输入输出点分配表，见表 5-4。

表 5-4　电动机正反转 PLC 控制输入输出点分配表

输入			输出		
输入元件	输入软继电器	作用	输出元件	输出软继电器	作用
SB1	X000	正向起动按钮	KM1	Y000	正转接触器
SB2	X001	反向起动按钮	KM2	Y001	反转接触器
SB3	X002	停止按钮			

其次，画出三相异步电动机正、反转 PLC 控制硬件接线图，见图 5-22a。图中热继电器触点放在 PLC 的输出端，其动作与否直接控制电动机的运行或停止，而不经过 PLC 进行控制，使整个控制系统运行更加迅速可靠。

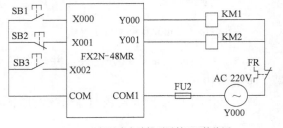

a) 三相异步电动机正反转PLC接线图

最后，画出三相异步电动机正反转 PLC 梯形图，如图 5-22b 所示。梯形图中 Y000 和 Y100 的常闭触点分别接入 Y001 和 Y000 输出线圈中，使 Y000 和 Y001 的线圈不能同时得电动作，称为互锁。互锁不仅保证了电动机正反转有序运行，而且起到了保护电源的作用，在编制两个或两个以上输出元件不能同时接通的程序时经常使用。

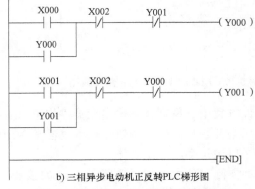

b) 三相异步电动机正反转PLC梯形图

5.4.3　定时器的应用

三菱 FX 系列 PLC 的定时器有普通型和

图 5-22　三相异步电动机正反转控制

累积型两种，它们通过对一定周期的时钟脉冲计数来实现定时。时钟脉冲的周期有 1ms、10ms 和 100ms 三种，当所计脉冲个数达到设定值时，触点动作。定时器的作用相当于继电器控制电路中的时间继电器，但它的设定值更加准确，而且它的触点可无限次使用。定时器中有设定值寄存器和当前值寄存器，它们都是 16 位的二进制寄存器。设定值寄存器用来存放用户程序的指定时间值（称为定时器设定值），当前值寄存器用来存放计数脉冲的累积值（称为定时器当前值），当定时器的当前值与设定值相等时，该定时器的触点就会动作并保持动作，直至其输入断电或者复位为止。

1. 定时器的使用

图 5-23a 所示为普通定时器和累积定时器使用的梯形图，图 5-23b 所示为其时序图。

定时器采用 T 和十进制数编号表示，使用时后面写出定时器设定值，设定值一般用常数 K 或数据寄存器 D 进行设置。图 5-23 中，T0 为普通定时器，若其输入条件 X000 断电或 T0 复位，T0 的当前值均清 0，其常开触点断电。T250 为累积定时器，当输入条件 X001 为 OFF 时，定时器当前值会保持，当 X001 再次为 ON 时，会累积计数，直至定时器设定值使其常开触点动作为止；当 X002 为 ON 时，T250 复位清 0，其常开触点才能断电。T0 和 T250 都是 100ms 定时器，其定时值均为 100ms×200 = 20s。

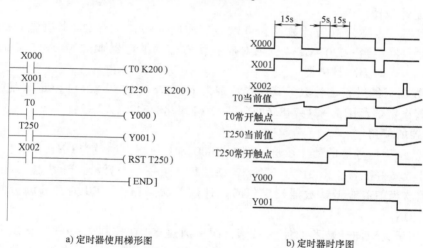

a) 定时器使用梯形图　　　　　　b) 定时器时序图

图 5-23　定时器使用梯形图和时序图示例

2. 断电延时定时器

三菱 FX 系列 PLC 的定时器都是通电延时定时器，并不具有断电延时功能（有些 PLC 有断电延时定时器，如西门子 S7 系列 PLC）。图 5-24 所示为断电延时定时器使用示例，当输入条件 X001 断电后，T0 才开始计时，经过 10s 延时后输出端 Y001 断电。另外，从图 5-24 中也可看出，输入软继电器、定时器等既可用其常开触点，也可用其常闭触点。

3. 定时器的扩展

三菱 FX2N 系列 PLC 定时器为 16 位，其设定值范围为 $1 \sim 32767$（$2^{15}-1$）。由此算来，1ms、10ms 和 100ms 三种定时器单个使用时的定时值范围分别为 $0.001 \sim 32.767s$、$0.01 \sim 327.67s$、$0.1 \sim 3276.7s$。定时器最大定时时间为 $100ms \times (2^{15}-1) = 3276.7s$，如果要求定时值超过 3276.7s，则必须对定时器进行扩展，如图 5-25 所示。

图 5-25 中，定时器串联后的定时值为 T = 100ms×1000 + 100ms×2000 = 300s。不难看出，当定时器串联后，其最大定时值 $T_{最大} = T_{1最大定时值} + T_{2最大定时值}$。如果想再增大定时值，就需要再串联定时器。

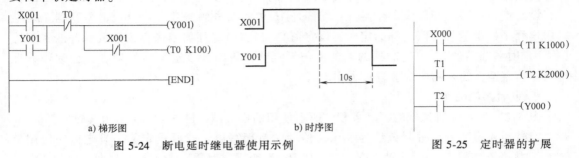

a) 梯形图   b) 时序图

图 5-24　断电延时继电器使用示例   图 5-25　定时器的扩展

5.4.4　计数器的应用

FX2N 系列 PLC 的计数器分为普通 16 位加计数器（C0～C99）、带保持 16 位加计数器（C100～C199）、普通 32 位加减计数器（C200～C219）、带保持 32 位加减计数器（C220～C234）和高速计数器。

加减计数器，也称为双向计数器，可以通过控制 M8200～M8234 来设定它们是加计数器，还是减计数器。当 C220～C234 分别对应的特殊辅助继电器 M8200～M8234 的值为 0 时为加计数器，为 1 时为减计数器。

16 位计数器只能进行加计数，其设定范围为 $1～32767(2^{15}-1)$；32 位定时器可以进行加或减计数，其设定值范围为 $-2147483648(-2^{31})～2147483647$ $(2^{31}-1)$。

1. 计数器的使用

图 5-26 所示为计数器的使用示例，图中 X000 为复位端，预设为 ON，使计数器 C0 当前值清 0，为计数做好准备；X001 为计数端，该端每产生一个上升沿，计数器 C0 的当前值便加 1，当计数器当前值等于计数器设定值时，计数器触点动作，C0 的常开触点使输出软继电器 Y001 为 ON。

图 5-27 所示为双向计数器的使用示例，图中通过 X010 控制 M8200 的状态来实现计数器的加或减计数方式，M8200 的状态与 X010 的状态始终一致。只有当 C200 的当前值等于设定值 3 时，计数器 C200 的触点才会动作；当计数器值减小为 2 时，计数器由 ON 变为OFF，触点复位。

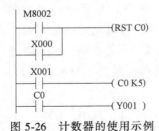

图 5-26　计数器的使用示例   图 5-27　双向计数器的使用示例

2. 计数器的扩展

当计数器串联使用时，可以扩大计数器的计数范围。如图 5-28 所示，X010 为复位信号输入，C0 连接为计数器形式；X011 是产生的光电脉冲输入信号串，从第一个工件产生到输出继电器 Y001 有输出，其计数值 $N = 1000 \times 1000 = 1 \times 10^6$。

3. 计数器用作定时器

计数器不仅可以计数，而且也可以用来定时。图 5-29 所示为计数器转化为定时器的扩展，图中 T1 连接成自复位定时器形式，则定时值为 $T = 20 \times 1200 \times 100ms = 2400s$。不难看出，当定时器和计数器串联使用后，其最大定时值 $T_{最大} = C_{0最大设定值} \times T_{1最大定时值}$。如果想再增大定时值，还可以再串联使用计数器。

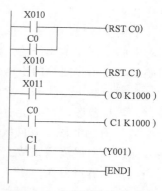

图 5-28 计数器的扩展示例

实际中可以与时钟脉冲特殊辅助继电器 M8011、M8012、M8013 和 M8014 中之一配合使用。单独使用计数器也可以进行定时，如图 5-30 所示。M8014 为产生 1min 时钟脉冲的特殊辅助继电器，X010 为复位端，X011 为定时器控制输入端，计数器的定时值为 1000min，即当 X011 为 ON 时，1000min 后 Y010 为 ON。

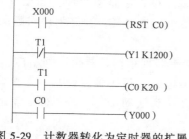

图 5-29 计数器转化为定时器的扩展

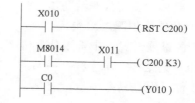

图 5-30 计数器用作定时器

5.5 顺序功能图及三菱 FX 系列 PLC 的步进顺序控制指令

虽然不同 PLC 生产厂商和型号的基本指令名称、内容基本相同，但各个生产厂商，甚至同一厂商的不同型号之间其他指令却大不相同。步进顺序控制指令是三菱公司特有的指令之一。

5.5.1 顺序控制及顺序功能图

1. 顺序功能图设计法

按照设备装置和工艺技术的要求，根据内部状态，生产过程的各个执行机构以预先安排的时间顺序进行有序动作的生产控制方式称为顺序控制。顺序功能图（SFC）是 IEC 标准规定的用于顺序控制的标准化语言，是一种所有 PLC 通用的技术语言，采用顺序功能图设计 PLC 程序的方法称为顺序功能图设计法。

2. 顺序功能图的组成

顺序功能图由步、有向线段、转换、转换条件和动作（或命令）五部分组成。

（1）步 顺序功能图中把系统的一个循环扫描周期划分为若干个顺序相连的阶段，这些阶段称为步。一般来说，不同型号和厂家的 PLC 程序中的步都用辅助继电器 M 或状态继电器 S 表示。

根据步的性质和表示形式，步可分为初始步和普通步两种。初始步是指与系统初始状态相对应的步，表示操作的开始，形式上用双线矩形方框表示。每个顺序功能图至少应有一个初始步。初始步之外的步均为普通步，用单线矩形方框表示。

根据步的工作状态，步可分为活动步和非活动步。活动步是指系统正处于该步所在的阶段时，该步被激活，处于活动状态，相应的动作正在被执行；非活动步正好相反。

（2）有向线段　有向线段将所有的步按照用户规定的先后顺序连接起来。按习惯的进展方向，有向线段应该从上到下或者从左到右使用，否则，要在有向线段的末端加上箭头，以表明步的进展方向。

（3）转换　上一步的结束至下一步的开始称为转换。转换用有向线段上的短画线来示。

（4）转换条件　顺序功能图中的各步有序转换才能实现整个系统控制功能，用以实现转换的标志是转换条件，转换条件可以用文字表达或者用符号说明，它标注在转换（短画线）的旁边。

（5）动作或命令　动作或命令是指每一步指定的对应动作或命令。动作针对执行机构而言，命令针对主控系统而言。动作或命令分为存储型和非存储型两种，当动作为 ON 时，退出该步（即活动步变为非活动步）后，非存储型动作变为 OFF，存储型动作则保持 ON。

3. 顺序功能图的基本结构

按照步的进展形式，步可以分为单序列结构、选择序列结构和并行序列结构。

（1）单序列结构　单序列由一系列相继激活的步组成，每一步后面只有一个转换条件，每个转换条件后面也只有一步，如图 5-31 所示，当步 1 为活动步时，若条件 a 满足，则步 2 激活，步 1 退出。

（2）选择序列结构　选择序列的开始是分支。某一步后面有两个或两个以上的步，当满足不同的转换条件时转向不同的步。如图 5-32 所示，当步 4 为活动步时，条件 c 和条件 f 谁先满足就执行其后面的步，而不执行另一个步，比如此时条件 c 满足，则执行步 5，退出步 4，步 7 将不被执行。

选择序列的结束是合并，即几个选择序列的分支合并到同一个序列上，各个序列上的步在各自转换条件满足时转换到同一个步。图 5-32 中，当步 6 为活动步时，若条件 e 满足，则执行步 9；当步 8 为活动步时，若条件 h 满足，则也执行步 9。

（3）并行序列结构　当转换条件的实现导致几个序列同时被激活时，这些序列称为并行序列。并行序列的开始是分支，并行序列的分支只允许有一个转换条件，标在表示同步的水平双线上面。如图 5-33 所示，当步 10 为活动步时，若条件 i 满足，则步 11 和步 13 同时被激活而成为活动步，并且退出步 10。

并行序列的结束是合并。当并行序列上的各步都是活动步时，若某一个转换条件满足，则同时转换到同一个步。并行序列的合并只允许有一个转换条件，标在表示同步的水平双线下面。图 5-33 中，当步 12 和步 14 同时为活动步时，若条件 l 成立，则程序转向步 15，同时步 12 和步 14 变为非活动步。

4. 由顺序功能图画出梯形图

由顺序功能图画出梯形图时，一般采用起保停电路法、置位复位法和步进顺序控制指令法三种。本节先介绍前两种方法，这两种方法均反映了处理顺序控制的共同思路，实现了按

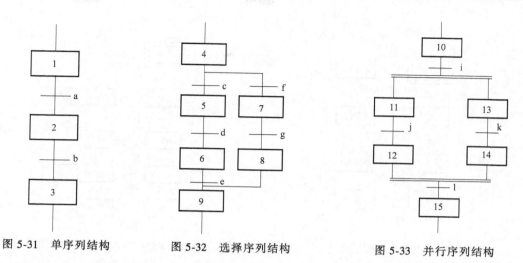

图 5-31 单序列结构　　　图 5-32 选择序列结构　　　图 5-33 并行序列结构

步序顺序扫描程序，并保证在任何时刻只有一个步序标志被激活，程序分为处理步序转换程序和处理动作程序两大部分。

（1）起保停电路法　用辅助继电器代表步，当某一步为活动步时，对应的辅助继电器为 ON；为非活动步时，对应的辅助继电器为 OFF。

图 5-34 所示为用起保停电路法将顺序功能图转换为梯形图的要点，图 5-34a 所示为顺序功能图，图 5-34b 所示为转换后的梯形图，其中 Mi 为当前步时，$M(i-1)$ 为前级步，$M(i+1)$ 为后续步。步 M 的启动由其前级步 $M(i-1)$ 和条件的 Ci 常开触点串联而成，由于 Ci 经常是短信号，所以需要用 Mi 来自锁，当后续步 $M(i+1)$ 成为活动步时，应退出步 Mi，所以用 $M(i+1)$ 的常闭触点作为线圈 Mi 的停止控制条件。

图 5-35 所示为某运料系统工作流程顺序功能图，将其改画成适合三菱 FX 系列 PLC 的顺序功能图，如图 5-36 所示，其中 X001 为起动按钮对应的输入软继电器，X002、X003 分别为行程开关 SQ2 和 SQ1 的输入软继电器，Y000～Y003 用来驱动输出执行机构。现将图 5-36 所示顺序功能图用起保停电路法转换成梯形图，如图 5-37 所示。图中，M0 为初始状态，其起动条件为 M4 和 X003 的常开触点串联或 M8002；保持条件为 M0 自身的常开触点，

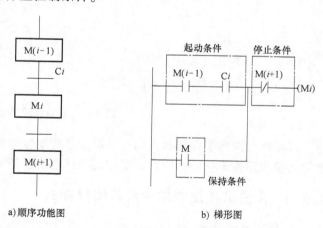

a）顺序功能图　　　　　b）梯形图

图 5-34 起保停电路法

以实现自锁保持；停止条件为 M1 的常闭触点，输出线圈 M1～M4 的梯形图与 M0 类似。Y000～Y003 用 M1～M4 分别驱动，画在梯形图的最后，这样一方面可提高程序的可读性，另一方面便于程序修改。

（2）置位复位法　置位复位法与起保停电路法最大的不同是，其置位、复位有记忆功

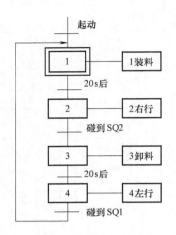

图 5-35 某运料系统工作
流程顺序功能图

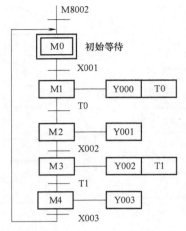

图 5-36 FX 系列 PLC 的运料系统
顺序功能图

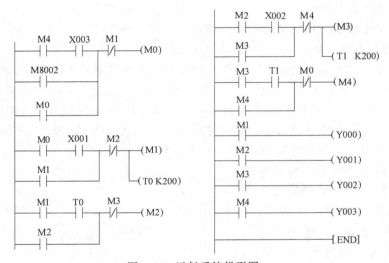

图 5-37 运料系统梯形图

能，其操作元件属于存储型动作，每步正常的维持时间不受转换信号持续时间长短的影响，因此其操作元件不需要自锁，其他与起保停电路法基本相同，这里不再详细叙说。

5.5.2 步进顺序控制指令及其编程方法

1. 状态继电器 S

三菱 FX 系列 PLC 顺序功能图中的步除了用 M 表示外，还可以用状态继电器 S 表示。FX2N 的状态继电器有 S0~S999，共 1000 点。

当状态继电器与步进顺序控制指令配合用在顺序功能图中时，S0~S9 用作初始状态继电器，它们只能表示顺序功能图的初始状态，需放在整个功能图的最上面；S10~S19 为回零状态继电器，用于自动返回原点；S20~S499 为普通状态继电器，S500~S899 是具有断电保持功能的状态继电器。通过程序设定，可以将 S0~S499 设置成具有断电保持功能的状态继电器。

状态继电器与步进顺序控制指令配合使用时，只有常开的步进触点。当状态继电器不与步进顺序控制指令配合使用时，可以当成普通辅助继电器使用，具有常开和常闭两种触点形式。

2. 步进顺序控制指令及其使用

步进顺序控制指令是三菱PLC特有的指令，利用它可以很方便地实现顺序功能图到梯形图的转换。步进顺序控制指令包括步进触点指令STL和步进返回指令RET。

（1）步进触点指令STL的使用　步进触点指令STL的作用是把步进触点接到左母线上，产生新的临时左母线，其操作元件是状态继电器S。使用STL指令的状态继电器的常开触点称为步进触点。

如图5-38所示，图5-38a所示顺序功能图中，用状态继电器S20和S21表示步的状态，图5-38b所示为梯形图，图5-38c所示为指令表。图中，Y000代表该步处理的动作程序部分，当转换条件X000满足时，使状态S21置位，S20自动复位，程序从当前步S20转换到步S21。当S21为活动步时，以后程序扫描会跳过步进触点S20右面的内容，所以Y000会自动复位，但如果用存储型指令（如SET指令）对Y000置位，此时Y000的状态会保持，如图5-38所示。

由上述分析可知，当某一步为活动步时，对应的步进触点接通，它右边的程序被处理。当转换条件满足时，下一步可以用SET指令激活，后续步变为活动步，同时与原活动步对应的状态继电器被系统程序自动复位，原活动步对应的步进触点断开。除了用SET指令激活下一步外，还可以用OUT指令来激活下一步。OUT指令经常用于返回初始步（S0～S9）和向前或向后的跳步。

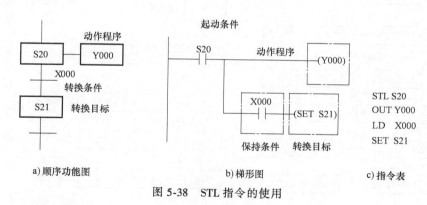

a）顺序功能图　　　　　　　b）梯形图　　　　　　c）指令表

图5-38　STL指令的使用

使用步进顺序控制指令时需注意：与STL指令相连的触点应使用LD类输入指令，步进触点后面不能使用MPS指令，也不能使用主控指令MC和MCR。

（2）步进返回指令RET的使用　步进返回指令RET的作用是使程序从临时左母线返回到左母线，它没有操作元件。

5.5.3　步进顺序控制指令应用实例

本节以三相异步电动机的星形-三角形减压起动过程为例，介绍步进顺序控制指令的应用。

1）首先，根据控制要求列出所需输入输出点分配表，见表5-5。

表 5-5　三相异步电动机星形-三角形减压起动 PLC 控制的输入输出点分配表

输入			输出		
输入元件	输入软继电器	作用	输出元件	输出软继电器	作用
SB1	X000	起动按钮	KM1	Y000	电源接触器
SB2	X001	停止按钮	KM2	Y001	三角形联结接触器
—	—	—	KM3	Y002	星形联结接触器

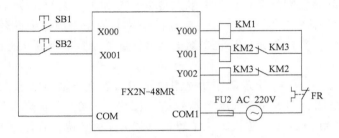

图 5-39　星形-三角形减压起动控制 PLC 接线图

2）根据表 5-5 的资源分配，画出 PLC 接线图，如图 5-39 所示。

3）由控制要求和接线图画出顺序功能图，如图 5-40 所示。图中专门设置了星形接法转换时的时间间隔，这是为了防止交流接触器转换时因电弧引起的电源短路。

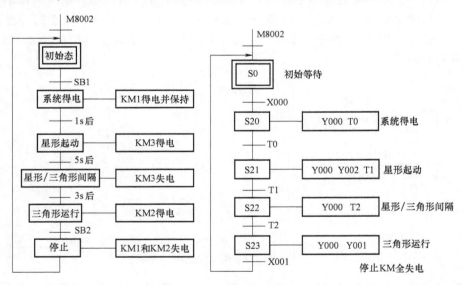

图 5-40　星形-三角形减压起动顺序功能图

4）由顺序工能图画出梯形图，如图 5-41 所示。当利用 SET 指令将状态继电器置位后，对应的步进触点闭合，此时顺序控制就进入该步进触点所控制的状态。当转移条件满足后，利用 SET 指令将下一个状态继电器置位，上一个状态继电器自动复位，而不必采用 RST 指令复位。因而在步 S20 中，Y000 采用 SET 指令置位，退出该步后 Y000 的状态会保持，所以步 S23 中应对 Y000 复位。在程序调试和检查时发现，S0 为双线圈，但不会影响程序的正常执行，请读者自行思考原因。

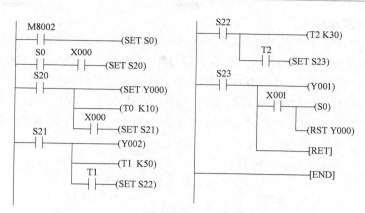

图 5-41 星形-三角形减压起动梯形图

5）最后写出下列指令表如下：

0	LD	M8002	13	SET	S21	27	LD	T2
1	SET	S0	15	STL	S21	28	SET	S23
3	STL	S0	16	OUT	Y002	30	STL	S23
4	LD	X000	17	OUT	T1	31	OUT	Y001
5	SET	S20		K	50	32	LD	X001
7	STL	S20						
8	SET	Y000	20	LD	T1	33	OUT	S0
9	OUT	T0	21	SET	S22	35	RST	Y000
	K	10	23	STL	S22	36	RST	
12	LD	T0		K	30	37	END	

5.6　三菱 FX 系列 PLC 的功能指令

生产厂商为了充分利用 PLC 内部微处理器或单片机的功能，拓展其应用范围，在基本指令的基础上开发了许多为解决特定问题的子程序，调用这些子程序的指令称为功能指令。由于不同生产厂商的功能指令有较大的差异，这里只对三菱 FX 系列 PLC 的功能指令做简要介绍。

5.6.1　功能指令概述

功能指令主要是为了解决模拟量处理、数学运算、中断、循环和网络通信等特定问题而编制的子程序，PLC 系统软件的编译程序对功能指令进行编译，生成机器代码，供 CPU 处理。它采用助记符形式，一般来说，功能指令助记符和单片机的汇编指令助记符相似或相同。

1. 功能指令的分类

FX 系列 PLC 的功能指令分为程序控制类、传送与比较类、算术与逻辑类、循环与位移类、数据处理类、高速处理类、外部设备 I/O 类、浮点运算类、时钟运算类和触点比较类等多种功能指令。

2．功能指令的基本格式

FX 系列 PLC 的功能指令采用梯形图和助记符相结合的形式，如图 5-42 所示，X000 后面方括号内的内容即为功能指令。图 5-42a 所示为传送指令，含义为当 X000 为 ON 时，将源数据 K100 传送到目标操作地址 D0 中；图 5-42b 所示为求平均值指令，含义为当 X000 为 ON 的第一个扫描周期时，将数据寄存器 D0、D1 和 D2 中的数据取平均值后送往数据寄存器 D10 中。由图 5-42 看出，功能指令的结构与汇编指令类同，由操作码和操作数两部分组成。

a）MOV助记符　　　　　　　　　　b）MEANP助记符

图 5-42　功能指令图

（1）操作码部分　方括号内的第一段为操作码，操作码由功能号和助记符组成，也可以只用助记符表示。FX2N 系列 PLC 的每条功能指令都有对应的功能号（具体请参阅 5.6.2 节相关内容），使用编程器输入功能指令时，必须使用其功能号。助记符反映了该指令的功能特性，表示指令要做什么，在计算机软件中编程和写入 PLC 程序时，一般只使用助记符，图 5-42 中的 MOV 和 MEANP 为助记符。

（2）操作数部分　除操作码外，功能指令的其余内容为操作数，表示参加指令操作的操作数本身或操作数地址。操作数的组成形式如下：

源操作数（S）　　目标操作数（D）　　其他操作数

有些功能指令有多个操作数，有些功能指令没有操作数。源操作数和目标操作数经常用地址表示。其他操作数常用来表示常数或对源操作数和目标操作数做补充说明，当其表示常数时，前面加 K 表示十进制，加 H 表示十六进制，如 K3、H1C 等。

3．功能指令的数据长度

功能指令按处理数据的长度分为 16 位指令和 32 位指令。一般来说，PLC 的寄存器均为 16 位，因此功能指令中 16 位的数据以缺省形式给出。功能指令处理 32 位数据时，需要在指令助记符上加前缀 D，如 MOV 是 16 位传送指令，DMOV 是 32 位传送指令。

（1）字元件　一个字元件由 16 位存储单元构成，最高位（第 15 位）为符号位（0 表示正数，1 表示负数），其余位为数值位，如图 5-43 所示。

图 5-43　字元件

FX 系列 PLC 中的数据寄存器 D、计数器 C0～C199 的当前值寄存器均为 16 位的字元件。

（2）双字元件　两个相邻的字元件组成一个双字元件，共 32 位存储单元，最高位第 31 位为符号位，其余位为数值位，如图 5-44 所示。FX 系列 PLC 计数器 C200～C234 的当前值寄存器均为 32 位双字元件。

在功能指令中使用双字元件时，若只用低位地址表示这个元件，则此时高位地址也将被指令使用。习惯用偶数编号作为双字元件的地址。例如，DMOV D0 D10 的含义是将 D0 和 D1 中高 16 位，传送到地址 D10 中。

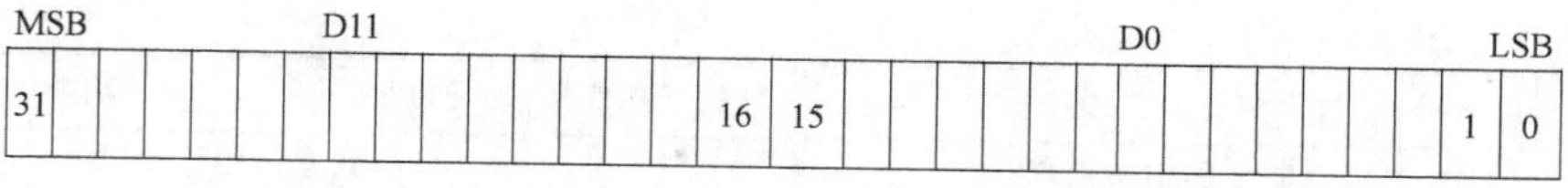

MSB			D11													D0													LSB
31													16	15														1	0

图 5-44　双字元件

（3）位元件及位组合元件　位元件只有 ON 和 OFF 两种状态，用一个二进制位来表示，基本指令中用到的操作数大部分为位元件。

位元件组合以后成为位组合元件。功能指令中经常使用位组合元件，它扩展了功能指令的应用范围。位组合元件用 Kn 加首元件来表示，有 KnX、KnY、KnM 和 KnS 等形式（n 表示数据的组数，每 4 个元件为一组）。例如，K1X0 表示 X000～X003 四位输入继电器的组合；K4M0 表示 M0～M15 组成的 16 位辅助继电器，正好组成一个字元件。

4. 功能指令的执行方式

功能指令有连续执行和脉冲执行两种方式。若指令助记符后面有"P"，则为脉冲执行方式；若无"P"，则为连续执行方式。图 5-42a 中的指令为连续执行方式，当常开触点 X000 为 ON 时，该指令在每个扫描周期都被重复执行。图 5-42b 所示为脉冲执行方式，当常开触点 X000 为 ON 时，该指令仅执行一个扫描周期。

5. 变址操作

FX 系列 PLC 有两个变址寄存器 V 和 Z，它们都是 16 位的数据寄存器，主要用来对源操作数和目标操作数地址进行修改。可以进行变址操作的元件有 X、Y、M、S、P 和位组合元件的首位地址。例如，设 V1＝5，则 K20V1 为 K25（20＋5＝25）。

当用于 32 位功能指令（助记符有前缀 D）的变址时，应将两者结合起来，指定 Z 为低 16 位，V 为高 16 位，表示时只需指定 Z 即可。

5.6.2　FX 系列 PLC 常用功能指令

FX 系列 PLC 的功能指令具体见表 5-6。下面以常用的几条功能指令为例简要介绍其用法，其余功能指令的使用方法者参考操作手册。

表 5-6　FX 系列 PLC 的功能指令

分类	功能号	助记符	功能	分类	功能号	助记符	功能
程序控制类	0	CJ	条件跳转	传送与比较类	10	CMP	比较
	1	CALL	子程序调用		11	ZCP	区间比较
	2	SRET	子程序返回		12	MOV	传送
	3	IRET	中断返回		13	SMOV	位传送
	4	EI	开中断		14	CML	取反传送
	5	DI	关中断		15	BMOV	成批传送
	6	FEND	主程序结束		16	FMOV	多点传送
	7	WDT	监视定时器刷新		17	XCH	交换
	8	FOR	循环开始		18	BCD	二进制转换成 BCD 码
	9	NEXT	循环结束		19	BIN	BCD 码转成二进制

（续）

分类	功能号	助记符	功能	分类	功能号	助记符	功能
算术与逻辑运算类	20	ADD	二进制数的加法运算	方便指令类	60	IST	状态初始化
	21	SUB	二进制数的减法运算		61	SER	数据查找
	22	MUL	二进制数的乘法运算		62	ABSD	绝对式凸轮控制
	23	DIV	二进制数的除法运算		63	INCD	增量式凸轮控制
	24	INC	二进制数加 1 运算		64	TTMR	示教定时器
	25	DEC	二进制数减 1 运算		65	STMR	特殊定时器
	26	WAND	字逻辑与		66	ALT	交替输出
	27	WOR	字逻辑或		67	RAMR	斜坡信号
	28	WXOR	字逻辑异或		68	ROTC	旋转工作台控制
	29	NEG	求二进制数补码		69	SORT	列表数据排列
循环与移位类	30	ROR	循环右移	外部输入输出设备类	70	TKY	10 键输入
	31	ROL	循环左移		71	HKY	16 键输入
	32	RCR	带进位循环右移		72	DSW	BCD 数字开关输入
	33	RCL	带进位循环左移		73	SEGD	七段码译码
	34	SFTR	位右移		74	SEGL	七段码分时显示
	35	SFTL	位左移		75	ARWS	方向开关
	36	WSFR	字右移		76	ASC	ASCII 码转换
	37	WSFL	字左移		77	PR	ASCII 码打印输出
	38	SFWR	FIFO（先入先出）写入		78	FROM	BFM 读出
	39	SFRD	FIFO（先入先出）读出		79	TO	BFM 写入
数据处理类	40	ZRST	区间复位	外围设备类	80	RS	串行数据传送
	41	DECO	解码		81	PRUN	并联运行
	42	ENCO	编码		82	ASCII	十六进制转换成 ASCII 码
	43	SUM	统计 ON 位数		83	HEX	ASCII 码转换成十六进制
	44	BON	查询位某状态		84	CCD	校验
	45	MEAN	求平均值		85	VRRD	电位器变量输入
	46	ANS	报警器置位		86	VRSC	电位器变量区间
	47	ANR	报警器复位		87	—	—
	48	SQR	求二次方程		88	PID	PID 运算
	49	FLT	整数与浮点数转换		89		
高速处理类	50	REF	输入输出刷新	浮点数运算类	110	ECMP	二进制浮点数比较
	51	REFF	输入滤波时间调整		111	EZCP	二进制浮点数区间比较
	52	MTR	矩阵输入		118	EBCD	二进制浮点数→十进制浮点数
	53	HSCS	高速计数比较置位		119	EBIN	十进制浮点数→二进制浮点数
	54	HSCR	高速计数比较复位		120	EADD	二进制浮点数加法
	55	HSZ	高速计数区间比较		121	ESUB	二进制浮点数减法
	56	SPD	脉冲密度		122	EMUL	二进制浮点数乘法
	57	PLSY	指定频率脉冲输出		123	EDIV	二进制浮点数除法
	58	PWM	脉宽调制输出		127	ESQR	二进制浮点数开二次方
	59	PLSY	带加减速脉冲输出		129	INT	二进制浮点数→整数

（续）

分类	功能号	助记符	功能	分类	功能号	助记符	功能
浮点数运算类	130	SIN	二进制浮点数 sin 运算	触点比较类	224	LD=	(S1)=(S2)时,起始触点接通
	131	COS	二进制浮点数 cos 运算		225	LD>	(S1)>(S2)时,起始触点接通
	132	TAN	二进制浮点数 tan 运算		226	LD<	(S1)<(S2)时,起始触点接通
	147	SWAP	高低字节交换		228	LD<>	(S1)≠(S2)时,起始触点接通
定位类	155	ABS	ABS 当前值读取		229	LD≤	(S1)≤(S2)时,起始触点接通
	156	ZRN	原点回归		230	LD≥	(S1)≥(S2)时,起始触点接通
	157	PLSY	可变速的脉冲输出		232	AND=	(S1)=(S2)时,串联触点接通
	158	DRVI	相对位置控制		233	AND>	(S1)>(S2)时,串联触点接通
	159	DRVA	绝对位置控制		234	AND<	(S1)<(S2)时,串联触点接通
时钟运算类	160	TCMP	时钟数据比较		236	AND<>	(S1)≠(S2)时,串联触点接通
	161	TZCP	时钟数据区间比较		237	AND≤	(S1)≤(S2)时,串联触点接通
	162	TADD	时钟数据加法		238	AND≥	(S1)≥(S2)时,串联触点接通
	163	TSUB	时钟数据减法		240	OR=	(S1)=(S2)时,并联触点接通
	166	TRD	时钟数据读出		241	OR>	(S1)>(S2)时,并联触点接通
	167	TWR	时钟数据写入		242	OR<	(S1)<(S2)时,并联触点接通
	169	HOUR	计时仪		244	OR<>	(S1)≠(S2)时,并联触点接通
外围设备类	170	GRY	二进制→格雷码		245	OR≤	(S1)≤(S2)时,并联触点接通
	171	GBIN	格雷码→二进制		246	OR≥	(S1)≥(S2)时,并联触点接通

1. 程序控制类功能指令

程序控制类功能指令有条件跳转 CJ、子程序调用 CALL、子程序返回 SRET、中断返回 IRET、开中断 EI、关中断 DI、主程序结束 FEND、监视定时器刷新 WDT、循环开始 FOR 和循环结束 NEXT 共 10 条。

有条件跳转指令 CJ 的操作数为跳转指针 P，有 P0～P127 共 128 个点。指针 P 相当于单片机汇编语言中的标号，一方面作为操作数用在 CJ 指令的后面以指明跳转的时机，此时可以多次使用同一指针；另一方面，用在左母线的左边以指明跳转的入口，此时指针只能出现一次。如图 5-45 所示，当条件 X000 为 ON 时，跳过 X001 和 Y000 所在的梯级，去执行 X002 所在的梯级；当 X002 为 ON 时，又会跳到指针 P2 处执行。

编程时，主程序写在最前面，以 FEND 指令结束主程序；多个子程序依次写在 FEND 指令的后面。子程序调用指令 CALL 可以安排在主程序或调用某个程序的子程序中，以供编程使用。CALL 指令

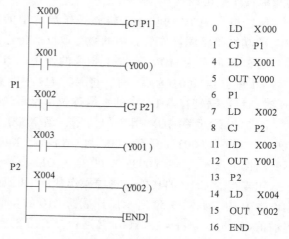

```
        X000
        ┤├              —[CJ P1]        0   LD   X000
                                        1   CJ   P1
        X001
        ┤├              —(Y000)         4   LD   X001
                                        5   OUT  Y000
    P1                                  6   P1
        X002
        ┤├              —[CJ P2]        7   LD   X002
                                        8   CJ   P2
        X003
        ┤├              —(Y001)        11   LD   X003
                                       12   OUT  Y001
    P2                                 13   P2
        X004
        ┤├              —(Y002)        14   LD   X004
                                       15   OUT  Y002
                        —[END]         16   END
```

图 5-45　有条件跳转指令

的操作数为指针 P，子程序必须以 SRET 结束，即子程序从对应的指针 P 开始，到第一个 SRET 结束。当程序扫描到 SRET 指令时，返回调用该子程序的调用程序断点处继续扫描。子程序调用其他子程序称为嵌套，FX 系列 PLC 允许五级嵌套。

图 5-46 所示为主、子程序结构示意图，图 5-47 所示为子程序调用和返回的梯形图。图 5-47 中，当 X000 为 ON 时，子程序 P1 被执行；当 X001 由 ON 变为 OFF 时，子程序 P2 被扫描一次。当子程序 P2 扫描结束时，返回子程序 P1 的断点，继续执行子程序 P1；当子程序 P1 扫描结束时，又返回主程序的断点处扫描。图 5-47 所示为一级嵌套。

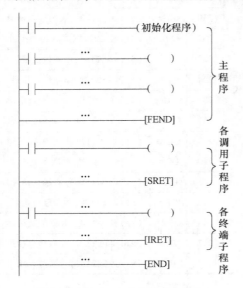

图 5-46　主、子程序结构示意图

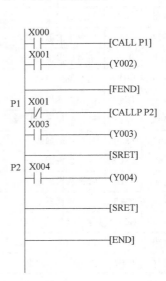

图 5-47　子程序调用和返回的梯形图

2. 传送与比较类功能指令

传送指令和比较指令的源操作数可以是 K、H、KnX、KnY、KnM、KnS、T、C、D、V 和 Z 等所有字元件，传送指令的目标操作数可以是常数和除 H 外的所有字元件，比较指令的目标操作数可以是 Y、M 和 S。

传送指令 MOV 的功能是将源操作数 S 中的数据送到目标操作数 D 中。取反传送指令 CML 的功能是将源操作数 S 中的数据取反后传送到目标操作数 D 中。

图 5-48 所示为 MOV 和 CML 指令的使用，当 X000 为 ON 时，将十进制数 10 送到数据寄存器 D1 中；当 X001 为 ON 时，将 M0～M7 中的数据送到继电器 Y000～Y007 中；当 X002 为 ON 时，将数据寄存器 D0 中的数据逐位取反后送到 D2 中。

图 5-49 所示为 MOV 指令的使用，当 X000 为 ON 时，数据 H1 被写入 K1Y000 中，即 Y003～Y000 为 0001（只有 Y000 为 ON）；当 X000 为 OFF 时，MOV 指令不执行，数据保持不变。按下 X001，则 Y003～Y000 全为 OFF。

比较指令 CMP 的功能是将源操作数 S1 和源操作数 S2 的数值进行比较，结果送到目标操作数 D 中，如图 5-50 所示。计数器 C10 的当前值与十进制数 99（K99）比较，当 C10 的当前值<99 时，M11 = 1，Y001 接通；当 C10 的当前值 = 99 时，M12 = 1，Y002 接通；当 C10 的当前值>99 时，M13 = 1，Y003 接通。

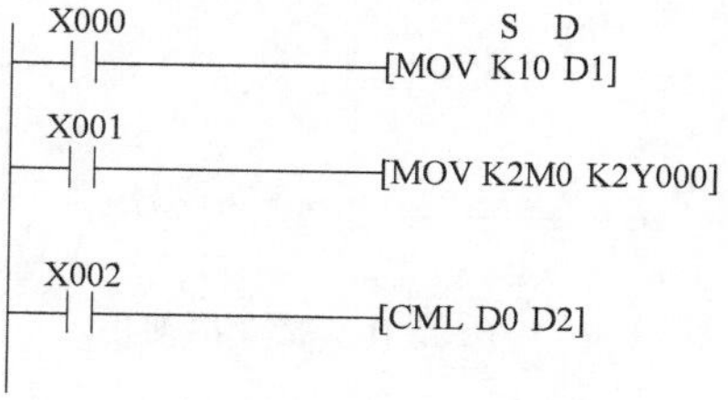

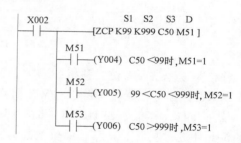

图 5-48　MOV 和 CML 指令的使用

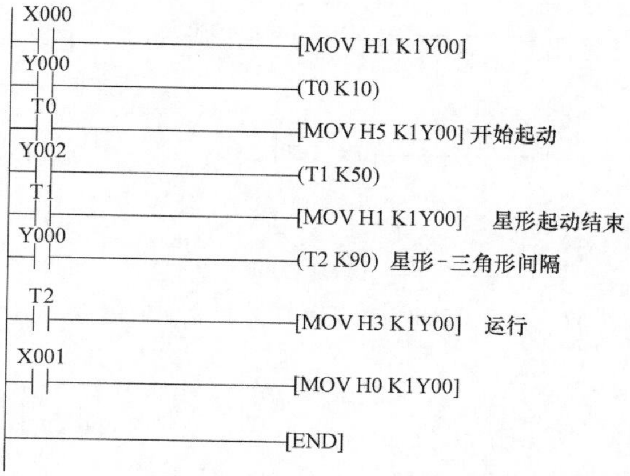

图 5-49　MOV 指令的使用

区间比较指令 ZCP 的功能是将源操作数 S3 的数值和另外两个源操作数 S1、S2 的数值进行比较，并将结果送到目标操作数 D 中，具体使用如图 5-51 所示。

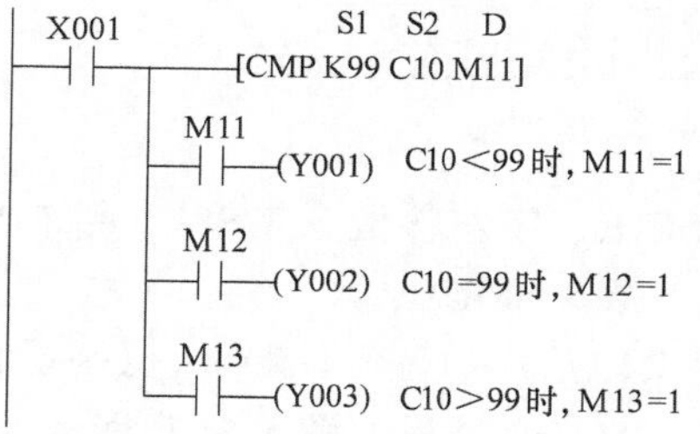

图 5-50　CMP 指令的使用

图 5-51　ZCP 指令的使用

3. 算术与逻辑运算类功能指令

ADD（SUB）指令的功能是将源操作数 S1 和 S2 中的二进制数相加（减），并将结果送到目标操作数 D 中。加减法运算时会影响三个标志位——特殊辅助继电器 M8020（零标志位）、M8021（借位标志位）和 M8022（进位标志位），其使用如图 5-52 所示。当 X001 为 ON 时，D10 和 D20 中的数据相加，结果送到 D30 中，如果本次运算的结果是 0，则 8020 置 1，如果运算过程中有进位或借位发生，则相应标志位置 1，否则为 0。

INC 和 DEC 分别为加 1 和减 1 指令，其使用如图 5-52 所示，当 M2 为 ON 时，D20 中的数据自动加 1，当 M3 为 ON 时，D20 的内容自动减 1。

MUL（DIV）指令的功能是将两个 16 位的源操作数 S1 和 S2 的数值相乘（相除，即 S1 除以 S2），并将结果送到 32 位目标操作数 D 中。除法时，商放在低 16 位字元件中，余数放在高 16 位字元件中，其使用如图 5-53 所示。

4. 循环与移位类功能指令

循环类指令有 ROR（循环右移）、ROL（循环左移）、RCR（带进位循环右移）和 RCL（带进位循环左移）四条指令。ROL 指令工作过程如图 5-54 所示，图中 D 指明了循环移位寄存器，n 指明了每次循环操作的位数，D0 的最高位移到其最低位的同时，会影响进位标志位。

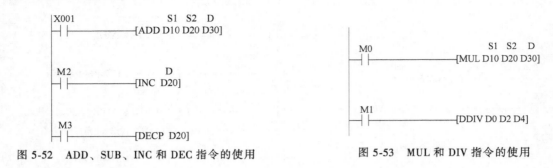

图 5-52　ADD、SUB、INC 和 DEC 指令的使用　　　　图 5-53　MUL 和 DIV 指令的使用

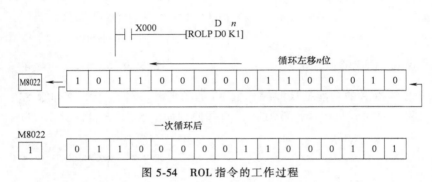

图 5-54　ROL 指令的工作过程

移位类指令主要有位左移指令 SFTL、位右移指令 SFTR、字左移指令 WSFL、字右移指令 WSFR、移位寄存器写入指令 SFWR 和移位寄存器读出指令 SFRD。

位左（右）移指令 SFTL（R）的功能是把 n_1 位 D 操作数中的位元件和 n_2 位 S 操作数中的位元件进行左（右）移，移位位数为 n_2。SFTL 指令的工作过程如图 5-55 所示，当 X1 出现上升沿时，M15~M0、X1 和 X0 同时左移 2 位，M14 和 M15 溢出。

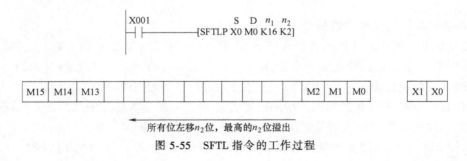

图 5-55　SFTL 指令的工作过程

循环与移位类指令应用很广泛，比如可以方便地实现流水线、步进电动机等控制。

5.7　三菱 FX 系列 PLC 的仿真

5.7.1　三菱 FX 系列 PLC 仿真软件 GX Works2

常用的三菱编程软件有三种：FX-GPWIN、GX Developer 和 GX Works2。其中，三菱 FX-GPWIN 编程软件只适用于 FX 系列 PLC 编程使用，三菱 GX Developer 编程软件适用于 FX、

Q 和 A 系列 PLC 编程使用，而 GX Works2 编程软件适用于 FX、Q 和 L 系列 PLC 编程使用。

本节主要介绍的 GX Works2 编程软件是三菱公司新一代的 PLC 控制软件，包括进行顺控程序的编辑、调试和 CPU 的监视等软元件包。在个人计算机的 Windows 操作系统环境下运行。它具有简单工程（Simple Project）和结构化工程（Structured Project）两种编程方式，支持梯形图、指令表、SFC、ST 及结构化梯形图等编程语言，可以实现程序编辑、参数设定、程序监控、调试、在线更改和智能功能模块设置等功能，适用于 Q、QnU、L、FX 等系列 PLC，兼容 GX Developer 软件，支持三菱公司工控产品 iQ Platform 综合管理软件 iQ Works，具有系统标签功能，可实现 PLC 数据与 HMI、运动控制器的数据共享。

三菱 GX Works2 编程软件的功能分为通用功能以及编辑和设置对象的功能，编辑和设置对象的功能包括编辑、查找、替换、转换、编译、显示等。通用功能则包括工程、在线、调试、诊断、工具、窗口和帮助等功能。

5.7.2　三菱 FX 系列 PLC 仿真实例

1. 自动门控制仿真

自动门控制示意图如图 5-56 所示，输入输出点分配表见表 5-7。

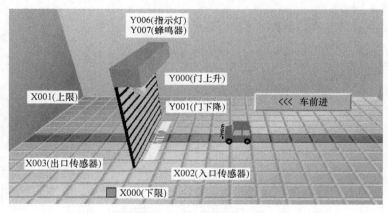

图 5-56　自动门控制示意图

表 5-7　输入输出点分配表

自动门操作			
输入	名称	输出	名称
X000	下限	Y000	门上升
X001	上限	Y001	门下降
X002	入口传感器	Y006	灯
X003	出口传感器	Y007	蜂鸣器
X010	门上升	Y010	停止中
X011	门下降	Y011	门动作中
		Y012	门灯
		Y013	打开中

控制要求：

1）当汽车开到门前面时，"门上升"（Y000）；当汽车经过门以后，"门下降"（Y001）。

2）传感器"上限"（X001）置 ON 时，门不再上升；传感器"下限"（X000）置 ON 时，门不再下降。

3）"蜂鸣器"（Y007）在自动门动作时开始蜂鸣。

4）根据门的动作，"指示灯"（Y006）或点亮或熄灭。

5）使用操作按钮"门上升"（X010）和"门下降"（X011）可以手动操作门的上升和下降。

自动门程序设计要点：

1）按下"车前进"按钮，汽车移动到自动门处。当入口传感器（X002）检测到汽车时，自动门打开。

2）自动门动作时蜂鸣器响起，自动门停止时蜂鸣器停止。

3）当汽车在检测范围（入口传感器（X002）和出口传感器（X003））之间时，指示灯（Y006）点亮。

4）再按下"车前进"按钮，汽车移动到出口传感器处，当出口传感器（X003）变为 OFF 时，门开始关闭。

针对上述要点设计程序，如图 5-57 所示。

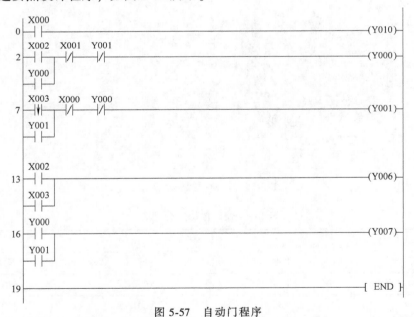

图 5-57　自动门程序

2. 部件供给控制

部件供给控制示意图如图 5-58 所示，输入输出点分配表见表 5-8。

控制要求：

（1）全体控制

1）打开"旋钮开关"（X024）后，"传送带"（Y001）正转；关闭"旋钮开关"

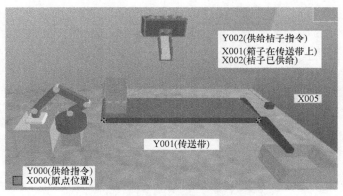

图 5-58 部件供给控制示意图

表 5-8 输入输出点分配表

部件供给控制			
输入	名称	输出	名称
X024	旋钮开关	Y001	传送带
X020	起动按钮	Y000	供给指令
X001	箱子在传送带上		
X002	桔子已供给		

（X024）后，"传送带"（Y001）停止工作。

2）按下"起动按钮"（X020）时，"供给指令"（Y000）输入信号，机械手开始补给箱子。

（2）桔子控制

1）桔子进料器中的传感器"箱子在传送带上"（X001）检测到信号后，"传送带"（Y001）停止工作，"供给桔子指令"（Y002）开始工作。

2）传感器"桔子已供给"（X002）置 ON 一次，则计数一次，直到 5 个桔子放到箱子里，随后"传送带"（Y001）运动，将装入 5 个桔子的箱子送入右边的盒子中。

（3）部件供给控制注意要点

1）将操作面板上的（X024）置为 ON，结果：传送带移动到右边。

2）按下操作面板上的（X020），结果：机器人补给一个箱子。

3）桔子补给（Y002）操作，结果：箱子停在桔子进料器的下面且被补给特定数目的桔子。

4）在补给桔子之后，结果：传送带移到右边，箱子被推到盒子中。

5）反复操作，结果：当按下（X020）以后，步 2）~4）的动作被重复。

针对上述要点设计程序，如图 5-59 所示。

3. 部件移动控制

部件移动控制示意图如图 5-60 所示，输入输出点分配表见表 5-9。

控制要求：

1）PLC 上电，"传送带"（Y001）保持运转状态。

```
0   X024
    ─┤├──────────────────────────────────────────(Y001)─
2   X020
    ─┤├──────────────────────────────────────────(Y000)─
4   X001   C0
    ─┤├───┤/├────────────────────────────────────(Y002)─
    Y002
    ─┤├─┘
8   X002                                            K5
    ─┤├──────────────────────────────────────────(C0)─
12  ────────────────────────────────────────────[ END ]─
```

图 5-59　部件供给控制程序

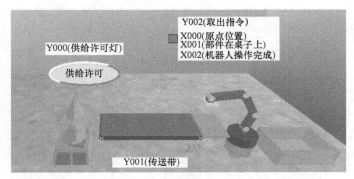

图 5-60　部件移动控制

表 5-9　输入输出点分配表

部 件 移 动			
输入	名称	输出	名称
X020	起动按钮	Y000	供给许可灯
X001	部件在桌子上	Y001	传送带
X002	机械人操作完成	Y002	取出指令
X000	原点位置		

2）按下"起动按钮"（X020），"供给许可灯"（Y000）点亮，机器人补给部件。如果"部件在桌子上"（X001）一直有信号，则"供给许可灯"（Y000）没有反应。

3）当"部件在桌子上"（X001）有信号时，且机械人在"原点位置"（X000）时，"取出指令"（Y002）置 ON。

4）当"机械人操作完成"（X002）置 ON 时，"取出指令"（Y002）立即置 OFF。

部件移动控制要点：

（1）传送带操作　结果：PLC 为 RUN 状态时，传送带移动到右边。

（2）按下操作面板上的起动按钮（X020）　结果：操作者补给一个部件。

（3）部件检测　结果：机器人移动一个桌子上的部件到盒子里。

（4）重复操作　结果：当按下起动按钮（X020）以后，步（2）~（3）的操作被重复。针对上述要点设计程序，如图5-61所示。

图 5-61　部件移动控制程序

本 章 小 结

本章从应用的角度出发，针对 PLC 进行了详细讲解，主要讲解了三菱 FX 系列 PLC 及其编程方法。

学习目的：了解和掌握三菱 FX 系列的基础编程指令，并能够使用基础编程指令进行简单的编程。通过 GX Works2 进行简单程序的仿真，熟练掌握一些基本的 PLC 指令。PLC 的基本指令是用得最多、最频繁的指令，要熟练掌握基本指令的用法，掌握梯形图语言与助记符语言的互换，能根据梯形图程序以及输入波形画输出波形图。

习　题

5-1　PLC 有哪几种编程语言表达方式？分别是什么？

5-2　试画出下列指令表所对应的梯形图。

LD	X000	LD	X000
AND	X001	OUT	Y030
LD	X002	LDI	X001
ANI	X003	OUT	M100
ORB		OUT	T50
OUT	Y000		K = 19
LDI	M0	LD	T50
AND	Y000	OUT	Y031
OUT	Y001		

5-3　三菱 FX 系列 PLC 的功能指令有什么作用？可以分为哪几类？

5-4　根据图 5-62 所示梯形图写出对应的指令表。

5-5　设计一个定时步进电路，Y000 输出 10s 后 Y001 才有输出，Y000 输出 20s 后停止

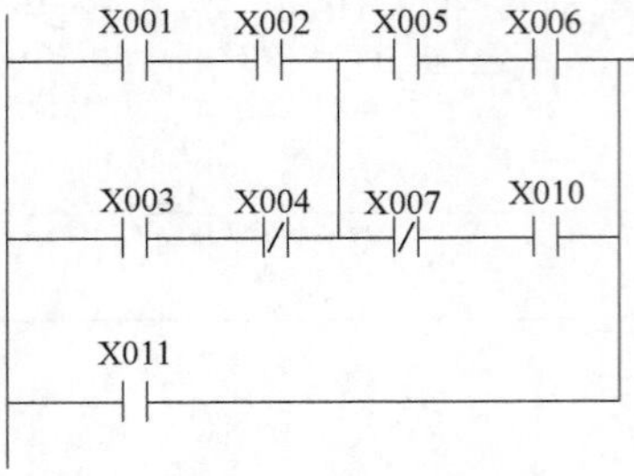

图 5-62　题 5-4 梯形图

输出；Y001 输出 10s 后 Y002 才有输出，Y001 输出 30s 后停止工作；Y002 输出 50s 后停止工作；X001 为总停触点。

5-6　设计一个传送带控制程序，控制要求如下：2 号传送带先运行 5s，1 号传送带才开始运行；1 号传送带停止 10s 后，2 号传送带再停止。

第6章

西门子S7-200系列PLC及其编程方法

本章主要对西门子 S7-200 系列 PLC 的基本指令进行简单的讲解，为第 7 章编程实例的学习打下良好的基础。

6.1 西门子 S7-200 系列 PLC 的基本组成

S7-200 系列 PLC 是西门子公司生产的一种小型 PLC，其许多功能达到了中、大型 PLC 的水平，而价格却和小型 PLC 接近。特别是 S7-200 CPU22 * 系列 PLC（CPU21 * 系列的替代产品），它具有多种功能模块和人机界面（HMI）可供选择，便于系统的集成，使得 S7-200 系列 PLC 在完成控制系统的设计时更加简单，几乎可以完成任何功能的控制任务。

S7 系列 PLC 还有 S7-300 和 S7-400 系列，分别为中、大型 PLC，完全可以替代西门子早期的 S5 系列 PLC。S7 系列 PLC 的编程均使用 STEP7 编程语言。因此，本节将以 S7-200 CPU22 * 系列为例，介绍 S7-200 系列 PLC 的硬件系统、基本单元和扩展单元。

6.1.1 西门子 S7-200 系列 PLC 的硬件系统

S7-200 系列 PLC 属于小型整体式结构的 PLC，本机自带 RS-485 通信接口，内置电源盒及 I/O 接口。它结构小巧、运行速度快、可靠性高，具有极其丰富的指令系统和扩展模块，实时特性和通信能力强大，便于操作、易于掌握，性价比非常高，在各行业中的应用越来越广，成为中、小规模控制系统的理想控制设备。

S7-200 系列 PLC 的硬件配置灵活，既可用一个单独的 S7-200 CPU 构成一个简单的数字量控制系统，也可通过扩展电缆进行数字量 I/O 模块、模拟量 I/O 模块或智能接口模块的扩展，构成较复杂的中等规模控制系统。图 6-1 所示为一个完整的 S7-200 系列的 PLC 系统。

（1）基本单元　基本单元即 PLC 主机，也称为 CPU 单元，其内部包括中央处理器（CPU）、存储单元、输入输出（I/O）接口、内置 5V 和 24V 直流电源、RS-485 通信接口等，是 PLC 的核心部分。其性能足以使它完成基本控制功能，因此 CPU 单元就是一个完整的控制系统。

（2）编程设备　编程设备是指对基本单元进行编程、调试的设备，可用 PC/PPI 编程电缆与 CPU 单元进行连接。常用设备为手持编程器和装有西门子 S7-200 系列编程软件的计算机。

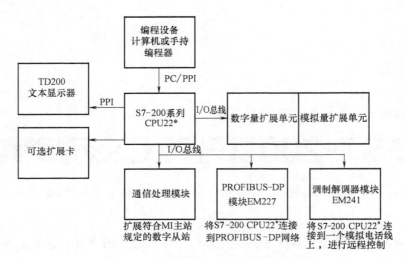

图 6-1　一个完整的 S7-200 系列 PLC 系统

（3）数字量扩展单元　数字量扩展单元即 I/O 接口单元，用于对数字量 I/O 模块的扩展。在工程应用中，基本单元自带的 I/O 接口往往不能满足扩展系统的要求，用户需要根据实际需求选用不同 I/O 模块进行扩展，以增加 I/O 接口的数量。不同的基本单元可连接的最大 I/O 模块数不同，而且可使用的 I/O 点数也是由多种因素共同决定的。

（4）模拟量扩展单元　模拟量扩展单元即模拟量与数字量的转换单元。在控制领域中，模拟量的使用十分广泛，模拟量扩展单元可十分方便地与基本单元连接，实现 A-D 转换和 D-A 转换。

（5）通信处理模块　通信处理模块为多 PLC 通信模块。CP243-2 通信处理器是 AS-接口主站连接部件，专门为 S7-200 CPU22 * 系列 PLC 而设计。AS-接口上最多有 31 个数字从站，可显著增加系统中可利用的数字量和模拟量 I/O，便于 S7-200 CPU22 * 系列 PLC 适应不同的控制系统。

（6）可选扩展卡　可根据用户需求配置用户存储卡、时钟卡、电池卡，并通过可选卡插槽进行连接。用户存储卡可与 PLC 主机双向联系，传输程序、数据或组态结果，并对这些重要内容进行备份，其存储时间长达 200 天。时钟卡可提供误差为 2min/月的时钟信号。电池卡是质量小于 0.6g、容量为 30mA·h、输出电压为 3V 的锂电池，其平均使用寿命为 10 年。

6.1.2　西门子 S7-200 系列 PLC 的基本单元

1. 基本单元的外形结构及各型号的基本功能

S7-200 系列 PLC 基本单元的外形结构如图 6-2 所示。上端子排包括输出和 CPU 模块电源接口，下端子排为输入及传感器电源接口，面板上的 I/O 指示灯用于指示 I/O 的接通或关断状态。为接线方便，目前较高型号 PLC 的基本单元（CPU224 以上）均采用可插拔式整体接口。

图 6-2 中，右部前盖下是模式选择开关（RUN/TERM/STOP）、模拟电位器、扩展接口。通过拨动模式选择开关，可分别使 PLC 工作在 RUN（运行）或 STOP（编辑）状态，若将

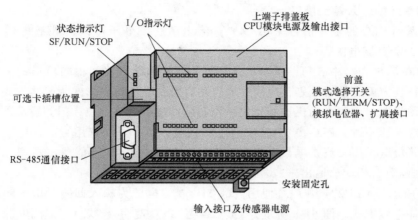

图 6-2　S7-200 系列 PLC 基本单元的外形结构

开关拨至 TERM 位置，则可由编程软件来控制 PLC 工作在运行或编辑状态。每一个模拟电位器均与一个内部特殊存储器相关，旋转电位器可改变内部特殊存储器中的值，从而对程序的运行产生影响。扩展接口用于模块的扩展连接。

图 6-2 中，左上部为状态指示灯和可选卡插槽位置，左下部为一个或两个通信接口，可与编程器、计算器或其他通信设备连接，以进行数据交换。状态指示灯有 3 个，其中 SF 用于指示事故状态，RUN 用于指示运行状态，STOP 用于指示停止状态。

目前市场上的 S7-22 * 系列 PLC 有 CPU221、CPU222、CPU224、CPU224XP、CPU226、CPU226XM 六种不同型号，其外观结构基本相同。CPU226XM 只是在原有的 CPU226 基础上将程序存储空间和数据存储空间扩大了一倍，其他指标未变。S7-200 系列 PLC 的 CPU 的技术指标见表 6-1。

表 6-1　S7-200 系列 PLC 的 CPU 的技术指标

特征	CPU221	CPU222	CPU224	CPU224XP	CPU226
外形尺寸/mm×mm×mm	90×80×62	90×80×62	120.5×80×62	140×80×62	190×80×62
本机数字量 I/O 数量	6DI/4DO	6DI/4DO	14DI/10DO	14DI/10DO	24DI/16DO
本机模拟量 I/O 数量	0	0	0	2AI/1AO	0
允许扩展模块数量	0	2	7	7	7
高速计数器数量	4	4	6	6	6
脉冲输出频率（DC）	2 个 20kHz			2 个 100kHz	2 个 20kHz
模拟电位器个数	1 个（8 位分辨率）				
脉冲捕捉输入个数	6	8	14	14	24
程序空间/B	4096	4096	8192	12288	16384
数据空间/B	2048	2048	8192	10240	24576

2. 基本单元的供电电源

S7-200 系列 PLC 有直流 24V 和交流 220V 两种供电电源。

3. 基本单元的输入输出接口

S7-200 系列 PLC 的输入信号采用 24V 直流电压，该电压可以由外部提供，也可以由 PLC 内部的 24V 直流电源提供。

在 S7-200 系列 PLC 中，每种基本单元都有晶体管和继电器两种输出形式，它们在电源电压和输出特性方面有较大区别，应用领域也各有所长。当输出形式为晶体管式时，可直接驱动步进电动机或对伺服电动机控制器发送控制脉冲进行准确定位，但其驱动能力不足。当输出形式为继电器式时，PLC 由 220V 交流电源供电，负载可以选用直流供电，也可以选用交流供电。若负载采用交流供电，则单口驱动能力可达 2A，但不能输出高速脉冲，而且输出有 10ms 的延时，因此该输出方式多用于直接驱动负载。

图 6-3a 所示为 CPU224 型 PLC 使用内部 24V 直流电源为输入回路供电、输出形式为晶体管式的硬件连接方式。图 6-3b 所示为 CPU224 型 PLC 使用外部 24V 直流电源为输入回路供电、输出形式为继电器式时的硬件连接方式。

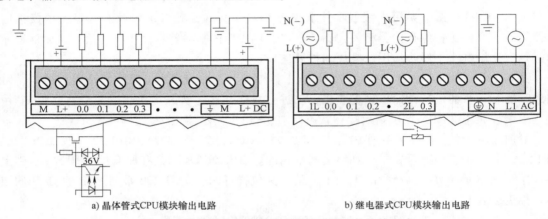

a) 晶体管式CPU模块输出电路　　　　　　　　b) 继电器式CPU模块输出电路

图 6-3　晶体管和继电器输出形式时的硬件连接方式

6.1.3　S7-200 系列 PLC 的扩展单元

S7-200 系列 PLC 的扩展单元包括数字量 I/O 扩展单元、模拟量 I/O 扩展单元和一些特殊功能扩展单元。连线时，基本单元放在最左侧，扩展单元用扁平电缆与左侧的模块相连，如图 6-4 所示。

1. 数字量 I/O 扩展单元

因为数字量 I/O 扩展单元内部没有 CPU，所以它必须与基本单元相连，并使用基本单元的寻址功能对模块上的 I/O 接口进行控制。S7-200 系列 PLC 目前可以提供基本单元的寻址功能对模块上的 I/O 接口进行控制。S7-200 系列 PLC 目前可以提供 3 种类型的数字量输入输出模块，即 EM221、EM222 和 EM223，见表 6-2。

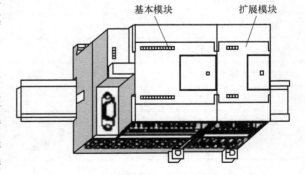

图 6-4　扩展模块连接示意图

表 6-2 数字量输入输出模块

型号	EM221	EM222	EM223
类型	DI8×DC 24V	DO8×DC 24V	DI4/DO4×DC 24V
	DI8×AC 120/230	DO8×DC 24V/继电器	DI4/DO4×DC 24V/继电器
	DI16×DC 24V	DO8×AC 120/230	DI8/DO8×DC 24V
		DO4×DC 24V	DI8/DO4×DC 24V/继电器
		DO4×DC 24V/继电器	DI16/DO16×DC 24V
			DI16/DO16×DC 24V/继电器

不同基本单元的可扩展模块数量不同,如 CPU221 不能扩展,CPU222 只能扩展 2 个模块,CPU224、CPU226 能够扩展 7 个模块。扩展模块消耗的总电流不能超过 CPU 模块能够提供的最大电流。

2. 模拟量 I/O 扩展单元

在 S7-200 系列 PLC 中,除了 CPU224XP 的基本单元自带模拟量 I/O 接口外,其他基本单元若要处理模拟量信号,均需扩展模拟量模块。模拟量扩展模块主要分为 3 种,即模拟量输入模块 EM231(4 路模拟量输入)、模拟量输出模块 EM232(2 路模拟量输出)和模拟量 I/O 组合模块 EM235(4 路模拟量输入、1 路模拟量输出),见表 6-3。

3. I/O 点数扩展和编制

因为数字量扩展模块与模拟量扩展模块均属于对 CPU 模块 I/O 的扩展,所以 CPU 模块会对两种模块的 I/O 进行统一寻址。但 S7-200 系列 PLC 对数字量扩展模块与模拟量扩展模块的寻址是分开的,即无论排列顺序如何,数字量扩展模块和模拟量扩展模块的寻址都是连续的,其地址互不影响。扩展总点数不能大于 I/O 映像寄存器的总数。

表 6-3 模拟量扩展模块

模块	EM221	EM222	EM223
点数	4 路模拟量输入	2 路模拟量输出	4 路模拟量输入,1 路模拟量输出

CPU22＊系列 PLC 的每种主机所提供的本机 I/O 点的 I/O 地址是固定的,每个扩展模块的组态地址编号取决于各模块的类型和该模块在 I/O 链中所处的位置。其编址方法是同种类型输入或输出点的模块按距离主机的位置而递增,其他类型模块的有无及所处位置不影响本类型模块的编号。

1)同类型输入或输出点的模块进行顺序编址。

2)基本单元对数字量的寻址都是以 8 位寄存器为一个单位进行,对数字量扩展模块也是如此。若某一模块的数字量 I/O 不是 8 的整倍数,则余下的空地址也不会分配给其他模块。例如,对于 CPU224 模块,本机输入地址为 I0.0 ~ I0.7 和 I1.0 ~ I1.5,输出地址为 Q0.0 ~ Q0.7 和 Q1.0 ~ Q1.1。若扩展一个 4 输入、4 输出的 EM223 数字量扩展模块,则扩展模块的输入地址为 I2.0 ~ I2.3,输出地址为 Q2.0 ~ Q2.3。地址 I1.6 ~ I1.7 与 Q1.2 ~ Q1.7 都不能与外部接口对应,即它们是未用位。对于输出寄存器中没有使用的位,可以像使用内部存储器标志位一样使用它们。但对于输入寄存器中没有使用的位,由于每次输入更新时都把未用位清 0,所以不能将其作为内部存储器标志位使用。

3）对于模拟量，输入输出以 2B（1B）递增方式来分配空间。

例如，某一控制系统选用 CPU224，系统所需的输入输出点数为：数字量输入 24 点、数字量输出 20 点、模拟量输入 6 点和模拟量输出 2 点。本系统有多种不同模块的选取组合，并且各模块在 I/O 链中的位置排列方式也可能有多种，图 6-5 所示为其中一种模块连接形式。

根据图 6-5 的连接情况可知各模块的地址分配如下。

CPU224 基本单元的 I/O 地址：I0.0~I0.7、I1.0~I1.5；Q0.0~Q0.7、Q1.0、Q1.1。

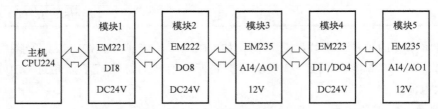

图 6-5　一种模块连接形式

第一个扩展模块 EM221 的 I/O 地址：I2.0、I2.1、I2.2、I2.3、I2.4、I2.5、I2.6、I2.7。

第二个扩展模块 EM222 的 I/O 地址：Q2.0、Q2.1、Q2.2、Q2.3、Q2.4、Q2.5、Q2.6、Q2.7。

第三个扩展模块 EM235 的 I/O 地址：AIW0、AIE2、AIW4、AIW6、AQW0。

第四个扩展模块 EM223 的 I/O 地址：I3.0、I3.1、I3.2、I3.3、Q3.0、Q3.1、Q3.2、Q3.3。

第五个扩展模块 EM235 的 I/O 地址：AIW8、AIW10、AIW12、AIW14、AQW2。

4. 特殊功能扩展模块

典型的特殊功能扩展模块有以下几种。

（1）温度测量扩展模块　温度测量扩展模块包括热电偶输入模块 EM231TC 和热电阻输入模块 EM231RTD，温度测量扩展模块可直接与热电偶或热电阻连接，相当于将变送器与 A-D 转换模块合为一体。

（2）定位模块 EM253　EM253 能产生脉冲串，可用于步进电动机和伺服电动机速度、位置的开环控制。

（3）调制解调器模块 EM241　EM241 可通过电话线、MODBUS 或 PPI 协议实现 S7-200 CPU 与计算机之间、S7-200 CPU 之间的通信，完成远程编程、调试服务。

（4）PROFIBUS-DP 从站模块 EM227　EM227 可以用作 PROFIBUS-DP 从站和 MPI（Multi Point Interface）从站。使用 MPI 协议或 PROFIBUS 协议的 STEP7-Micro/WIN 软件和 PROFIBUS 卡，以及 OP 操作面板或文本显示器 TD200，均可通过 EM277 模块与 S7-200 通信。最多可将 6 台设备连接到 EM277 模块上，其中可为编程器和 OP 操作面板各保留一个连接，其余 4 个可以通过任何 MPI 主站使用。为了使 EM277 模块可以与多个主站通信，各个主站必须使用相同的波特率。

（5）以太网模块 EM243　通过 EM243 模块可以把 S7-200 系列 PLC 接入工业互联网中。

6.2 西门子 S7-200 系列 PLC 的基本指令及编程方法

S7-200 系列 PLC 的指令包括完成基本控制任务的基本指令和完成特殊任务的功能指令，其中基本指令多用于开关量逻辑控制。本节着重介绍基本指令的梯形图和指令表，并讨论其功能及编程方法。

6.2.1 基本逻辑指令

基本逻辑指令在指令表中是指对位存储单元的简单逻辑运算，在梯形图中是指对触点的简单连接和对标准线圈的输出。S7-200 系列 PLC 中有一个 9 层的堆栈，可以用来处理所有的逻辑操作，称为逻辑堆栈。S7-200 系列 PLC 使用逻辑堆栈来分析控制逻辑。使用指令表编程时，要用相关指令来实现堆栈操作。当使用梯形图和功能框图编程时，程序员不必考虑主机的这一逻辑操作，因为这两种编程工具会自动插入必要的指令来处理各种堆栈操作。

1. 逻辑取（装载）及线圈驱动指令 LD、LDN、=

LD（Load）：常开触点逻辑运算的开始，其对应的梯形图为左母线或线路分支点处初始装载一个常开触点。

LDN（Load not）：常闭触点逻辑运算的开始（即对操作数的状态取反），其对应的梯形图为在左母线或线路分支点处初始装载一个常闭触点。

=（Out）：输出指令，其对应的梯形图为线圈驱动，该指令对同一元件只能使用一次。

执行 LD 指令，实质上是将 LD 后操作数的值装入堆栈栈顶。例如，执行 LD I0.0，表示将输入映像寄存器 I0.0 处的值取出并放入堆栈栈顶。

执行 LDN 指令，实质上是将操作数的值取反后再装入堆栈栈顶。

执行输出指令（=），实质上是将堆栈栈顶值取出，存储到指定存储器位或输出映像寄存器位。

LD、LDN、=指令的使用示例如图 6-6 所示。

LD、LDN、=指令的使用说明：

1）LD、LDN 指令用于与输入公共母线（输入母线）相连的节点，也可与 OLD、ALD 指令配合使用于分支回路的开头。

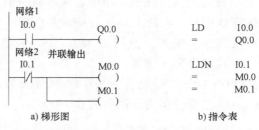

图 6-6 LD、LDN、=指令的使用示例

2）=指令用于 Q、M、SM、T、C、V、S，但不能用于输入映像寄存器 I，当输出端不带负载时，控制线圈应尽量使用 M 或其他，而不使用 Q。

3）=指令可以并联使用任意次，但不能串联使用。

2. 触点串联指令 A（AND）、AN（And not）

A（And）：与操作，在梯形图中表示串联单个常开触点。

AN（And not）：与非操作，在梯形图中表示串联单个常闭触点。

A、AN 指令的使用示例如图 6-7 所示。

执行 A 指令，实质上将 A 后面操作数的值取出，与堆栈栈顶值逻辑"与"，并将结果装

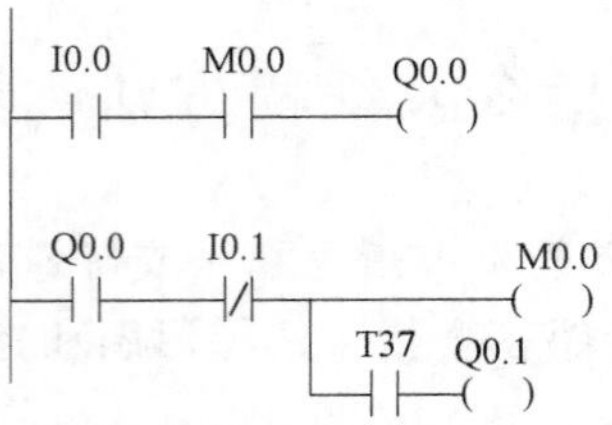

I0.0
M0.0
Q0.0
Q0.0
I0.1
M0.0
T37
Q0.1

a) 梯形图

LD	I0.0	// 装载常开触点
A	M0.0	// 串联常开触点
=	Q0.0	// 输出线圈
LD	Q0.0	// 装载常开触点
AN	I0.1	// 串联常闭触点
=	M0.0	// 输出线圈
A	T37	// 串联常开触点
=	Q0.1	// 输出线圈

b) 指令表

图 6-7　A、AN 指令的使用示例

入栈顶。例如，执行 A M0.0，表示将位存储器 M0.0 处的值取出后与栈顶值相“与”，并将结果装入栈顶。

执行 AN 指令，实质上是将操作数的值取反后再与堆栈栈顶值逻辑“与”，并将结果装入栈顶。

A、AN 指令的使用说明如下：

1）A、AN 指令是单个触点连接指令，可连续使用。

2）若按正确顺序编程（即输入为左重右轻、上重下轻；输出为上轻下重），则可以反复使用 = 指令，如图 6-7 所示。但若按图 6-8 所示的编程顺序，就不能连续使用 = 指令。

I0.1
T37
Q0.1
M0.0

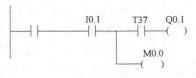

图 6-8　梯形图示例

3）A、AN 指令的操作数为 I、Q、M、SM、T、C、VS 和 L。

3. 触点并联指令 O（OR）、ON（Or not）

O：或操作，在梯形图中表示并联一个常开触点。

ON：或非操作，在梯形图中表示并联一个常闭触点。

执行 O 指令，实质上是将 O 指令后面操作数的值取出，与堆栈栈顶值逻辑“或”，并将结果装入栈顶。例如，执行 O M0.1，表示将位存储器 M0.1 处的值取出后与栈顶值相“或”，并将结果装入栈顶。

执行 ON 指令，实质上是将操作数的值取反后再与堆栈栈顶值逻辑“或”，并将结果装入栈顶。

O、ON 指令的使用示例如图 6-9 所示。

M0.0
I0.0
Q0.0
M0.1
M0.2
I0.1

a) 梯形图

LD	M0.0
O	M0.1
ON	M0.2
A	I0.0
O	I0.1
=	Q0.0

b) 指令表

图 6-9　O、ON 指令的使用示例

O/ON 指令的使用说明：

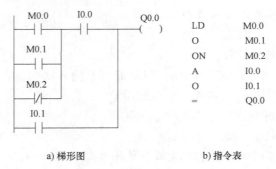

1）单个触点的 O、ON 指令可以连续使用。

2）O、ON 指令的操作数为 I、Q、M、SM、V、ST、C 和 L。

4. 电路块的并联指令 OLD

OLD：块或操作，用于多个串联电路块的并联。

OLD 指令的使用示例如图 6-10 所示。

每个串联电路块的逻辑结果将依次压入堆栈。执行 OLD 指令，实质就是把堆栈第一层、第二层的值进行或操作，并将结果置于栈顶，如图 6-11 所示。

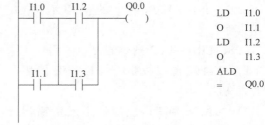

```
LD    I0.0
A     M0.0
LD    I0.1
AN    M0.1
OLD
LDN   I0.2
A     M0.2
OLD
A     M0.3
=     Q0.0
```

a) 梯形图　　　　b) 指令表

图 6-10　OLD 指令的使用示例

OLD 指令的使用说明。

1）先组块后并联。

2）各个支路的起点必须使用 LD、LDN 指令。

3）对于由多个支路组成的并联电路，每写一条并联支路后应紧跟一条 OLD 指令。

4）OLD 指令无操作数。

5. 电路块的串联指令 ALD

ALD：块与操作，用于多个并联电路块的串联。

ALD 指令的使用示例如图 6-12 所示。

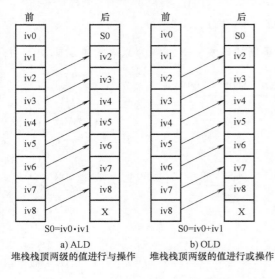

S0=iv0·iv1
a) ALD
堆栈栈顶两级的值进行与操作

S0=iv0+iv1
b) OLD
堆栈栈顶两级的值进行或操作

图 6-11　ALD、OLD 指令的执行示意图

```
LD    I1.0
O     I1.1
LD    I1.2
O     I1.3
ALD
=     Q0.0
```

图 6-12　ALD 指令的使用示例

每个并联电路块的逻辑结果将依次压入堆栈。执行 ALD 指令，实质上就是把堆栈第一层、第二层的值进行与操作，并将结果置于栈顶，如图 6-11 所示。

ALD 指令的使用说明：

1）先组块后串联。

2）各个支路的起点必须使用 LD、LDN 指令。

3）对于由多个支路组成的并联电路，每写一条并联支路后应紧跟一条 ALD 指令。

4）ALD 指令无操作数。

6. 逻辑进栈指令 LPS、逻辑读栈指令 LRD、逻辑出栈指令 LPP

LPS：逻辑进栈指令（分支电路开始指令），即把栈顶复制后压入堆栈，栈底值压出丢失。

LRD：逻辑读栈指令（分支电路开始指令），即把堆栈第二级值复制到栈顶，堆栈底没有压入和弹出。

LPP：逻辑出栈指令（分支电路结束指令），即把堆栈弹出一级，原堆栈第二级的值成为新的栈顶值。

LPS、LRD、LPP 指令的操作过程示意图如图 6-13 所示。

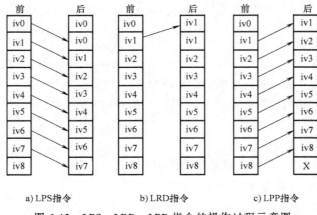

a）LPS指令　　　　b）LRD指令　　　　c）LPP指令

图 6-13　LPS、LRD、LPP 指令的操作过程示意图

在梯形图分支结构中，LPS 指令用于生成一条新的母线，其左侧为原来的主逻辑块，右侧为新的从逻辑块；LPS 指令用于右侧的第一个从逻辑块的编程，LRD 指令用于第二个以后的从逻辑块的编程，LPP 指令用于最后一个从逻辑块的编程。

LPS、LRD、LPP 指令的使用示例如图 6-14 所示。

LPS、LRD、LPP 指令的使用说明：

1）三种逻辑堆栈指令可以嵌套使用，最多为 9 层。

2）为保证程序地址指针不发生错误，LPS 指令和 LPP 指令必须成对使用，最后一次读栈操作应使用 LPP 指令。

3）堆栈指令没有操作数。

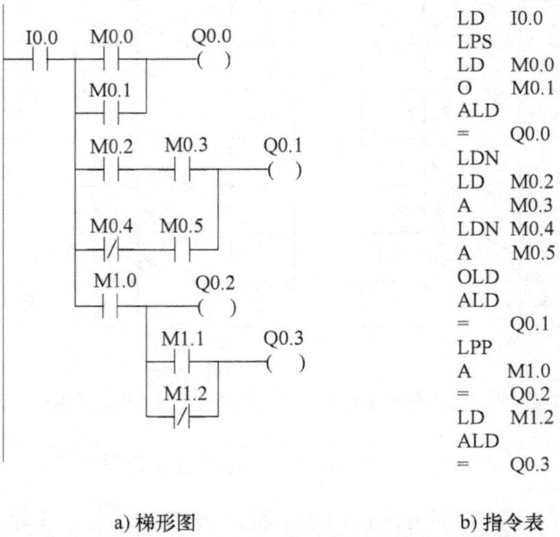

```
LD    I0.0
LPS
LD    M0.0
O     M0.1
ALD
=     Q0.0
LDN
LD    M0.2
A     M0.3
LDN   M0.4
A     M0.5
OLD
ALD
=     Q0.1
LPP
A     M1.0
=     Q0.2
LD    M1.2
ALD
=     Q0.3
```

a）梯形图　　　　b）指令表

图 6-14　LPS、LRD、LPP 指令的使用示例

7. 置位、复位指令 S、R

置位指令 S：使能输入有效后，将从指定位（bit）开始的 N 个同类存储器位置位。

复位指令 R：使能输入有效后，将从指定位（bit）开始的 N 个同类存储器位复位。

S、R 指令的 LAD（梯形图）、STL（指令表）格式及功能见表 6-4。

表 6-4　S、R 指令的 LAD、STL 格式及功能

指令名称	LAD	STL	功能
置位指令	bit （S） N	S　bit, N	从 bit 开始的 N 个元件置 1 并保持
复位指令	bit （R） N	R　bit, N	从 bit 开始的 N 个元件清零并保持

S、R 指令的使用示例如图 6-15 所示。

S、R 指令的使用说明如下：

1）对同一元件（同一寄存器的位），可以多次使用 S、R 指令（但与 = 指令不同）。

2）由于是扫描工作方式，所以当指令同时有效时，写在后面的指令存在有限期。

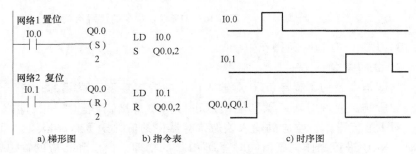

a) 梯形图　　b) 指令表　　c) 时序图

图 6-15　S、R 指令的使用示例

3）操作数 N 的取值范围为 0 ~ 255，且它可以是 VB、IB、QB、MB、SMB、SB、LB、AC、常量、＊VD、＊AC、＊LD，一般情况下使用常数。

4）S、R 指令的操作数为 I、Q、M、SM、T、C、V、C、S、L，其数据类型为布尔型。

5）S、R 指令通常成对使用，也可以单独使用或与指令盒配合使用。

8. 边沿脉冲生成指令 EU、ED

EU 指令：EU 指令前的逻辑运算结果有一个上升沿（OFF→ON）时，产生一个宽度为一个扫描周期的脉冲，驱动后面的输出线圈。

ED 指令：ED 指令前有一个下降沿（ON→OFF）时，产生一个宽度为一个扫描周期的脉冲，驱动后面的输出线圈。

EU、ED 指令的 LAD、STL 格式及功能见表 6-5。

表 6-5　EU、ED 指令的 LAD、STL 格式及功能

指令名称	LAD	STL	功能	说明
上升沿脉冲	—|P|—	EU	在上升沿产生脉冲	无操作数
下降沿脉冲	—|N|—	ED	在下降沿产生脉冲	

EU、ED 指令的使用示例如图 6-16 所示。

EU、ED 指令的使用说明：

1）EU、ED 指令只在输入信号变化时有效，其输出信号的脉冲宽度为一个机器扫描周期。

2）对开机时就为接通状态的输入条件，EU 指令不执行。

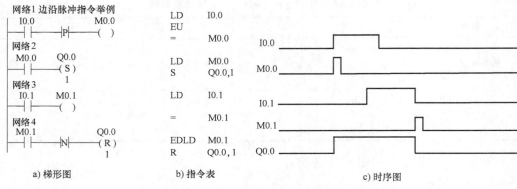

图 6-16　EU、ED 指令的使用示例

3）EU、ED 指令无操作数。

9. 立即指令

立即指令是为了提高 PLC 对输入输出的响应速度而设置的，它不受 PLC 循环扫描工作方式的影响，允许对输入点和输出点进行快速直接存取。当用立即指令读取输入点的状态时，对 I 进行操作，响应的输入映像寄存器中的值并未更新。当用立即指令访问输出点的状态时，对 Q 进行操作，新值同时写到 PLC 的物理输出点和相应的输出寄存器中。

立即指令的名称、格式和使用说明见表 6-6。

立即指令的使用示例如图 6-17 所示。

10. 比较指令

比较指令用于将两个数值或字符串按指定条件进行比较，当条件成立时，触点闭合。因此，比较指令实际上是一种位指令。

比较指令的类型有字节比较、整数比较、双字整数比较、实数比较和字符串比较。

数值比较指令的运算符有 =、>=、<、<=、> 和 <> 6 种，而字符串比较指令只有 = 和 <> 两种。

对比较指令可进行 LD、A 和 O 操作。

比较指令的 LAD、STL 格式如表 6-6 所示。

表 6-6　立即指令的名称、格式和使用说明

指令名称	STL	LAD	使用说明
立即取	LDI　bit		
立即取反	LDNI　bit		
立即或	OI　bit	bit ─┤ I ├─	bit 只能为 I
立即或反	ONI　bit	bit ─┤／├─	
立即与	AI　bit		
立即与反	ANI　bit		
立即输出	=I　bit	bit ─（ I ）─	bit 只能为 Q
立即置位	SI　bit,N	bit ─（ SI ）─ N	bit 只能为 Q N 的范围为 1～128
立即复位	RI　bit,N	bit ─（ RI ）─ N	N 的操作数同 S、R 指令

（1）字节比较　字节比较多用于比较两个字节整数值 IN1 和 IN2 的大小。字节比较是无符号的，其比较是可以是在 LDB、AB 或 OB 后直接加比较运算符构成。

指令格式举例如下：

LDB＝　　VB10，VB12

AB<>　　MB0，MB1

OB<=　　AC1，116

（2）整数比较　整数比较用于比较两个单字节长整数 IN1 和 IN2 的大小。整数比较是有符号的（整数范围为 16#8000～16#7FFF），其比较式可以是在 LDW、AW 或 OW 后直接加比较运算符构成。

指令格式举例如下：

LDW＝　　VW10，VW12

AW<>　　MW0，MW4

OW<=　　AC2，1160

（3）双字整数比　双字整数比较用于比较两个双字长整数 IN1 和 IN2 的大小。双字整数比较是有符号的（双字整数范围为 16#80000000～16#7FFFFFFF），其比较式可以是在 LDD、AD 或 OD 后直接加比较运算符构成。

指令格式举例如下：

LDD＝　　VD10，VD14

AD<>　　MD0，MD8

OD<=　　AC0，1160000

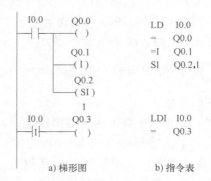

a) 梯形图　　　b) 指令表

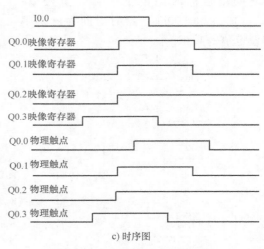

c) 时序图

图 6-17　立即指令的使用示例

（4）实数比较　实数比较用于比较两个双字长实数值 IN1 和 IN2 的大小。实数比较是有符号的（负实数范围为 $-1.175495E\sim-3.402823E+38$，正实数范围为 $+1.175495E\sim+3.402823E+38$），其比较式可以是在 LDR、AR 或 OR 后直接加比较运算符构成。

指令格式举例如下：

LDR＝　　VD10，VD18

AR<>　　MD0，MD12

OR<=　　AC1，1160.478

（5）字符串比较　字符串比较用于比较两个字符串数据相同与否。字符串的长度不能超过 254 个字符。

比较指令的使用示例如图 6-18 所示。

应用举例：某自动仓库存放某种货物，最多 6000 箱，需对所存的货物进出进行计数。当货物多于 1000 箱时，灯 L1 亮；当货物多于 5000 箱时，灯 L2 亮。其中，L1 和 L2 分别受

Q0.0 和 Q0.1 控制，数值 1000 和 5000 分别存储在 VW20 和 VW30 字存储单元中。

该控制系统的程序如图 6-19 所示。

6.2.2 定时器指令和计数器指令

1. 定时器指令

S7-200 系列 PLC 共有 3 种类型的定时器：通电延时型定时器（TON）、断电延时型定时器（TOF）和记忆型通电延时定时器（TONR）。每种定时器的分辨率（又称时间增量或时间单位）有 3 个等级：1ms、10ms 和 100ms。定时时间为分辨率与设定值的乘积。

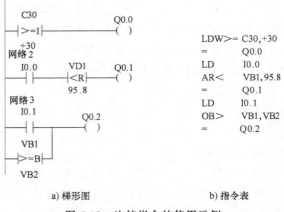

a) 梯形图　　　　　　b) 指令表

图 6-18　比较指令的使用示例

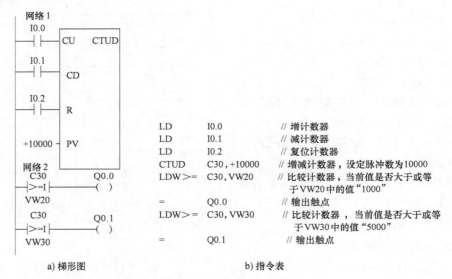

a) 梯形图　　　　　　b) 指令表

图 6-19　控制系统的程序

TON 和 TOF 使用相同范围的定时器编号，同一个 PLC 程序中绝不能把同一编号的定时器同时用作 TON 和 TOF。

S7-200 系列 PLC 定时器的指令格式见表 6-7。

表 6-7　S7-200 系列 PLC 定时器的指令格式

LAD	STL	说明
TXX —| IN　　TON ????—| PT	TON TXX,PT	1. TON：通电延时型定时器 2. TONR：记忆型通电延时定时器 3. TOF：断电延时型定时器 4. IN：使能输入端 5. TXX：指令盒上方输入定时器的编号，范围为 T0～T225 6. PT：预置信输入端，最大预置值为 32767。PT 的操作数有 IW、QW、MW、SMW、T、C、VW、SW、AC、常数、＊VD、＊AC 和＊LD

（续）

LAD	STL	说明
 TXX IN　　TONR ????—PT	TONR TXX,PT	1. TON：通电延时型定时器 2. TONR：记忆型通电延时定时器 3. TOF：断电延时型定时器 4. IN：使能输入端 5. TXX：指令盒上方输入定时器的编号，范围为T0~T225 6. PT：预置信输入端，最大预置值为32767。PT的操作数有IW、QW、MW、SMW、T、C、VW、SW、AC、常数、＊VD、＊AC和＊LD
 TXX IN　　TOF ????—PT	TOF TXX,PT	

（1）通电延时型定时器（TON）　通电延时型定时器用于单一间隔定时。上电周期或首次扫描时，定时器位为OFF，当前值为0；使能输入接通时，定时器位为OFF，当前值从0开始计数；当前值达到预设值时，定时器位为ON，当前值连续计数到32767；使能输入断开时，定时器自动复位，即定时器位为OFF，当前值为0。

TON指令的使用示例如图6-20所示。

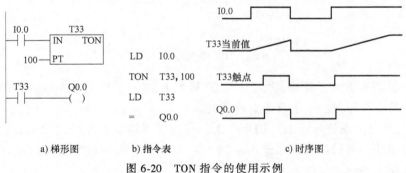

图6-20　TON指令的使用示例

（2）记忆型通电延时定时器（TONR）　记忆型通电延时定时器用于许多间隔的累计定时。上电周期或首次扫描时，定时器位为OFF，当前值保持。使能输入接通时，定时器位为OFF，当前值从0开始计数。使能输入断开时，定时器位和当前保持最后状态。使能输入再次接通时，当前值从上次的保持值开始继续计数。当累计当前值达到预设值时，定时器位为ON，当前值连续计数到32767。TONR定时器只能用复位指令R进行复位操作，使当前值清零。

TONR指令的使用示例如图6-21所示。

（3）断电延时型定时器（TOF）　断电延时型定时器用于断后的单一间隔定时。上电周期或首次扫描时，定时器位为OFF，当前值为0。使能输入接通时，定时器位为ON，当前值为0。当使能输入由接通到断开时，定时器开始计数，当前值达到预设值时，定时器位为OFF，当前值等于预设值，停止计数。TOF定时器复位后，如果使能输入再有从ON到OFF的负跳变，则可再次起动。

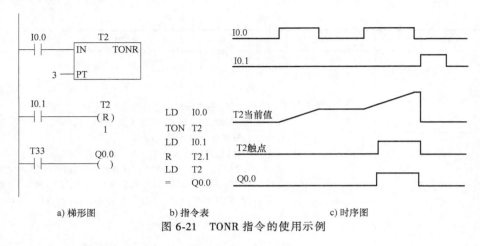

a) 梯形图　　　　　b) 指令表　　　　　　　　c) 时序图

图 6-21　TONR 指令的使用示例

TOF 指令的使用示例如图 6-22 所示。

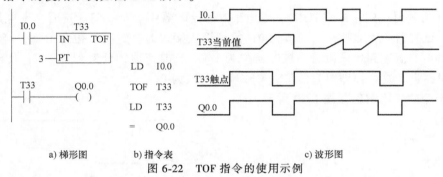

a) 梯形图　　　　b) 指令表　　　　　　　c) 波形图

图 6-22　TOF 指令的使用示例

（4）定时器刷新方式及正确使用　S7-200 系列 PLC 的三种分辨率定时器的刷新方式是不同的，因此其在使用方法上也有很大的不同。

1）1ms 定时器由系统每隔 1ms 刷新一次，与扫描周期及程序处理无关。它采用的是中断刷新方式。因此，当扫描周期大于 1ms 时，它在一个周期中可能被多次刷新。其当前值在一个扫描周期内不一定保持一致。

2）10ms 定时器由系统在每个扫描周期开始时自动刷新，由于每个扫描周期只刷新一次，故一个扫描周期内定时器位和定时器的当前值保持不变。

3）100ms 定时器在定时器指令执行时被刷新，因此 100ms 定时器被激活后，如果不是每个扫描周期都执行定时器指令或一个扫描周期内多次执行定时器指令，都会造成计时失准。100ms 定时器仅用在定时器指令在每个扫描周期执行一次的程序中。

不同分辨率的定时器由于刷新方式不同，可能会产生不同的结果。下面通过图 6-23 所示的例子加以说明。该示例分别使用三种不同分辨率的定时器来实现一个机器扫描周期的时钟脉冲输出。

1）图 6-23a 中，T32 为 1ms 时基定时器，定时器每隔 1ms 刷新一次当前值，若当前值恰好在处理常闭触点和常开触点之间被刷新，则 Q0.0 可以接通一个扫描周期，但这种情况出现的概率很小，而在其他情况下，Q0.0 不可能有输出。

2）图 6-23b 中，T33 为 10ms 时基定时器，当前值在每个扫描周期开始时刷新。当计时

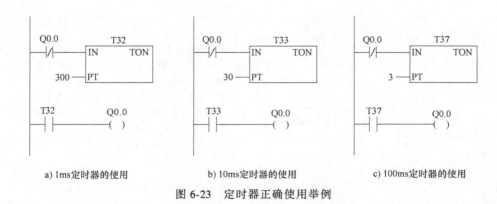

a) 1ms定时器的使用　　　　　b) 10ms定时器的使用　　　　　c) 100ms定时器的使用

图 6-23　定时器正确使用举例

时间到，扫描周期开始时，定时器输出状态位置位，常闭触点断开，立即将定时器当前值清零，定时器输出状态位复位（为0）。这样，输出线圈Q0.0永远不可能通电。

3）图6-23c中，采用时基为100ms的T37定时器，当计时时间到时，Q0.0接通一个扫描周期。

4）若将定时器到达设定值产生结果的元件的常闭触点用作定时器的使能输入信号，则无论何种时基的定时器都能正常工作。

5）在子程序和中断程序中不应使用100ms定时器，因为子程序和中断程序并非每个扫描周期都执行。若使用，则子程序和中断程序中的100ms定时器的当前值就不能及时刷新，会造成时基脉冲丢失，致使计时失准。在主程序中，不能重复使用同一个100ms的定时器，否则该定时器指令在一个扫描周期中将多次被执行，定时器的当前值在一个扫描周期中将多次被刷新，这样定时器就会多计时基脉冲，同样会造成计时失准。因此，100ms定时器只能用于每个扫描周期内同一个定时器指令执行一次且仅执行一次的场合。

2. 计数器指令

计数器用来累计输入脉冲的次数。S7-200系列PLC共有三种类型计数器：增计数器（CTU）、增减计数器（CTUD）和减计数器（CTD）。

计数器指令格式见表6-8。

表 6-8　计数器指令格式

LAD	STL	说明
CXXX CU　CTU R ???? PV	CTU CXXX,PV	1. 梯形图指令符中：CU为加计数脉冲输入端；CD为减计数脉冲输入端；R为减计数复位端；PV为预设值 2. CXXX为计数器的编号，其范围为C0～C255 3. PV的预设值最大范围为32767，PV的数据类型为INT，PV的操作数为IW、QW、MW、SMW、VW、SW、LW、AIW、T、C、常数、AC、* AD、* AC和* LD 4. 在STL中，CU、CD、R、LD的顺序不能错，CU、CD、R、LD信号可为辅助逻辑关系 5. 在一个程序中，同一个计数器编号只能使用一次 6. 脉冲输入和复位同时有效时，优先执行复位操作
CXXX CD　CTD LD ???? PV	CTD CXXX,PV	

（续）

LAD	STL	说明
  CXXX CU　CTUD CD R ????—PV	CTUD CXXX,PV	1. 梯形图指令符中：CU 为加计数脉冲输入端；CD 为减计数脉冲输入端；R 为减计数复位端；PV 为预设值 2. CXXX 为计数器的编号，其范围为 C0~C255 3. PV 的预设值最大范围为 32767，PV 的数据类型为 INT，PV 的操作数为 IW、QW、MW、SMW、VW、SW、LW、AIW、T、C、常数、AC、* AD、* AC 和 * LD 4. 在 STL 中，CU、CD、R、LD 的顺序不能错，CU、CD、R、LD 信号可为辅助逻辑关系 5. 在一个程序中，同一个计数器编号只能使用一次 6. 脉冲输入和复位同时有效时，优先执行复位操作

（1）增计数器指令（CTU）　首次扫描时，计数器位为 OFF，当前值为 0。在增计数器计数输入端（CU）的输入脉冲的每个上升沿，计数器当前值增加 1 个单位。当前值达到预设值时，计数器位为 ON，当前值继续计数到 32767 后停止计数。复位输入有效或执行复位指令时，计数器自动复位，即计数器位为 OFF。

CTU 指令的使用示例如图 6-24 所示。

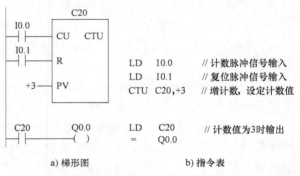

a) 梯形图　　　　　b) 指令表

图 6-24　CTU 指令的使用示例

（2）增减计数器（CTUD）　该指令有两个脉冲输入端：CU 输入端，用于递增计数；CD 输入端，用于递减计数。首次扫描时，计数器位为 OFF，当前值为 0。在 CU 输入的每个上升沿，计数器当前值增加 1 个单位；而在 CD 输入的每个上升沿，计数器当前值减小 1 个单位。当前值达到预设值时，计数器位为 ON。

增减计数器到 32767（最大值）后，下一个 CU 输入的上升沿将使当前值跳变为最小值（-32768）；反之，当前值达到最小值（-32768）时，下一个 CD 输入的上升沿将使当前值跳变为最大值（32767）。复位输入有效指令时，计数器自动复位，即计数器位为 OFF，当前值为 0。

CTUD 指令的使用示例如图 6-25 所示。

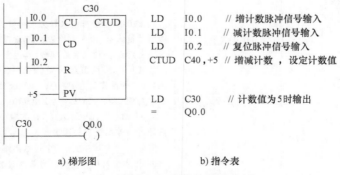

a) 梯形图　　　　　b) 指令表

图 6-25　CTUD 指令的使用示例

（3）减计数器（CTD）　首次扫描时，计数器位为 OFF，当前为预设值 PV。在 CD 输入的每个上升沿，计数器当前值减小 1 个单位。当前值减到 0 时，计数器位为 ON。复位输入有效或执行复位指令时，计数器自动复位，即计数器位为 OFF，当前值复位为预设值，而不是 0。

CTD 指令的使用示例如图 6-26所示。

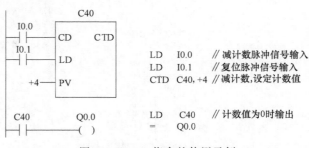

```
LD    I0.0        // 减计数脉冲信号输入
LD    I0.1        // 复位脉冲信号输入
CTD   C40,+4      // 减计数,设定计数值

LD    C40         // 计数值为0时输出
=     Q0.0
```

图 6-26　CTD 指令的使用示例

6.2.3　顺序控制指令

S7-200 系列 PLC 的顺序控制（SCR）指令是实现顺序控制程序的基本指令。它包括 4 条指令：顺序控制开始指令（LSCR）、顺序控制转换指令（SCRT）、顺序控制结束指令（SCRE）和条件顺序控制结束指令（CSCRE）。顺序控制程序段从 LSCR 指令开始到 SCRE 指令结束，CSCRE 指令使用较少。

顺序控制指令的指令格式见表 6-9。

表 6-9　顺序控制指令的指令格式

LAD	STL	功能	操作对象
bit ─┤ LSCR ├─	LSCR　bit	顺序状态开始	S（位）
bit ──(SCRT)	SCRT　bit	顺序状态转移	S（位）
──(SCRT)	SCRE	顺序状态结束	无
	CSCRE	条件顺序状态结束	无

（1）顺序控制开始指令（LSCR）　该指令定义一个顺序控制继电器段的开始。其操作数为顺序控制继电器位 Sx.y，Sx.y 作为本段的段标志位。当 Sx.y 位置 1 时，该顺序控制段开始工作。

（2）顺序控制结束指令（SCRE）　一个顺序控制段必须用该指令来结束。

（3）顺序控制转换指令（SCRT）　该指令用来实现本段与另一段之间的切换。其操作数为顺序控制继电器位 Sx.y，Sx.y 是下一个顺序控制段的标志位。当使能输入有效时，它一方面对 Sx.y 置位，以便让下一个顺序控制段开始工作，另一方面同时对本顺序控制段的标志位复位，以使本顺序控制段停止工作。

（4）顺序控制指令与顺序功能图　虽然 S7-200 系列 PLC 不能直接用绘制功能图的方法生成复杂的顺序控制程序，但可以利用顺序控制指令在顺序功能图和程序之间架起桥梁，即先根据工程要求绘制顺序功能图，再利用顺序控制指令极方便地形成 PLC 梯形图和指令表。

顺序控制指令的使用示例如图 6-27 所示。

使用顺序控制指令时的注意事项如下：

1）不能在多个程序内使用相同的 S 位。例如，如果主程序内使用 S0.1，则不能再在子

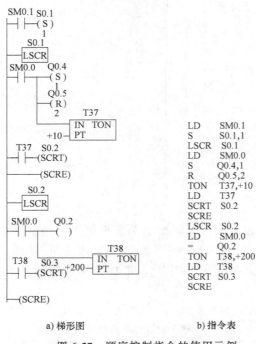

a) 梯形图   b) 指令表

图 6-27   顺序控制指令的使用示例

程序中使用 S0.1。

2）一个顺序控制段中不能使用跳转（JMP）及标号（LBL）指令，这意味着不允许跳入、跳出或在内部跳转。可以围绕顺序控制段使用跳转及标签指令。

3）一个顺序控制段中不允许出现循环程序结构和条件结束，即禁止使用 FOR、NEXT 和 END 指令。

4）在状态发生转移后，置位下一个状态的同时，会自动复位原状态。如果希望继续输出，可使用置位、复位指令，如图 6-27 中的 SQ0.4，1。

5）在所有顺序控制段结束后，要用复位指令 R 复位仍为运行状态的 S 位，否则程序会出现运行错误。

6.2.4   程序控制指令

1. 结束指令 END、MEND

END：条件结束指令，即执行条件成立（左侧逻辑值为 1）时结束主程序，返回主程序起点。

MEND：无条件结束指令，即结束主程序，返回主程序起点。

注意：

1）条件结束指令只能用在主程序中，不能在子程序和中断程序中使用，而 MEND 指令可用在任何程序中以结束主程序。

2）调试程序时，在程序的适当位置插入 MEND 指令可实现程序的分段调试。

3）可以利用程序执行的结果状态、系统状态或外部设置切换条件来调用 END 指令，使程序结束。

4）使用 STEP7 Micro/WIN V3.2 编程时，编程人员不需要手动输入 MEND 指令，该软件会自动在内部加上一条 MEND 指令到主程序的结尾。

2. 停止指令 STOP

当 STOP 指令有效时，可以使主机 CPU 的工作方式由 RUN 切换到 STOP，从而立即中止用户程序的执行，STOP 指令在梯形图中以线圈形式编程。该指令不含操作数。

STOP 指令可以用在主程序、子程序和中断程序中。如果在中断程序中执行 STOP 指令，则中断处理立即中止，并忽略所有挂起的中断，继续扫描程序的剩余部分，并在本次扫描周期结束后，将主机从 RUN 切换到 STOP。

STOP 指令和 END 指令通常在程序中用来对突发紧急事件进行处理，以避免实际生产中的重大损失。

3. 看门狗复位指令 WDR

看门狗复位指令（Watch-Dog Reset，WDR）也称为监视定时器复位指令、警戒时钟刷新指令。为了保证系统的可靠运行，PLC 内部设置了系统监视定时器（WDT），用于监视扫描周期是否超时。每当扫描到 WDT 定时器时，WDT 定时器将复位。WDT 定时器有一个设定值（100~300ms），当系统正常工作时，所需扫描时间小于 WDT 定时器的设定值，WDT 定时器及时复位。当系统出现故障时，扫描时间大于 WDT 定时器的设定值，该定时器不能及时复位，则报警并停止 CPU 的运行，同时复位输出，这种故障称为 WDT 故障，可以防止系统故障或程序进入死循环而引起的扫描周期过长。

当系统正常工作时，有时会因为用户程序过长或使用中断指令、死循环指令令使扫描时间过长而超过 WDT 定时器的设定值，为防止在这种情况下 WDT 定时器动作，可使用监视定时器复位指令（WDR），使 WDT 定时器复位，这样，可以增加一次扫描时间，从而有效地避免 WDT 定时器出现超时错误。WDR 指令在梯形图中以线圈形式编程，无操作数。

STOP、END、WDR 指令的使用示例如图 6-28 所示。

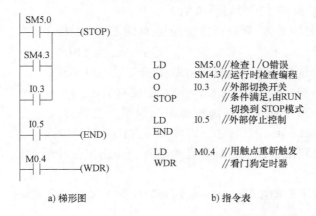

a) 梯形图　　　　　　　b) 指令表

图 6-28　STOP、END、WDR 指令的使用示例

使用 WDR 指令时要特别小心，如果因为使用 WDR 指令而使扫描时间拖得过长（如在循环结构中使用 WDR），那么下列程序只有在扫描循环完成后才能执行：

1）通信（自由口除外）。

2) I/O 刷新（直接 I/O 除外）。

3) 强制刷新。

4) 运行时间诊断。

5) SM 位刷新（SM0、SM5~SM29 的位不能被刷新）。

6) 扫描时间超过 25s 时，10ms 和 100ms 定时器不能正确计时。

7) 中断程序中的 STOP 指令。

如果预计扫描时间超过 500ms，或者预计中断时间将超过 500ms 时，应使用 WDR 指令，重新复位看门狗定时器。

4. 跳转及标号指令

跳转指令 JMP（Jump to Label）：当输入端有效时，程序跳转到标号处执行。

标号指令 LBL（Label）：指令跳转的目标标号，其操作数为 0~255。

JMP 指令可大大提高 PLC 编程的灵活性，使主机可根据不同条件的判断，选择不同的程序段执行程序。

JMP、LBL 指令的使用说明如下：

1) JMP、LBL 指令必须配合使用，而且只能在同一程序块中使用，如主程序、同一个子程序或同一个中断程序，不能在不同的程序块中互相跳转。

2) 执行 JMP 指令后，被跳过程序段的各元件的状态为：①Q、M、S、C 等元件的位保持跳转前的状态。②计数器 C 停止计数，当前值存储器保持跳转前的计数值。③对定时器来说，因刷新方式不同而工作状态不同。

在跳转期间，分辨率为 1ms 和 10ms 的定时器会一致保持跳转前的工作状态，原来工作的继续工作，到设定值后，其位的状态会改变，输出触点动作，其当前值存储器一直累积到最大值 32767 才停止；对分辨率为 100ms 的定时器来说，跳转期间停止工作，但不会复位，存储器里的值为跳转时的值，跳转结束后，若输入条件允许，可继续计时，但已失去了准确计时的意义。因此，在跳转段中，定时器要慎用。

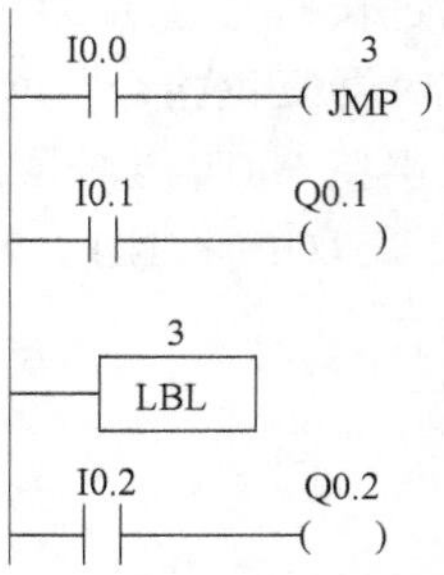

跳转指令的使用示例如图 6-29 所示，当 JMP 条件满足（即 I0.0 为 ON）时，程序跳转执行 LBL 标号以后的指令，而在 JMP 和 LBL 之间的指令一概不执行。在这个过程中，即使 I0.1 接通，也不会有 Q0.1 输出；当 JMP 条件不满足时，则 I0.1 接通 Q0.1 便有输出。

图 6-29 跳转指令的
使用示例

应用举例：JMP、LBL 指令在工业现场控制中，常用于工作方式的选择，设有 3 台电动机 M1~M3，具有如下两种工作方式。

1) 手动操作方式：分别用每台电动机各自的起动、停止按钮控制 M1~M3 的起动、停止状态。

2) 自动操作方式：按下起动按钮，M1~M3 每隔 5s 依次起动；按下停止按钮，M1~M3 同时停止。

该电动机控制操作的外部接线图、程序结构图和梯形图如图 6-30 所示。

从控制要求可以看出，需要在程序中体现两种可以任意选择的控制方式，因此运用跳转指令的程序结构满足控制要求。如图 6-30b 所示，当方式选择开关闭合时，I0.0 的常开触点闭合，跳过手动方式的程序段不执行；I0.0 常闭触点断开，则选择自动方式的程序段执行。

而方式选择开关断开时的情况则与此相反，跳过自动方式程序段不执行，选择手动方式程序执行。

5. 循环指令

循环指令的引入为解决重复执行相同功能的程序段问题提供了极大的方便，并且优化了程序结构。循环指令有：FOR 和 NEXT。

FOR：循环开始指令，用来标记循环体的开始。

NEXT：循环结束指令，用来标记循环体的结束，无操作数。

FOR 和 NEXT 之间的程序段称为循环体，每执行一次循环体，当前计数值加 1，并且将其结果同终止值进行比较，如果大于终止值，则结束循环。

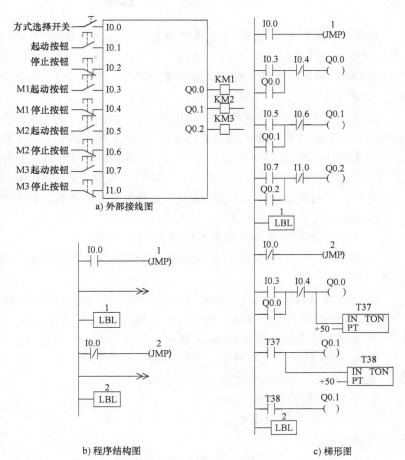

图 6-30　电动机控制操作

FOR、NEXT 指令格式如图 6-31 所示。

图 6-31　FOR、NEXT 指令格式

在梯形图中，FOR 指令为指令盒格式。

EN：使能输入端。

INDX：当前值计数器，其操作数为 VW、IW、QW、MW、SW、SMW、LW、T、

C、AC。

INIT：循环次数初始值，其操作数为 VW、IW、QW、MW、SW、SMW、LW、T、C、AC、AIW、常数。

FINAL：循环次数终止值，其操作数为 VW、IW、QW、MW、SW、SMW、LW、T、C、AC、AIW、常数。

ENO：指令盒的布尔量输出，如果指令盒有输出，而且执行没有错误，则 ENO 就把输出传到下一个指令盒；如果执行有错误，则停止程序的执行。ENO 可以作为允许位，表示指令成功执行；同时，ENO 也为出错或溢出等标志位的输出，它影响特殊存储器位（SM）。

工作原理：使能输入 EN 有效时，循环体开始执行，执行到 NEXT 指令时返回，每执行一次循环体，当前值计数器 INDX 加 1，达到终止值 FINAL，循环就此结束。

循环指令的使用说明如下：

1）FOR、NEXT 指令必须成对使用。

2）FOR、NEXT 指令可以循环嵌套，最多嵌套 8 层，但各个嵌套之间一定不能有交叉现象。

3）每次使能输入（EN）重新有效时，指令将自动复位各参数。

4）当初值大于终止值时，循环体不被执行。

循环指令的使用示例如图 6-32 所示。当 I0.0 为 ON 时，图中所示的外循环执行 2 次，由 VW100 累积循环次数；当 I0.1 为 ON 时，外循环每执行一次，图中所示的内循环执行 2 次，且由 VW110 累积循环次数。

6. 子程序调用与返回指令

与子程序有关的操作有建立子程序、子程序的调用和返回。

（1）建立子程序　建立子程序是通过 STEP 7 Micro/WIN V3.2 编程软件完成的。可采用下列方法之一建立子程序：

1）从"编辑"菜单中选择"插入"（Insert）→"子程序"（Subroutine）命令。

2）在"指令树"中，右键单击"程序块"图标，并从弹出的快捷菜单中选择"插入"（Insert）→"子程序"（Subroutine）命令。

3）在"程序编辑器"窗口中，右键单击，并从弹出的快捷菜单中选择"插入"（Insert）→"子程序"（Subroutine）命令。

建立子程序后，在"指令树"窗口可以看到新建的子程序图标，其默认的程序名为 SBR-N，编号 N 从 0 开始按递增顺序生成。也可以在图标上直接更改子程序的程序名，把它变为更能描述该子程序功能的名字。在"指令树"窗口中双击子程序的图标就可进入

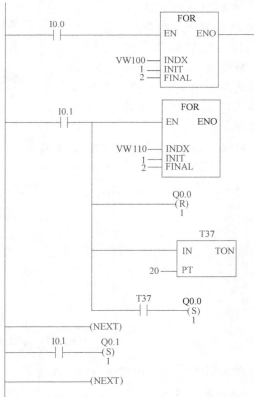

图 6-32　循环指令的使用示例

子程序，并对它进行编辑。对于 CPU226XM，最多可以有 128 个子程序；对于其余的基本单元，最多可以有 64 个子程序。

（2）子程序的调用与返回　子程序调用与返回指令的指令格式见表 6-10。

表 6-10　子程序调用与返回指令的指令格式

指令名称	LAD	STL
子程序调用指令	SBR-0 EN	CALL SBR0
子程序返回指令	——（RET）	CRET

CALL SBR N：子程序调用指令。该指令梯形图中为指令盒的形式。子程序的编号 N 从 0 开始，随着子程序个数的增加自动生成。N 的范围为 0~63。子程序的调用可以带参数，也可以不带参数。

CRET：子程序条件返回指令。条件成立时结束该子程序，返回原调用处指令 CALL 的下一条指令。

RET：子程序无条件返回指令。子程序必须以本指令结束，它由编程软件自动生成。

无参数子程序的调用示例如图 6-33 所示。

（3）带参数的子程序调用　子程序中可以有参变量。带参数的子程序调用扩大了子程序的使用范围，增加了调用的灵活性。如果子程序的调用过程存在数据的传递，则调用指令中应包含相应的参数。

子程序的参数在子程序的局部变量表中加以定义，参数包含的信息有地址、变量名（符号）、变量类型和数据类型，子程序最多可以传递 16 个参数。

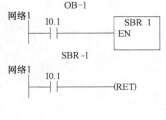

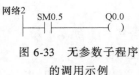

图 6-33　无参数子程序的调用示例

1）变量类型。局部变量表中的变量有 IN、OUT、IN/OUT 和 TEMP 四种类型。四种变量类型的参数在变量表中的位置必须按 IN、IN/OUT、OUT、TEMP 顺序排列。

① IN（输入）型：将指定位置的参数传入子程序。如果参数是直接寻址（如 VB10），则指定位置的数值被传入子程序；如果参数是间接寻址（如 *ACI），则地址指针指定地址的数值被传入子程序；如果参数是数据常量（如 16#1234）或地址（如 &VB100），则常量或地址数值被传入子程序。

② IN/OUT（输入/输出）型：将指定参数位置的数值传入子程序，返回时，从子程序得到的结果被返回到同一地址。输入输出参数不允许使用常量（如 16#1234）和地址（如 &VB100）。

③ OUT（输出）型：将子程序的结果数值返回至指定的参数位置。常量（如 16#1234）和地址（如 &VB100）不允许用作输出参数。

④ TEMP 型：暂时变量参数。在子程序内部暂时存储数据，只能用在子程序内部暂时存储中间运算结果，不能用来传递参数。

2）数据类型。局部变量表中还要对数据类型进行声明，数据类型可以是能流、布尔型、字节型、字型、双字型、整数型、双整数型和实数型。

① 能流：能流仅用于位（布尔）输入。能流输入必须用在局部变量表中的其他类型输入之前，只有输入参数运行使用能流。其在梯形图中的表达形式为用触点（位输入）将左母线和子程序的指令盒连接起来，如图 6-34 中的使能输入（EN）和 IN1 输入使用的是能流。

② 布尔型：用于输入和输出，图 6-34 中的 IN3 是布尔输入。

③ 字节型、字型、双字型：分别用于 1B、2B、4B 不带符号的输入、输出参数。

④ 整数型、双整数型：这些数据类型分别用于 2B、4B 带符号的输入、输出参数。

⑤ 实数型：该数据类型用于单精度（4B）IEEE 浮点数值。

带参数子程序的调用示例如图 6-34 所示，图中的指令表（STL）是由编程软件 STEP 7-Micro/WIN V3.2 根据梯形图建立的，STL 代码可在 STL 视图中显示。注意：系统保留局部变量存储器 L 内存的 4B（LB60~LB63），用于调用参数。指令表中的 L60.0、L63.7 被用于保存布尔输入参数，此类参数在梯形图中被显示为能流输入。

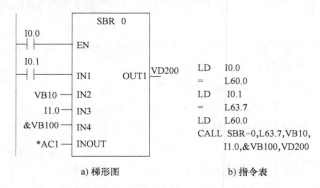

a) 梯形图　　　　　　　　　b) 指令表

图 6-34　带参数子程序的调用示例

若用 STL 编辑器输入与图 6-34 相同的子程序，则指令表的调用程序为

LD I0.0

CALL SBR_0　I0.1，VB10，I1.0，&VB100，＊AC1，VD200

需要说明的是：该程序只能在 STL 编辑器中显示，因为用作能流输入的布尔参数未在 L 内保存。

调用子程序时，输入参数被复制到局部存储器；调用完成时，从局部存储器复制输出参数到指定的输出参数地址。

子程序的使用注意事项：

① 子程序可以多次被调用，也可以嵌套（最多 8 层）调用。

② 不允许直接递归，如不能从 SBR0 调用 SBR0，但允许进行间接递归。

③ 各个子程序调用的输入、输出参数的最大限制是 16 个，如果要下载的程序超过此限制，将返回错误。

④ 带参数的子程序调用指令遵守：参数必须与子程序局部变量表内定义的变量完全匹配，参数顺序应为输入参数最先，其次是输入、输出参数，再次是输出参数。

⑤ 子程序内不能使用 END 指令。

⑥ 累加器可在调用程序和被调用子程序之间自由传递，因此累加器的值在子程序调用时既不保存，也不恢复。

6.2.5　梯形图编程的基本规则及注意事项

1）程序应按“自上而下、从左至右”的顺序编写。

2）触点可以任意串、并联，输出线圈只能并联，如图 6-35 所示。

3）每一个网络要起于左母线，然后连接触点，终止于线圈。线圈不能直接与左母线相连，如果需要，可以通过特殊内部标志存储器 SM0.0（该位始终为 1）来连接，如图 6-36 所示。

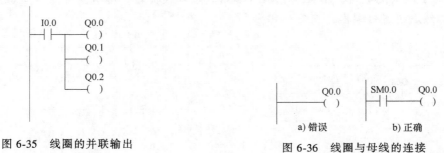

图 6-35　线圈的并联输出

a) 错误　　b) 正确

图 6-36　线圈与母线的连接

4）同一个触点的使用次数不受限制。

5）触点只能画在水平方向的支路上，而不能画在纵向支路上，如图 6-37 所示。

a) 错误　　b) 正确

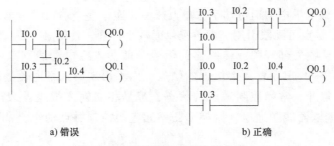

图 6-37　触点只能画在水平方向上

6）应按“上重下轻、左重右轻”的原则安排编程顺序，这样做一是节省指令，二是美观。

① 当几条支路并联时，串联触点多的支路应尽量放在上部，如图 6-38 所示。

```
LD   I0.0
LD   I0.1
AN   I0.2
OLD
=    Q0.0
```

a) 不合理

```
LD   I0.1
AN   I0.2
O    I0.0
=    Q0.0
```

b) 合理

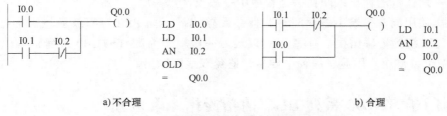

图 6-38　串联触点多的支路应尽量放在上部

② 当几个电路块串联时，并联触点多的电路块应靠近左母线，如图 6-39 所示。

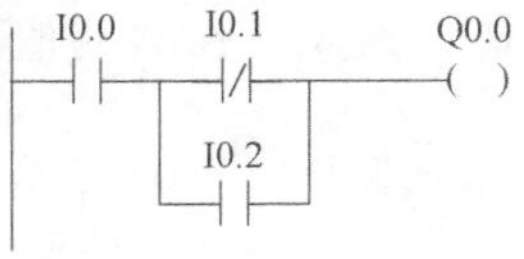

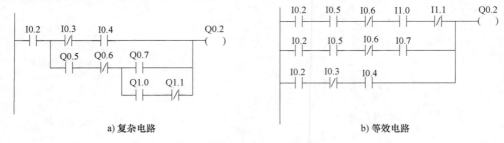

图 6-39　并联触点多的电路块应靠近左母线

③ 触点不能放在线圈的右边。

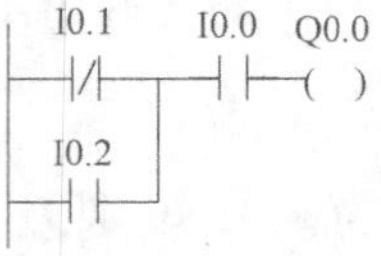

④ 对于复杂的电路，用 ALD、OLD 等指令难以编程时，可重复使用一些触点画出其等效电路，然后再进行编程，如图 6-40 所示。

a) 复杂电路　　　　　　　　　　　　　　　b) 等效电路

图 6-40　复杂电路的处理

7）关于输入线圈的问题：

① 在 PLC 中，输入继电器通过端子与输入开关相连，一个输入继电器线圈只能连接一个输入开关，但继电器触点可无限引用，即可提供无数个常开、常闭触点供梯形图编程使用。

② 输入继电器接收外部开关或传感器的信号，即输入继电器线圈只能由外部输入信号驱动。因此，梯形图中只出现输入继电器的触点，而不出现输入继电器的线圈。

③ 梯形图中的常开、常闭控制触点的状态，都是相对输入继电器线圈不通电时的状态而言的，一旦输入继电器线圈通电，则梯形图中相应的控制触点动作，常开触点闭合，常闭触点断开。

④ 由于 PLC 仅能识别输入继电器线圈的接通与断开，而无法识别外部输入设备是常开触点还是常闭触点，所以在梯形图中，当用到某一输入信号时，是使用输入继电器的常开触点，还是常闭触点，应由控制要求来决定。

8）关于输出线圈的问题：

① 同一操作数的输出线圈在一个程序中一般只使用一次。

② 多次使用同一个输出线圈时称为双线圈输出。不同 PLC 对双线圈输出的处理不同。有些 PLC 将其视为语法错误，有些 PLC 以最后一次输出为准（S7-200 系列），有些 PLC 在限定指令中可以使用。因此，编程中要尽量避免双线圈输出。

6.3　西门子 S7-200 系列 PLC 的功能指令及应用

PLC 的功能指令又称应用指令，它是在基本指令的基础上，PLC 厂商为满足用户不断提出的特殊控制要求而开发的一类指令。功能指令的丰富程度以及使用的方便程度是衡量

PLC 性能的一个重要指标。S7-200 系列 PLC 的功能指令主要分为运算指令、数据处理指令、表功能指令、转换指令、程序控制指令和特殊指令六大类。本节仅对西门子常用的运算指令进行简单介绍。

运算指令的出现使得 PLC 不再局限于位操作，而是具有了越来越强的运算能力，扩大了 PLC 的应用范围，使得 PLC 具有了更强的竞争力。运算指令包括算术运算指令和逻辑运算指令。

算术运算指令可细分为四则运算指令（加、减、乘、除）、增减指令和数学函数指令。算术运算指令的数据类型为整型（INT）、双整型（DINT）和实数型（REAL）。逻辑运算指令包括逻辑与、或、非、异或以及数据比较，逻辑运算指令的数据类型为字节型（BYTE）、字型（WORD）、双字型（DWORD）。

6.3.1　加指令

加指令符号见表 6-11。

表 6-11　加指令符号

类别	整数加指令	双整数加指令	实数加指令
符号	ADD_I EN　　ENO IN1 IN2　　OUT	ADD_DI EN　　ENO IN1 IN2　　OUT	ADD_R EN　　ENO IN1 IN2　　OUT

加指令主要执行数据相加的功能，即 IN1+IN2 = OUT。整数加指令将两个 16 位整数相加，并产生一个 16 位结果（OUT）；双整数加指令将两个 32 位整数相加，并产生一个 32 位结果（OUT）；实数加指令将两个 32 位实数相加，并产生一个 32 位实数结果（OUT）。

S7-200 系列 PLC 采用 3 个特殊内存位对计算的结果进行标识：SM1.0（零结果）、SM1.1（溢出）、SM1.2（负结果）。SM1.1 表示溢出错误和非法数值，如果设置 SM1.1，则 SM1.0 和 SM1.2 状态无效，原始输入操作数不变；如果未设置 SM1.1，则说明数学运算已完成，得出有效结果，而且 SM1.0 和 SM1.2 包含有效状态。当间接寻址或结果溢出时，ENO 输出为零。而 S7-300 系列 PLC 中则采用两个状态（OV 和 OS）来表示计算结果的准确性，一旦超过允许范围，则 OV 和 OS 置位，ENO 输出为零。

6.3.2　减指令

减指令符号见表 6-12。

表 6-12　减指令符号

类别	整数减指令	双整数减指令	实数减指令
符号	SUB_I EN　　ENO IN1 IN2　　OUT	SUB_DI EN　　ENO IN1 IN2　　OUT	SUB_R EN　　ENO IN1 IN2　　OUT

减指令主要执行数据相减的功能，即 IN1 − IN2 = OUT。整数减指令将两个 16 位整数相减，并产生一个 16 位结果（OUT）；双整数减指令将两个 32 位整数相减，并产生一个 32 位结果（OUT）；实数减指令将两个 32 位实数相减，并产生一个 32 位实数结果（OUT）。

S7-200 系列 PLC 中，同样采用 3 个特殊内存位对计算的结果进行标识：SM1.0（零结果）、SM1.1（溢出）、SM1.2（负结果）。

6.3.3 乘指令

乘指令符号见表 6-13。

表 6-13　乘指令符号

类别	整数乘指令	双整数乘指令	实数乘指令
符号	MUL_I EN　ENO IN1 IN2　OUT	MUL_DI EN　ENO IN1 IN2　OUT	MUL_R EN　ENO IN1 IN2　OUT

乘指令主要执行数据相乘的功能，即 IN1 * IN2 = OUT。整数乘指令将两个 16 位整数相乘，并产生一个 16 位结果（OUT）；双整数乘指令将两个 32 位整数相乘，并产生一个 32 位结果（OUT）；实数乘指令将两个 32 位实数相乘，并产生一个 32 位实数结果（OUT）。

S7-200 系列 PLC 同样采用 3 个特殊内存位对计算的结果进行标识：SM1.0（零结果）、SM1.1（溢出）、SM1.2（负结果）。

6.3.4 除指令

除指令符号见表 6-14。

表 6-14　除指令符号

类别	整数除指令	双整数除指令	实数除指令
符号	DIV_I EN　ENO IN1 IN2　OUT	DIV_DI EN　ENO IN1 IN2　OUT	DIV_R EN　ENO IN1 IN2　OUT

除指令主要执行数据相除的功能，即 IN1/IN2 = OUT。整数除指令将两个 16 位整数相除，并产生一个 16 位结果（OUT）；双整数除指令将两个 32 位整数相除，并产生一个 32 位结果（OUT）；实数除指令将两个 32 位实数相除，并产生一个 32 位实数结果（OUT）。

S7-200 系列 PLC 同样采用 3 个特殊内存位对计算的结果进行标识：SM1.0（零结果）、SM1.1（溢出）、SM1.2（负结果）。

6.3.5 整数乘法产生双整数指令及带余数的整数除法指令

整数乘法产生双整数指令（MUL）是将两个 16 位整数相乘，得到一个 32 位结果。在

STL 的乘指令中，OUT 的低 16 位被用作一个乘数。带余数的整数除法指令（DIV）是将两个 16 位整数相除，得到一个 32 位结果，其中 16 位为余数（高 16 位字节），另外 16 位为商（低 16 位字节）。

这组指令是 S7-200 系列 PLC 中特有的算术指令。整数乘法产生双整数指令（MUL）中同样采用 3 个特殊内存位对计算的结果进行标识：SM1.0（零结果）、SM1.1（溢出）、SM1.2（负结果）。

带余数的整数除法指令（DIV）采用 4 个特殊内存位对计算的结果进行标识：SM1.0（零结果）、SM1.1（溢出）、SM1.2（负结果）和 SM1.3（被零除）。SM1.1 表示溢出错误和非法数值，如果设置 SM1.1，则 SM1.0 和 SM1.2 状态不再有效，且原始输入操作数不会发生变化；如果 SM1.1 和 SM1.3 没有置位，那么数字运算产生一个有效的结果，同时 SM1.0 和 SM1.2 有效。当间接寻址或结果溢出、或被零除时，ENO 输出为零。

MUL、DIV 指令使用示例如图 6-41 所示。

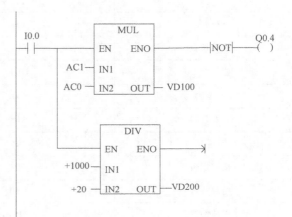

图 6-41　MUL、DIV 指令使用示例

6.3.6　数学函数指令

数学函数指令符号及功能见表 6-15。

表 6-15　数学函数指令符号及功能

类别	二次方根	正弦	余弦	正切	自然对数	自然指数
符号	SQRT EN ENO IN OUT	SIN EN ENO IN OUT	COS EN ENO IN OUT	TAN EN ENO IN OUT	LN EN ENO IN OUT	EXP EN ENO IN OUT
功能	对 32 位实数（IN）开二次方根，并得出一个 32 位实数结果（OUT）	对角度值（IN）进行三角运算，并将结果置于 OUT 中（输入角以弧度为单位）			对 IN 中的数值进行自然对数计数，并将结果置于 OUT 中	进行 e 的 IN 次方指数计算，并将结果置于 OUT 中
ENO＝0 条件	0006（间接地址）、SM1.1（溢出）					
特殊内存位	SM1.0（零结果）、SM1.1（溢出）、SM1.2（负结果）					

6.4　西门子与三菱的 PLC 基本指令语句形式比较

为了更好地学习和使用 PLC，表 6-16 列出了使用较广的两种 PLC（西门子与三菱 PLC）的常用基本指令，以供参考。

由表 6-16 中可以看出，无论哪种 PLC，其基本指令所执行的内容不仅基本相同，指令助记符的形式也相同或类似，其实它们的功能指令也有很大的相同之处。究其根源，这是因为 PLC 一般是在微机或单片机的基础上开发的成熟型产品，继承了微机或单片机汇编语言的特征。

表 6-16　西门子与三菱 PLC 常用基本指令语句对比表

指令名称	PLC 型号	
	三菱 FX 系列	西门子 S7 系列
取指令	LD	LD
取反指令	LDI	LDN
输出指令	OUT	=
与逻辑	AND	A
与非逻辑	ANI	AN
或逻辑	OR	O
或非逻辑	ORI	ON
电路块与	ANB	ALD
电路块或	ORB	OLD
堆栈指令	MPS/MRD/MPP	LPS/LRD/LPP
置位/复位	SET/RST	S/R
取反	INV	NOT
空操作	NOP	NOP
主程序结束	FEND	MEND
结束指令	END	END
移位寄存器	SFTR/SFTL	SHRB/SHLB
子程序调用	CALL	CALL
子程序返回	SRET	RET

在每种型号 PLC 的编程软件中，如西门子的 STEP7 Micro/WIN V3.2 和 STEP7 V5.4、三菱公司的 GX Developer ver8.3 等，都有梯形图和指令表直接转换功能，其中有的软件还可以实现梯形图、指令表、功能块图和顺序功能图等编程语言之间的直接转换。

6.5　西门子 S7-200 系列 PLC 基本指令应用实例

6.5.1　三相笼型异步电动机点动控制和自锁控制

控制要求：在图 6-42 所示控制面板上实现三相笼型异步电动机点动控制和自锁控制。

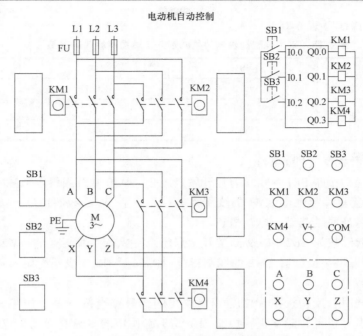

图 6-42　电动机自动控制图

1. 输入输出接线 （表 6-17）

表 6-17　三相笼型异步电动机点动控制和自锁控制输入输出接线表

输入	SB1	SB2	SB3
	I0. 0	I0. 1	I0. 2
输出	KM1	KM4	
	Q0. 0	Q0. 3	

2. 梯形图参考程序 （图 6-43）

点动控制：

起动：按下起动按钮 SB1→I0.0 的常开触点闭合→Q0.3 线圈得电→接触器 KM4 的线圈得电→0.1s 后 Q0.0 线圈得电→接触器 KM1 的线圈得电→电动机星形联结起动。每按动 SB1 一次→电动机运转一次。

自锁控制：

起动：按下起动按钮 SB2→I0.1 的常开触点闭合→Q0.3 线圈得电→接触器 KM4 的线圈得电→0.1s 后 Q0.0 线圈得电→接触器 KM1 的线圈得电→电动机星形联结起动。只有按下停止按钮 SB3，电动机才停止运转。

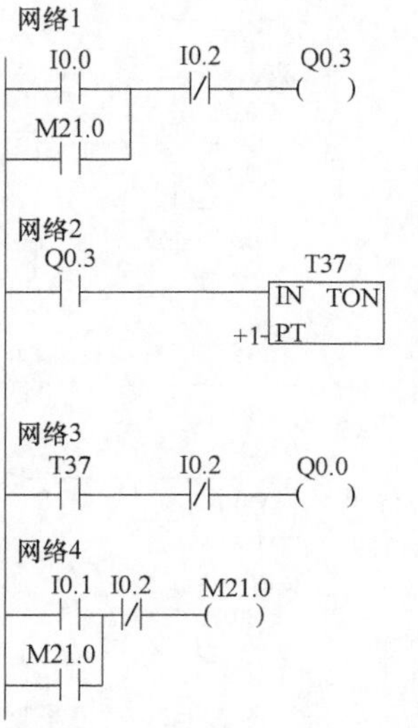

6.5.2　三相笼型异步电动机联锁正反转控制

控制要求：在图 6-42 所示的控制面板上实现三相笼型异步电动机联锁正反转控制。

图 6-43　三相笼型异步电动机
点动控制和自锁控制梯形图

165

1. 输入输出接线（表 6-18）

表 6-18　三相笼型异步电动机联锁正反转控制输入输出接线表

输入	SB1	SB2	SB3
	I0. 0	I0. 1	I0. 2
输出	KM1	KM2	KM4
	Q0. 0	Q0. 1	Q0. 3

2. 梯形图参考程序（图 6-44）

正转：按下起动按钮 SB1→I0.0 的常开触点闭合→M20.0 线圈得电→M20.0 的常开触点闭合→Q0.0 线圈得电→接触器 KM1 的线圈得电→0.5s 后 Q0.3 线圈得电→接触器 KM4 的线圈得电→电动机星形联结起动→电动机正转。

反转：按下起动按钮 SB2→I0.2 的常开触点闭合→M20.1 线圈得电→M20.1 的常开触点闭合→Q0.1 线圈得电→接触器 KM2 的线圈得电→0.5s 后 Q0.3 线圈得电→电动机星形联结起动→电动机反转。

在电动机正转时，反转按钮 SB2 是不起作用的，只有当按下停止按钮 SB3 时，电动机才停止工作；在电动机反转时，正转按钮 SB1 是不起作用的，只有当按下停止按钮 SB3 时，电动机才停止工作。

6.5.3　天塔之光模拟控制

天塔之光模拟控制示意图如图 6-45 所示。

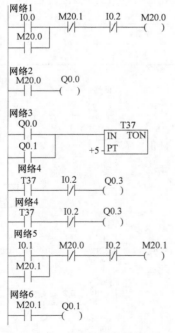

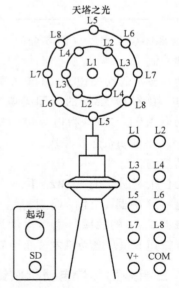

图 6-44　三相笼型异步电
动机联锁正反转控制梯形图

图 6-45　天塔之光模拟控制示意图

控制要求：合上起动开关后，按以下循环规律显示：L1→L1、L2→L1、L3→L1、L4→L1、L2→L1、L2、L3、L4→L1、L8→L1、L7→L1、L6→L1、L5→L1、L8→L1、L5、L6、L7、L8→L1→L1、L2、L3、L4→L1、L2、L3、L4、L5、L6、L7、L8→L1…。断开启动开关，程序停止运行。

1. 输入输出接线（表6-19）

表6-19　天塔之光输入输出接线表

输入	SD	输出	L1	L2	L3	L4	L5	L6	L7	L8
	I0.0		Q0.0	Q0.1	Q0.2	Q0.3	Q0.4	Q0.5	Q0.6	Q0.7

2. 梯形图参考程序（图6-46）

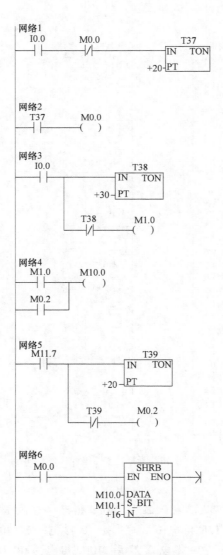

图6-46　天塔之光梯形图

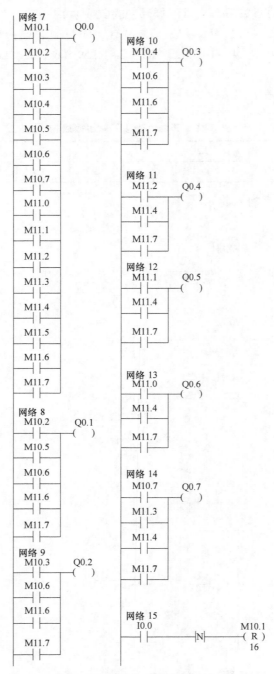

图 6-46 天塔之光梯形图（续）

工作流程：

I0.0 启动后 T37 得电→T37 得电 0.2s 后 M0.0 得电→移位寄存器工作。

I0.0 启动后 T38 得电，T38 得电 0.3s 后 M1.0 得电→M1.0 或 M0.2 得电后 M10.0 得电→M11.7 得电后 T39 得电→T39 得电 0.2s 后 M0.2 得电→M0.0 得电→移位寄存器工作。

M10.1、M10.2、M10.3、M10.4、M10.5、M10.6、M10.7、M11.0、M11.1、M11.2、M11.3、M11.4、M11.5、M11.6、M11.7中任意一个得电→Q0.0得电。

M10.2、M10.5、M10.6、M11.6、M11.7中任意一个得电→Q0.1得电。

M10.3、M10.6、M11.6、M11.7中任意一个得电→Q0.2得电。

M10.4、M10.6、M11.6、M11.7中任意一个得电→Q0.3得电。

M11.2、M11.4、M11.7中任意一个得电→Q0.4得电。

M11.1、M11.4、M11.7中任意一个得电→Q0.5得电。

M11.0、M11.4、M11.7中任意一个得电→Q0.6得电。

M10.7、M11.3、M11.4、M11.7中任意一个得电→Q0.7得电→I0.0得电后产生下降沿→M10.1开始复位。

6.5.4　十字路口交通信号灯控制

通过PLC控制图6-47中的交通信号灯完成下列操作：信号灯受一个起动开关控制，当起动开关接通时，信号灯系统开始工作，且先南北红灯亮、东西绿灯亮；当起动开关断开时，所有信号灯都熄灭。工作时，南北红灯亮维持25s，在南北红灯亮的同时东西绿灯也亮，并维持20s；到20s时，东西绿灯闪亮，闪亮3s后熄灭，紧接着东西黄灯亮，并维持2s。到2s时，东西黄灯熄灭，东西红灯亮并维持30s，同时南北红灯熄灭；南北绿灯亮并维持25s，然后闪亮3s后熄灭，同时南北黄灯亮，维持2s后熄灭。到2s后，南北红灯亮、东西绿灯亮，周而复始。

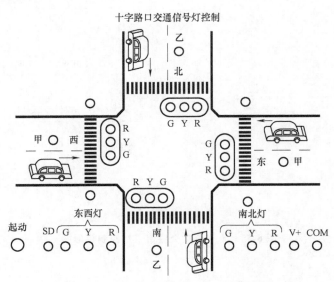

图 6-47　十字路口交通信号灯控制示意图

1. 输入输出接线（表 6-20）

表 6-20　十字路口交通信号灯控制接线表

输入	SD	南北输出	R	Y	G	东西输出	R	Y	G
	I0.0		Q0.2	Q0.1	Q0.0		Q0.5	Q0.4	Q0.3

2. 梯形图参考程序（图 6-48）

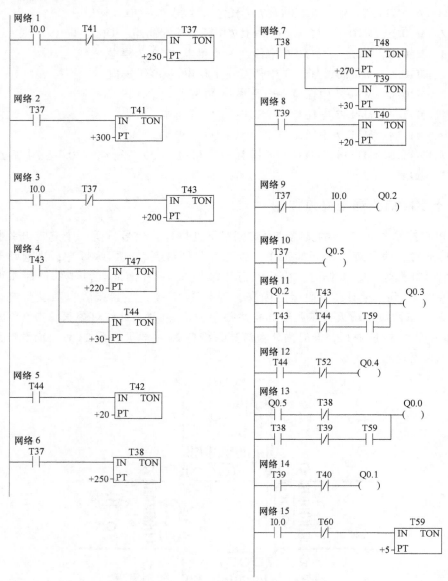

图 6-48　十字路口交通信号灯控制梯形图

工作流程：

南北方向和东西方向信号灯的关系：南北红灯亮（灭）的时间等于东西红灯灭（亮）的时间，南北红灯亮 25s（T37 计时）后，东西红灯亮 30s（T41 计时）。

东西方向信号灯的关系：东西红灯亮 30s 后熄灭（T41 复位）→东西绿灯亮 20s（T43 计时）后→东西绿灯闪光 3s（T44 计时）后熄灭→东西黄灯亮 2s（T42 计时）。

南北方向信号灯的关系：南北红灯亮 25s（T37 计时）后熄灭→南北绿灯亮 25s（T38 计时）后→南北绿灯闪光 3s（T39 计时）后熄灭→南北黄灯亮 2s（T40 计时）。

本 章 小 结

本章从应用的角度出发，针对 PLC 进行了详细的讲解，主要讲解了西门子 S7-200 系列 PLC 及其编程方法。

学习目的：了解和掌握西门子 S7-200 的基础编程指令，并能够使用基础编程指令进行简单的编程。PLC 的基本指令是用得最多、最频繁的指令，要熟练掌握基本指令的用法，掌握梯形图与指令表的互换，能根据梯形图程序以及输入波形画输出波形图。

习   题

6-1 比较 PLC 控制与继电器控制的优缺点？

6-2 PLC 有哪些编程语言？

6-3 画出下列各程序对应的梯形图。

程序一：	LD	I0.0	程序二：	LD	I0.0
	A	T40		A	M0.0
	=	Q0.0		LD	I0.1
	LD	Q0.0		AN	M0.1
	AN	I0.2		OLD	
	=	M0.0		LDN	I0.2
	A	T101		A	M0.2
	=	Q0.1		OLD	
	AN	M0.1		A	M0.3
	=	Q0.2		=	Q0.0

6-4 试用 PLC 实现两台电动机顺起逆停（顺序起动、逆序停止）的控制电路：第一台电动机运行后，5s 后第二台电动机开始运行；第二台电动机停止运行后，10s 后第一台电动机停止运行。画出梯形图并写出指令表。

6-5 试用 PLC 实现三相异步电动机的星形-三角形减压起动。画出控制程序的梯形图，并写出指令表。

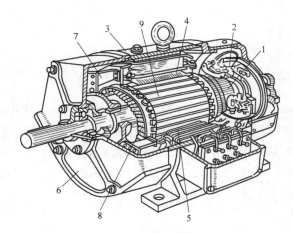（章节标题区）

第7章

直流调速控制系统

电动机分为直流电动机和交流电动机两大类，直流电动机虽不像交流电动机那样结构简单、制造容易、维护方便、运行可靠，但由于交流电动机的调速问题长期未能得到较好的解决，所以在过去一段时间内，直流电动机表现出交流电动机所不能比拟的良好的起动性能和调速性能。目前，由于晶闸管等整流设备的大量使用，直流发电机已逐步被取代。但从电源的质量与可靠性来说，直流发电机优点明显，现仍有一定的应用范围。本章主要介绍直流电机（电动机和发电机）的基本结构和工作原理、调速特性及调速系统。

7.1 直流电机的基本结构和工作原理

7.1.1 直流电机的基本结构

直流电动机的结构包括定子和转子两个部分。定子和转子之间由空气间隙分开。定子又称磁极，它的作用是产生主磁场和在机械上支撑电动机，由主磁极、换向极、机座、端盖和轴承等组成，电刷由电刷座固定在定子上。转子又称电枢，它的作用是产生感应电动势及机械转矩，以实现能量的转换，由电枢铁心、电枢绕组、换向器、轴、风扇等组成。图 7-1 所示为直流电动机的基本结构，图 7-2 所示为二极直流电动机的剖面图。

图 7-1 直流电动机的基本结构

1—换向器 2—电刷装置 3—机座 4—主磁极
5—换向极 6—端盖 7—风扇 8—电枢绕组 9—电枢铁心

（1）主磁极 主磁极包括主磁极铁心和套在上面的励磁绕组，其主要任务是产生主磁场。磁极下面扩大部分称为极靴，它的作用是使通过空气间隙的磁通部分最为合适，并使励磁绕组能牢固地固定在铁心上。磁极是磁路的一部分，采用 1.0～1.5mm 的硅钢片叠压而成，励磁绕组用绝缘铜线绕成。

（2）换向极　换向极用来改善电枢电流的换向性能。它也由铁心和绕组构成，用螺杆固定在定子的两个主磁极之间。

（3）机座　一方面，机座用来固定主磁极、换向极和端盖等部件，并作为整个电动机的支架，用地脚螺栓将电动机固定在机座上；另一方面，它是电动机磁路的一部分，故用铸钢或钢板压成。

（4）电枢铁心　电枢铁心是主磁通通路的一部分，用硅钢片叠成，呈圆柱形，表面冲有槽，槽内嵌有电枢绕组。为了加强铁心的冷却，电枢铁心上有轴向通风孔。

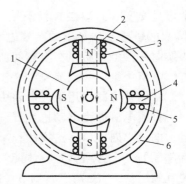

图7-2　二极直流电动机的剖面图
1—电枢　2—主磁极　3—励磁绕组
4—换向极　5—换向极绕组　6—机座

（5）电枢绕组　电枢绕组是直流电动机产生感应电势及电磁转矩以实现能量转换的关键部分。绕组一般由铜线绕成，包上绝缘层后嵌放到电枢铁心的槽中。为了防止离心力将绕组甩出槽外，用槽楔将绕组楔在槽内。

（6）换向器　对发电机而言，换向器的作用是将电枢绕组内感应的交流电动势转换成电刷间的直流电动势；对电动机而言，换向器的作用则是将外加的直流转换为电枢绕组的交流电流，并保证每一磁极下的电枢导体的电流方向不变，以产生恒定的电磁转矩。换向器由很多彼此绝缘的铜片组合而成，这些铜片称为换向片，每个换向片都和电枢绕组连接。

（7）电刷装置　电刷装置包括电刷弹簧及电刷座，其被固定在定子上，电刷与换向器之间保持滑动接触，以便将电枢绕组和外电路接通。

7.1.2　直流电机的工作原理

任何电机的工作原理都建立在电磁力和电磁感应的基础上，直流电机也是如此。

将复杂的直流发电机和直流电动机转化为图7-3和图7-4所示的简单结构。发电机具有一对磁极，电枢绕组只有一个线圈，线圈两端分别连在两个换向片上，换向片上压有电刷A和电刷B。

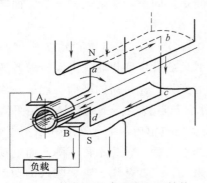

图7-3　简化后的直流发电机结构

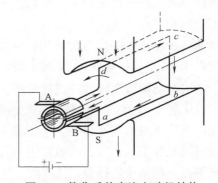

图7-4　简化后的直流电动机结构

直流电机作为发电机运行（图7-3）时，电枢由原动机驱动而在磁场中旋转，在电枢绕组的两条有效边（切割磁力线的导体部分）中便感应出电动势 e。显然，每条有效边中的电动势是交变的，即在 N 极下是一个方向，当它转到 S 极上时是另一个方向。但是，由于电刷 A 总是同与 N 极下的有效边相连的换向片接触，而电刷 B 总是同与 S 极上的有效边相连的换向片接触，所以在电刷间就出现了一个极性不变的电动势或电压。换向器的作用是将发电机电枢绕组内的交流电动势变换成电刷之间的极性不变的电动势，当电刷之间接有负载时，在电动势的作用下，电路中就产生一定方向的电流。

直流电机作为电动机运行（图 7-4）时，将直流电源接在电刷之间而使电流通入电枢绕组。电流方向应该是这样的；N 极下有效边中的电流总是一个方向，而 S 极上有效边中的电流总是另一个方向，这样才能使两条边受到的电磁力的方向相反，电枢因此而转动。当绕组的有效边从 N（S）极转到 S（N）极时，其中电流的方向必须同时改变，以使电磁力的方向不变，而这也必须通过换向器才能实现；另外，当电枢绕组在磁场中转动时，绕组中也要产生感应电动势 e，这个电动势的方向（由右手定则确定）与电流或外加电压的方向总是相反的，所以称之为反电动势（它与发电机中电动势的作用是不同的）。

直流电机电刷间的电动势常表示为

$$E = K_e \Phi n \tag{7-1}$$

式中，E 为电动势（V）；Φ 为一对磁极的磁通（Wb）；n 为电枢转速（r/min）；K_e 为与电机结构相关的常数。

直流电机电枢绕组中的电流与磁通 Φ 相互作用，产生电磁力和电磁转矩。直流电机的电磁转矩常表示为

$$T = K_t \Phi I_a \tag{7-2}$$

式中，T 为电磁转矩（N·m）；Φ 为一对磁极的磁通（Wb）；I_a 为电枢电流（A）；K_t 为与电机结构有关的常数，$K_t = 9.55 K_e$。

直流发电机和直流电动机的电磁转矩不同。发电机的电磁转矩是阻转矩，它与电枢转动的方向或原动机驱动转矩的方向相反，这在图 7-3 中应用左手定则就可以看出。因此，在等速转动的情况下，原动机的转矩 T_1 必须与发电机的电磁转矩 T 及空载损耗转矩 T_0 相平衡。当发电机的负载（即电枢电流）增大时，电磁转矩和输出功率也随之增大，这时原动机的驱动转矩和所供给的机械功率必须相应增大，以保持转矩之间及功率之间的平衡，而转速基本上不变。

电动机的电磁转矩是驱动转矩，它使电枢转动，因此电动机的电磁转矩 T 必须与机械负载转矩 T_L 及空载损耗转矩 T_0 相平衡。当轴上的机械负载发生变化时，电动机的转速、电动势、电流及电磁转矩将自动进行调整，以适应负载的变化，保持新的平衡。比如，当负载增大即（阻转矩增大）时，电动机的电磁转矩便暂时小于阻转矩，所以转速开始下降。随着转速的下降，当磁通 Φ 不变时，反电动势 E 必减小，而电枢电流 $I_a = (U - E)/R_a$ 增大，于是电磁转矩随着增大，直到电磁转矩与阻转矩达到新的平衡后，转速不再下降。而电动机以较原来更低的转速稳定运行，这时的电枢电流已比原来大，也就是说，电源输入的功率增加了（电源电压保持不变）。

从以上分析可知，直流电机作发电机运行和作电动机运行时，虽然都产生电动势 E 和电磁转矩 T，但二者的作用正好相反，见表 7-1。

表 7-1　直流电机在不同运行方式下 *E* 和 *T* 的作用

电机运行方式	E 与 I_a 的方向	E 的作用	T 的性质	转矩之间的关系
发电机	相同	电源电动势	阻转矩	$T_1 = T + T_0$
电动机	相反	反电动势	驱动转矩	$T = T_L + T_0$

7.2　直流电动机的调速特性

电动机的调速，就是在一定的负载条件下，人为地改变电动机的电路参数，以改变电动机稳定转速的一种技术。如图 7-5 所示，特性曲线 1 与特性曲线 2。在负载转矩一定时，电动机工作在特性曲线 1 上的点 *A*，以 n_A 转速稳定运行；若人为地增大电枢电路的电阻，则电动机将降速至特性曲线 2 上的 *B* 点，以 n_B 转速稳定运行。这种转速的变化是人为改变（或调节）电枢电路的电阻造成的，故称为调速或速度调节。

注意，速度调节与速度变化是两个完全不同的概念。所谓速度变化，是指由于电动机负载转矩发生变化（增大或减小）而引起的电动机转速变化（下降或上升），如图 7-6 所示。当负载转矩由 T_1 增加到 T_2 时，电动机的转速由 n_A 降低到 n_B，它沿某一条特性曲线发生转速变化。总之，速度变化是在某条特性曲线下，由于负载改变而引起的；而速度调节则是在某一特定的负载下，靠人为改变特性而得到的。

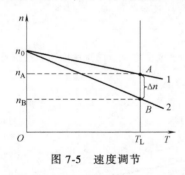

图 7-5　速度调节

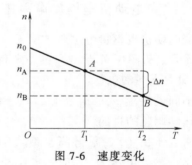

图 7-6　速度变化

电动机应根据生产机械的要求调速，例如，根据工件尺寸、材料性质、切削用量、刀具特性、加工精度等的不同，金属切削机床需要选用不同的切削速度，以保证产品质量和提高生产效率；电梯或其他要求稳定运行或准确制动的机械，要求在起动和制动时速度要慢或制动前降低运转速度，以实现准确制动。实现生产机械的调速，可以采用机械的、液压的或电动的方法。有关电力传动调速系统的共性问题和直流调速系统的详细分析将在接下来讨论。下面仅就将他励直流电动机的调速方法做一般性介绍。

他励直流电动机的特性方程式为

$$n = \frac{U}{K_e \Phi} - \frac{R_a + R_{ad}}{K_e K_t \Phi^2} T \tag{7-3}$$

由式（7-3）可知，改变串入电枢回路的电阻 R_{ad}、R_a，电枢供电电压 U 或主磁通 Φ，都可以得到不同的特性，从而在负载不变时改变电动机的转速，达到速度调节的要求。直流电动机的调速方法有改变电枢电路串联电阻、改变电动机电枢供电电压、改变电动机主磁通三种。

7.2.1 改变电枢电路串联电阻

图 7-7 所示为改变电枢电路串联电阻调速的特性，从图中可看出，在一定的负载转矩 T_L 下，串联不同的电阻可以得到不同的转速，如在电阻分别为 R_N、R_3'、R_2'、R_1' 的情况下，可以得到对应于点 A、C、D、E 的转速 n_A、n_C、n_D、n_E。在不考虑电枢电路的电感时，电动机调速时的变化过程（如降低转速）沿图中 $A{\to}B{\to}C$ 的方向进行，即从稳定转速 n_A 调至新的稳定转速 n_C。这种调速方法存在如下缺点：

1）特性较软，电阻越大则特性越软，稳定度越低。

2）在空载或轻载时调速范围不大。

3）实现无级调速困难。

4）在调速电阻上消耗大量电能等。值得特别注意的是，起动电阻不能作调速电阻用，否则将被烧坏。

正因为缺点很多，所以这种调速方法目前已很少采用，仅在某些起重机、卷扬机等低速运转时间不长的传动系统中采用。

7.2.2 改变电动机电枢供电电压

改变电动机电枢供电电压 U 得到的特性如图 7-8 所示，从图中可看出，在一定负载转矩 T_L 下，加上不同的电压 U_N、U_1、U_2、U_3，可以得到不同的转速 n_A、n_B、n_C、n_D，即改变电枢电压可以达到调速的目的。

现以电压由 U_1 突然升高至 U_N 为例，说明其升速的变化过程。电压为 U_1 时，电动机工作在 U_1 特性的点 B，稳定转速为 n_B，当电压突然上升为 U_N 的一瞬间，由于系统惯性的作用，转速 n 不能突变，相应的反电动势 $E = K_e\Phi n$ 也不能突变，仍为 n_B 和 E_B。在不考虑电枢电路的电感时，电枢电流将随 U 的突然上升由 $I_L = \dfrac{U_1 - E_B}{R_a}$ 突然增加至 $I_G = \dfrac{U_N - E_B}{R_a}$，则电动机电磁转矩也由 $T = T_L = K_t\Phi I_L$ 突然增加至 $T' = T_G = K_t\Phi I_G$，即在 U 突增的一瞬间，电动机的工作点由 U_1

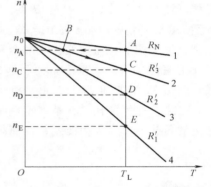

图 7-7 改变电枢电路串联电阻调速的特性

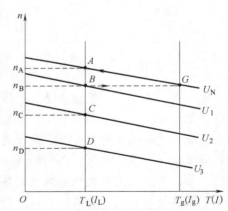

图 7-8 改变电枢供电电压调速的特性

特性的点 B 过渡到 U_N 特性的点 G。由于 $T_G > T_L$，所以系统开始加速，反电动势 E 也随转速 n 的上升而增大，电枢电流则逐渐减小，电动机转矩相应减小，电动机工作点将沿 U_N 特性由点 G 向点 A 移动，直到 $n = n_A$ 时 T 又下降到 $T = T_L$，此时电动机在一个新的稳定转速 n_A 下工作。

调压调速过程中，由于 $\Phi = \Phi_N = $ 常数，所以当 T_L 为常数时，稳定运行状态下的电枢电流 I_a 也是一个常数，而与电枢电压 U 的大小无关。

这种调速方法的特点如下：

1）当电源电压连续变化时，转速可以平滑无级调节，一般只能在稳定转速的情况下进行调节。

2）调速特性与固有特性相互平行，特性硬度不变，调速的稳定度较高，调速范围较大。

3）调速时，因电枢电流与电压 U 无关，且 $\Phi=\Phi_N$，故电动机电磁转矩 $T=K_t\Phi I_a$ 不变，属于恒转矩调速，适用于对恒转矩负载进行调速。

4）可以靠调节电枢电压而不用起动设备来起动电动机。

7.2.3　改变电动机主磁通

改变电动机主磁通 Φ 的特性曲线如图7-9所示，从特性曲线可以看出，在一定的负载功率 P_L 下，不同的主磁通 Φ_N、Φ_1、Φ_2 可以得到不同的转速 n_A、n_B、n_C，即改变主磁通 Φ 可以达到调速的目的。

在不考虑励磁电路的电感时，电动机调速时的变化过程如图7-9所示。降速时沿 $C{\rightarrow}D{\rightarrow}B$ 进行，即从稳定转速 n_C 降至稳定转速 n_B；升速时沿 $B{\rightarrow}E{\rightarrow}C$ 进行，即从 n_B 升至 n_C。这种调速方法的特点如下：

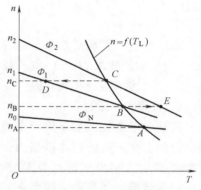

图 7-9　改变电动机主磁通调速的特性

1）可以平滑无级调速，但只能弱磁调速，即在额定转速以上调节。

2）调速特性较软，且受电动机换向条件等的限制，普通他励电动机的最高转速不得超过额定转速的1.5倍，所以调速范围不大。若使用的特殊制造的"调速电动机"，调速范围可以增大，但这种调速电动机的体积和所消耗的材料量都比普通电动机大得多。

3）调速时维持电枢电压 U 和电枢电流 I_a 不变，即功率 $P=UI_a$ 不变，属于恒功率调速，所以它适用于对恒功率型负载进行调速。在这种情况下，电动机的电磁转矩 $T=K_t\Phi I_a$ 随主磁通 Φ 的减小而减小。

由于弱磁通调速范围不大，故它往往和调压调速配合使用，即在额定转速以下，用降压调速，而在额定转速以上，则用弱磁调速。

7.3　调速系统的主要技术参数

调速系统方案主要是根据生产机械对调速系统提出的调速技术指标来选择的。技术指标有静态指标和动态指标两种。

7.3.1　静态技术指标

1. 静差率 S

静差率是指理想空载运转到额定负载时的转速下降量（静态降速）Δn_N 与理想空载转速 n_0 的比值，记为 S，可用下式表示：

$$S=\frac{n_0-n_N}{n_0}=\frac{\Delta n_N}{n_0} \tag{7-4}$$

静差率表示生产机械运行时转速稳定的程度。当负载发生变化时，生产机械转速的变化要能维持在一定范围之内，即要求静差率 S 小于一个定值。

不同的生产机械对静差率的要求不同，例如，一般设备要求 $S \leqslant 50\%$，普通车床要求 $S \leqslant 30\%$，龙门刨床要求 $S \leqslant 5\%$，冷轧机要求 $S \leqslant 2\%$，热轧机要求 $S \leqslant 0.5\%$，精度要求高的造纸机要求 $S \leqslant 0.1\%$ 等。

2. 调速范围

生产机械要求的转速调节的最大范围称为调速范围，用 D 表示，即

$$D = \frac{n_{\max}}{n_{\min}} = \frac{v_{\max}}{v_{\min}} \tag{7-5}$$

不同的生产机械所要求的调速范围各不相同，当静差率为定值时，车床要求 $D = 20 \sim 120$，龙门刨床要求 $D = 20 \sim 40$，钻床要求 $D = 2 \sim 12$，铣床要求 $D = 20 \sim 30$，轧钢机要求 $D = 3 \sim 15$，造纸机要求 $D = 10 \sim 20$，机床的进给机构要求 $D = 5 \sim 30000$ 等。

3. 调速的平滑性

调速的平滑性通常是用两个相邻调速级的转速差来衡量的。在一定的调速范围内，得到稳定运行转速级数越多，调速的平滑性就越好。若级数趋于无穷大，表示转速连续可调，即无级调速。不同的生产机械对调速的平滑性要求也不同，有的采用有级调速即可，有的则要求无级调速。

对电动机而言，往往不能同时满足静差率小和调速范围大的要求。如直流电动机改变外加电枢电压调速时，高速和低速时的特性曲线如图 7-10 所示。

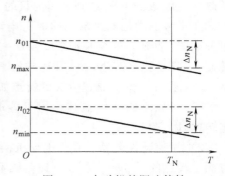

图 7-10　电动机的调速特性

由于低速下的静差率大于高速下的静差率，所以应取最低速度下的静差率为调速系统的静差率。现以改变直流电动机电枢外加电压调速为例，说明调速范围 D 与静差率 S 之间的关系。下式表示了最高速度、最低速度、静态降速和静差率四者之间的关系：

$$D = \frac{n_{\max}}{n_{\min}} = \frac{n_{\max}}{n_2 - \Delta n_N} = \frac{n_{\max}}{n_2\left(1 - \dfrac{\Delta n_e}{n_2}\right)} = \frac{n_{\max}S}{\Delta n_N(1-S)} \tag{7-6}$$

式中，最高速度 $n_{\max}$ 和静态降速 Δn_N 由系统中所用电动机的额定转速和结构决定。当这两个量确定后，如果要求静差率 S 小，则调速范围 D 必然小；如果要求调速范围 D 大，则静差率 S 必然大。调速系统往往可以解决这一矛盾，从而满足生产机械的要求。

7.3.2　动态技术指标

生产机械由电动机拖动，在调速过程中，从一种稳定速度变化到另一种稳定速度运转（起动、制动过程仅为特例）。由于存在电磁惯性和机械惯性，故过程不能瞬时完成，而需要持续一段时间，即要经过一段过渡过程才能完成，这个过程称为动态过程。实际上，生产机械对自动调速系统动态技术指标的要求除过渡过程时间外，还有超调量、振荡次数等。图 7-11 所示为以转速 n 为被调量，系统从 n_1 改变到 n_2 时的过渡过程。

1. 超调量

超调量 σ 定义为

$$\sigma = \frac{n_{\max} - n_2}{n_2} \times 100\% \qquad (7\text{-}7)$$

σ 太大，达不到生产工艺上的要求；σ 太小，则会使过渡过程过于缓慢，不利于生产率的提高。一般 σ 为 $10\% \sim 35\%$。

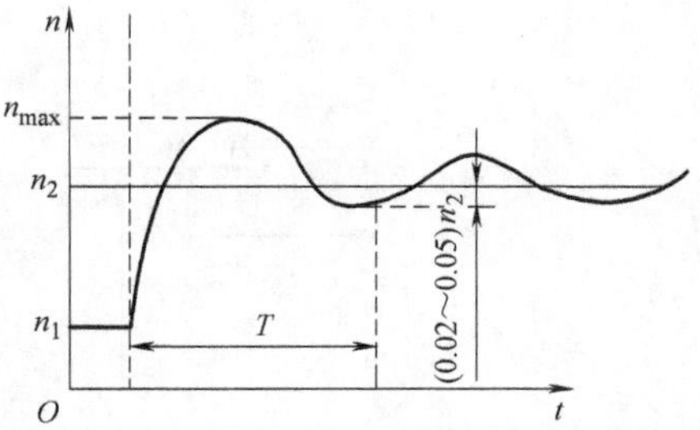

图 7-11　自动调速系统的动态特性

2. 过渡过程时间

从输入控制作用于系统开始，直到被调量 n 进入稳定值区间 $(0.02 \sim 0.05) n_2$ 时为止（并且以后不再超出这个范围），这段时间称为过渡过程时间。

3. 振荡次数

在过渡过程时间内，被调量 n 在其稳定值上下摆动的次数称为振荡次数。图 7-11 所示自动调速系统的动态特性振荡次数为 1 次。

7.4　有静差调速系统

7.4.1　闭环调速系统的组成及其静特性

开环调速系统只调节控制电压就可以改变电动机的转速。如果生产工艺对运行时的静差率要求不高，可以应用开环调速系统实现一定范围内的无级调速，但是，许多需要调速的生产机械常常对静差率有一定的要求。对于静差率要求比较高的生产工艺，开环调速系统往往不能满足要求。开环控制系统与闭环控制系统的比较见表 7-2。

表 7-2　开环控制系统与闭环控制系统的比较

	开环控制系统	闭环控制系统
定义	无输出反馈的控制系统	采用反馈原理将系统输出的全部或部分被负反馈到输入端
优点	简单、经济、容易维修、价格便宜	精度高、动态性能好、抗干扰能力强
缺点	精度低，对环境变化和干扰十分敏感	结构复杂、价格昂贵

根据自动控制原理，反馈控制的闭环系统是按被调量的偏差进行控制的系统，只要被调量出现偏差，它就会自动产生纠正偏差的作用。显然，调速系统引入转速反馈将使调速系统能够大大减小转速降。图 7-12 所示为一种带转速负反馈的闭环直流调速系统原理框图，图中 UPE 为变换器，目前其组成有如下几种形式：

1）对于中、小容量系统，多采用由绝缘栅双极型晶体管（IGBT）或电力 P-MOSFET 组成的 PWM 换向器。

2）对于较大容量的系统，可采用其他电力电子开关器件，如 GTO 晶闸管、IGCT。

3）对于特大容量的系统，则常用晶闸管触发与整流装置。

TG 为与电动机 M 同轴安装的一台测速发电机，从而引出与被调量转速成正比的负反馈电压 U_n。与给定电压 U_n^* 相比较后，得到转速偏差电压 ΔU_n，经调节器调节后产生 UPE 所

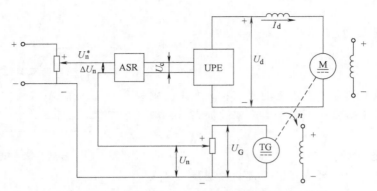

图 7-12　带转速负反馈的闭环直流调速系统原理框图

需要的控制电压 U_c，用以控制电动机的转速。ASR 调节器可分为比例（P）、比例微分（PD）、比例积分（PI）和比例积分微分（PID）四种类型。由 PD 调节器构成的超前校正，可提高系统的稳定裕度，并获得足够的快速性，但稳态精度可能受到影响。由 PI 调节器构成的滞后校正，虽可以保证稳态精度，却是以对快速性的限制来换取系统稳定性的。由 PID 调节器实现的滞后-超前校正则兼有二者的优点，可以全面提高系统的控制性能，但具体实现与调试要复杂一些。一般调速系统以要求动态稳定性和动态精度为主，对快速性要求可能会差一些，所以主要采用 PI 调节器。在随动系统中，快速性是主要要求，需用 PD 或 PID 调节器。

下面分析 P 调节器闭环调速系统的稳态性能，以证明闭环调速系统的变化规律。为突出主要矛盾，首先假定：

1）忽略各种非线性因素，假定系统中各环节的输入-输出关系是线性的，或者取其线性工作段。

2）忽略控制电源和电位器的内阻。

3）图 7-12 中调节器为放大器，且放大系数为 K_n。

则调速系统中各环节的稳态关系如下：

电压比较环节 $\hspace{4em}$ $\Delta U_n = U_n^* - U_n$ $\hspace{6em}$ (7-8)

放大器 $\hspace{8em}$ $U_c = K_P \Delta U_n$ $\hspace{7em}$ (7-9)

电子电力变换器 $\hspace{4.5em}$ $U_d = K_S U_c$ $\hspace{7em}$ (7-10)

调速系统开环特性 $\hspace{3em}$ $n = \dfrac{U_d - I_d R}{C_e}$ $\hspace{5em}$ (7-11)

测速反馈环节 $\hspace{5em}$ $U_n = \alpha n$ $\hspace{8em}$ (7-12)

式中，K_P 为放大器的电压放大系数；K_S 为 UPE 的电压放大系数；α 为转速反馈系数；U_d，I_d 为 UPE 理想空载输出电压，输出电流；C_e 为电动机的电动势系数。

整理后得

$$n = \frac{K_P K_S U_n^* - I_d R}{C_e(1 + K_P K_S \alpha / C_e)} = \frac{K_P K_S U_n^*}{C_e(1+K)} - \frac{I_d R}{C_e(1+K)} \hspace{3em} (7-13)$$

式中，K 为闭环系统的开环放大系数，$K = \dfrac{K_P K_S \alpha}{C_e}$。

式（7-13）表示的是闭环调速控制系统中电动机转速与负载电流间的稳态关系，即闭环调速系统的静特性。它在形式上与电动机的特性相似，但本质上却有很大的不同，故命名为"静特性"，以示区别。

7.4.2　闭环调速系统的优势

下面通过比较开环调速系统的特性和闭环调速系统的静特性，来分析闭环系统的优势。

如果断开反馈回路，则上述调速系统的开环特性为

$$n = \frac{U_d - I_d R}{C_e} = \frac{K_P K_S U_n^*}{C_e} - \frac{I_d R}{C_e} = n_{0op} - \Delta n_{op} \tag{7-14}$$

而闭环时的静特性为

$$n = \frac{K_P K_S U_n^*}{C_e(1+K)} - \frac{I_d R}{C_e(1+K)} = n_{0c1} - \Delta n_{c1} \tag{7-15}$$

式中，n_{0op}、n_{0c1} 分别为开环和闭环调速系统的理想空载转速；Δn_{op}、Δn_{c1} 分别为开环和闭环调速系统的稳态速降（转速降）。

比较式（7-14）和式（7-15），可以得出下列结论：

1）闭环调速系统静特性比开环调速系统特性硬得多。在同样的负载扰动下，开环调速系统和闭环调速系统的转速降分别为

$$\Delta n_{op} = \frac{I_d R}{C_e} \tag{7-16}$$

$$\Delta n_{c1} = \frac{I_d R}{C_e(1+K)} \tag{7-17}$$

它们的关系是

$$\Delta n_{c1} = \frac{\Delta n_{op}}{1+K} \tag{7-18}$$

显然，当 K 值比较大时，Δn_{c1} 比 Δn_{op} 小得多，也就是说，闭环调速系统的特性要硬得多。

2）闭环调速系统的静差率要比开环调速系统小得多。闭环调速系统和开环调速系统的静差率分别为

$$S_{c1} = \frac{\Delta n_{c1}}{n_{0c1}}, \ S_{op} = \frac{\Delta n_{op}}{n_{0op}} \tag{7-19}$$

按理想空载转速相同的情况比较，则 $n_{0op} = n_{0c1}$ 时，有

$$S_{c1} = \frac{S_{op}}{1+K} \tag{7-20}$$

3）如果所要求的静差率一定，则闭环调速系统可以提高调速范围。若电动机最高转速都是 n_N，而对最低转速静差率的要求相同，那么由 $D = \dfrac{n_N}{\Delta n_N(1-S)}$

开环时

$$D_{op} = \frac{n_N}{\Delta n_{op}(1-S)} \tag{7-21}$$

闭环时

$$D_{c1} = \frac{n_N S}{\Delta n_{c1}(1-S)} \tag{7-22}$$

得

$$D_{c1} = (1+K)D_{op} \tag{7-23}$$

闭环调速系统比开环调速系统有着更多的优越性，闭环调速系统可以获得比开环调速系统硬得多的稳态特性，从而在保证一定静差率的要求下，能够提高调速范围，为此所需付出的代价是必须增设电压放大器及检测与反馈装置。

上述三项优势的显现，需要 K 值足够大，即在闭环调速系统中设置放大器。例如，在上述速度反馈闭环系统中引入转速反馈电压 U_n 后，若要使转速偏差小，就必须把 $\Delta U_n = U_n^* - U_n$ 降得很低，所以必须设置放大器，这样才能获得足够大的控制电压 U_c。在开环调速系统中，由于 U_n^*、U_c 为同一数量级的电压，可以把 U_n^* 直接当作 U_c 来控制，放大器便是多余的了。

因此，闭环调速系统能够减小稳态速降，能使转速随着负载的变化而相应地改变电枢电压，以补偿电枢回路的电阻压降，从而达到自动调节的目的。

7.4.3　闭环调速系统的特征

转速反馈闭环调速系统是一种基本反馈控制系统，它具有下列三个基本特征：

1）只用比例放大器的反馈系统，其被调量仍是有静差的。因为闭环系统的稳态速降为

$$\Delta n_{c1} = \frac{I_d R}{C_e(1+K)} \tag{7-24}$$

所以，K 越大，系统的稳态性能越好。只有当 $K = \infty$ 时，才能使 $\Delta n_{c1} = 0$。但 K 又不可能为无穷大，所以稳态误差只能减小，却不能消除。这种只用比例放大器的调速系统为有静差调速系统。

2）抵抗扰动，服从给定。反馈控制系统具有良好的抗干扰性能，它能有效地抑制一切被负反馈环所包围的前向通道上的扰动作用，完全服从给定作用。也就是说，对于反馈外的给定作用，它的微小差别都会使被调量随之变化。对于被包围在负反馈环内前向通道上的扰动，如交流电源电压的波动、放大器输出电压的波动以及由温升引起的主电路电阻的增加等，都会得到很好的抑制。

3）如果给定电压的电源发生波动，反馈控制系统无法鉴别是对给定电压的正常调节还是不应有的电压波动。因此，高精度的调速系统必须有更高精度的给定稳压电源。

但是，反馈检测装置的误差是闭环控制系统无法克服的问题，而采用高精度光电编码盘的数字测速，可以大大提高调速系统的精度。

7.4.4　比例调节器突加负载的动态过程

在采用比例调节器的调速系统中，调节器的输出是变换器的控制电压 $U_c = K_p \Delta U_n$。只要电动机在运行，就必须有控制电压 U_c，因而也必须有转速偏差电压 ΔU_n，这是此类调速

系统有静差的根本原因。当负载转矩由 T_{L1} 突增到 T_{L2} 时，有静差调速系统的转速 n、偏差电压 ΔU_n 和控制电压 U_c 的动态过程曲线如图 7-13 所示。

由动态过程可知，在比例调节器的调速系统中，负载的突增会扰动电动机，使其转速下降，即 U_n 降低。根据 $\Delta U_n = U_n^* - U_n$，偏差电压 ΔU_n 跟随转速增加。控制电压 $U_c = K_P \Delta U_n$ 增加，从而使电动机转速升高，达到一个新的稳态。整个过程中，只要电动机运行就必须有控制电压 U_c，因而也必须有转速偏差电压 ΔU_n，只要偏差电压发生变化，就会影响比例调节器的输出，从而影响转速的变化。

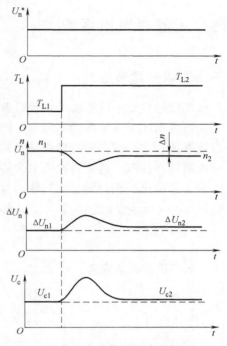

图 7-13　有静差调速系统突加负载的动态过程曲线

7.4.5　电流截止负反馈

对于转速闭环调速系统，如果突然加上给定电压，由于惯性，转速不可能立即建立起来，此时反馈电压为零，即 $\Delta U_n = U_n^*$，对电动机来说相当于全压起动。

直流电动机在全压起动时，如果没有限流措施，会产生很大的冲击电流，这对电动机换向及电子器件来说都是非常不利的。

另外，电动机在运行过程中可能会遇到堵转，由于堵转时 $\Delta U_n = U_n^*$，若无电流限制环节，电流将远远超过允许值。

为了解决闭环调速系统起动和堵转时电流过大的问题，系统采用了一种当电流大到一定程度时才出现的电流反馈，即电流截止负反馈，简称截流反馈。

这种反馈只在电动机起动和堵转时存在，在正常运行时被取消，可让电流自由地随着负载进行增减。图 7-14 所示分别为利用独立直流电源作为比较电压和利用稳压管产生比较电压来实现截流反馈的引入与切除。截流反馈信号取自串联在电动机电枢回路中的小电阻 R_s，故 $I_d R_s$ 正比于电流。

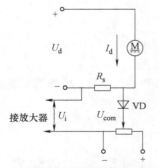

a) 利用独立直流电源作为比较电压

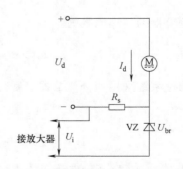

b) 利用稳压管产生比较电压

图 7-14　截流反馈

7.5　无静差调速系统

7.5.1　积分调节器

比例反馈控制系统在放大系数足够大时，就可以满足系统的稳定性要求，然而放大系数太大又可能引起闭环系统的不稳定，用比例积分调节器代替比例放大器后，可使系统稳定，并有足够的稳定裕度，同时还能满足稳态精度指标。PI 调节器的功能不仅如此，还可以进一步提高稳态性能，达到消除稳态偏差的效果。

为了弄清比例积分的控制规律，首先分析积分控制的作用。

图 7-15a 所示为由运算放大器构成的积分调节器的原理图，由图可知

$$U_{ex} = \frac{1}{C} \int i \mathrm{d}t = \frac{1}{R_0 C} \int U_{in} \mathrm{d}t = \frac{1}{\tau} \int U_{in} \mathrm{d}t \tag{7-25}$$

式中，τ 为积分时间常数，$\tau = R_0 C$。

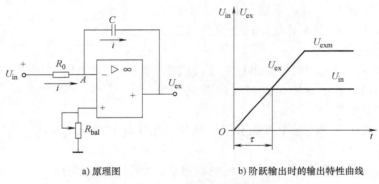

a) 原理图　　　　　　　　b) 阶跃输出时的输出特性曲线

图 7-15　积分调节器

当 U_{ex} 初始值为零时，在阶跃输入的作用下，对式（7-25）进行积分运算，得积分调节器的输出特征曲线，如图 7-14b 所示，即

$$U_{ex} = \frac{U_{in}}{\tau} t \tag{7-26}$$

因而积分调节器的传递函数为

$$W_i(s) = \frac{U_{ex}(s)}{U_{in}(s)} = \frac{1}{\tau s} \tag{7-27}$$

如果直流调速系统采用积分调节器，则变换器的控制电压 U_c 即为转速偏差电压 ΔU_n 的积分：

$$U_c = \frac{1}{\tau} \int_0^t \Delta U_n \mathrm{d}t \tag{7-28}$$

如果 ΔU_n 是阶跃函数，则 U_c 按线性规律增长，每一时刻的 U_c 值和 ΔU_n 与横轴所包围的面积成正比，如图 7-16a 所示。

图 7-16b 绘出的曲线是负载变化时的偏差电压波形。按照 ΔU_n 与横轴所包围面积的正

比关系，可得相应的 $U_c(t)$ 曲线，图中 ΔU_n 的最大值对应于 $U_c(t)$ 的拐点 A。以上都是 U_c 初值为零的情况，若初值不是零，还应加上初始电压 U_{c0}，则积分式变成（动态过程曲线也有相应的变化）：

$$U_c(t) = \frac{1}{\tau}\int_0^t \Delta U_n(t)\,\mathrm{d}t + U_{c0} \tag{7-29}$$

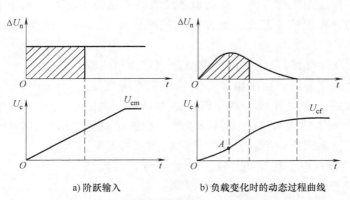

a) 阶跃输入　　　　　　　b) 负载变化时的动态过程曲线

图 7-16　积分调节器的输入与输出动态过程

　　由图 7-16b 可见，在动态过程中，当 ΔU_n 变化时，只要其极性不变，即只要仍是 $U_n^* > U_n$，则积分调节器的输出 U_c 便一直增长；只有当达到 $U_n^* = U_n$ 时，U_c 才停止上升；ΔU_n 不变负，U_c 不会下降。这里需要特别强调的是，当 $\Delta U_n = 0$ 时，U_c 并不是零，而是一个终值 U_{cf}；如果 ΔU_n 不再变化，这个终值便保持恒定，这是积分控制的特点。因为如此，积分控制可以使系统在无静差的情况下保持恒速运行，实现无静差调速。

　　当负载突然增大时，积分控制器的无静差调速系统的动态控制曲线如图 7-17 所示。在稳态运行时，转速偏差电压 ΔU_n 必为零。如果 ΔU_n 不为零，则 U_c 继续变化（不是稳态）。在突加负载引起动态降速时产生 ΔU_n，达到新的稳态时，ΔU_n 又恢复为零，但 U_c 已从 U_{c1} 上升到 U_{c2}，使电枢电压由 U_{d1} 上升到 U_{d2}，以克服负载电流增大的电压降。这里的 U_c 改变并非仅仅依靠 ΔU_n 本身，而依靠 ΔU_n 在一段时间内的积累。

　　将以上的分析归纳起来，可得下述论断：比例调节器的输出只取决于输入偏差量的现状，而积分调节器的输出则包含输入偏差量的全部历史。虽然现在 $\Delta U_n = 0$，只要历史上有过 ΔU_n，其积分就有一定数值，足以产生稳态运行所需的控制电压 U_c。积分控制规律和比例控制规律的根本区别就在于此。

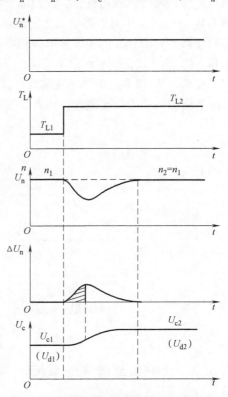

图 7-17　无静差调速系统动态控制曲线

7.5.2 比例积分调节器

从前面分析的结论可知：积分控制可以使系统在无静差的情况下保持恒速运行，实现无静差调速，而比例控制的被调量仍有静差。这是积分控制优于比例控制的地方。但从快速性看，积分控制却不如比例控制，同样在阶跃输入的作用下，比例调节器可以立即响应，而积分调节器的输出只能逐渐变化。为了使调速系统既具有稳态精度高，又具有动态响应快，只能将比例和积分两种控制结合起来，这便是比例积分控制。图 7-18 所示为比例积分调节器原理图。

从如图 7-18 所示的比例积分（PI）调节器原理图可以看出，当突然增加输入信号时，由于电容 C 两端电压不能突变，相当于两端瞬间短路，在运算放大器反馈回路中只剩下电阻 R_1，等效于一个放大系数为 K_{PI} 的比例调节器，在输出端立即呈现电压 $K_{PI}U_{in}$，实现快速控制，发挥了比例控制的长处。此后，随着电容 C 被充电，输出电压 U_{ex} 开始积分，其数值不断增大，直到稳态。稳态时，C 两端电压等于 U_{ex}，R_1 已不起作用，又与积分调节器一样了，这时又能发挥积分控制的优势，实现了稳态无静差。

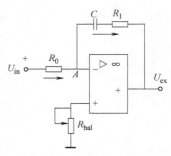

图 7-18　比例积分调节器原理图

由此可见，比例积分控制综合了比例控制和积分控制两种规律的优点，又克服了各自的缺点，扬长避短，互相补充。比例部分能迅速响应控制作用，积分部分则最终消除稳态偏差。图 7-19a 所示为 PI 调节器输入为阶跃函数时的输出特性曲线，PI 调节器的输出关系应是比例和积分两部分的叠加。假设输入偏差电压 ΔU_n 的波形如图 7-19b 所示，则输出波形中比例部分①和 ΔU_n 成正比，积分部分②是 ΔU_n 的积分曲线，而 PI 调节器的输出电压 U_c 是这两部分之和。可见，U_c 既具有快速响应性能，又足以消除调速系统的静差。除此之外，PI 调节器还是提高系统稳定性的校正装置。因此，它在调速系统和其他控制系统中获得了广泛的应用。

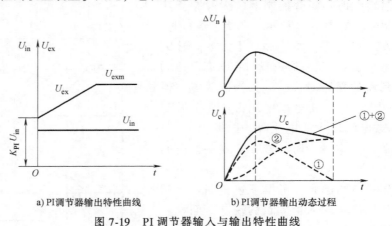

a) PI 调节器输出特性曲线　　　　　b) PI 调节器输出动态过程

图 7-19　PI 调节器输入与输出特性曲线

7.5.3 无静差直流调速系统

采用 PI 调节器的闭环调速系统即为无静差调速系统，图 7-20 所示为一个带电流截止负反馈的无静差直流调速系统。图中，TA 为检测电流的交流互感器，经整流后得到电流反馈信号 U_i。当电流超过截止电流临界值 I_{dcr} 时，U_i 高于稳压二极管 VZ 的击穿电压，使晶体管 VT 导通，则 PI 调节器的输出电压 U_c 接近于零，变换器 UPE 的输出电压 U_d 急剧下降，达到限制电流的目的。电动机电流低于截止电流临界值时切除电流截止负反馈环节，上述系统就是一个无静差的 PI 调节系统，严格来说，"无静差" 只是理论上的，实际系统在稳态时，PI 调节器积分电容 C_1 两端电压不变，相当于运算放大器的反馈回路开路，其放大系数等于运算放大器本身的开环放大系数，数值虽大，但并不是无穷大。因此，其输入端仍存在很小的 ΔU_n，而不是零。也就是说，实际上仍有很小的静差，只是在一般精度要求下可以忽略不计。

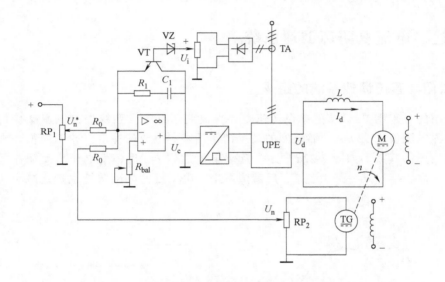

图 7-20　无静差直流调速系统示例

在实际系统中，为了避免运算放大器长期工作而产生零点漂移，常常在 $R_1 C_1$ 两端再并联一个几兆欧的电阻 R_1'，以便把放大系数降低一些。这样就成为一个近似的 PI 调节器，或称 "准 PI 调节器"，如图 7-21 所示。

图 7-20 中的转速反馈装置采用的是测速发电机，也可以采用数字测速用光电编码盘、电磁脉冲测速器等，但其安装和维护都比较麻烦，常常是系统装置中可靠性较低环节。因此人们自然会想到，对于测速指标要求不高的系统能不能采用其他更方便的反馈方式来代替测速反馈呢？电压反馈和电流补偿控制正是用来解决这个问题的。

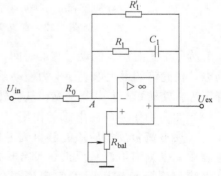

图 7-21　准 PI 调节器电路

电压反馈是利用电动机转速近似与电压成正比的关系，在电动机两端并联一个起分压作用的电位器，取得合适的电压信号作为反馈信号。在电压反馈系统中再增加一个电流正反馈，即可使系统的性能接近转速负反馈的性能。

7.5.4　有静差与无静差调速系统的区别

有静差调速系统是靠偏差值进行工作的。放大器（即调节器）的输入信号是给定控制信号与实际值（即反馈信号）的差值。偏差值越小，调速精度越高，静差越小。当放大器放大倍数足够大时，偏差值可以很小，但始终存在。这就意味着调速系统的给定值与输出值的实际值永远存在偏差，偏差值不可能为零。

无静差调速系统同有静差调速系统的差别在于其能使调速系统的静差率为零，使系统的给定值与输出的实际值完全相等，没有偏差，这是靠系统中的比例积分调节器来实现的。这种调节器在稳态时，放大倍数接近无穷大，这就意味着偏差值为无限小，实际上为零。

7.6　转速、电流双闭环调速系统

7.6.1　双闭环直流调速系统的组成

上节介绍的是采用 PI 调节的单个转速闭环直流调速系统。系统中的电流截止负反馈只能在超过临界电流值 I_{dcr} 以后，靠强烈的负反馈作用限制电流的冲击，并不能很理想地控制电流的动态波形，其波形如图 7-22a 所示。起动电流达到 I_{dcr} 后，受电流负反馈作用，电流只能再升高一点，经过某一最大值 I_{dm} 后就降下来，电动机的电磁转矩也随之减小，因而加速过程长。

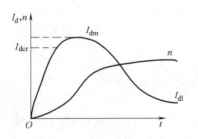
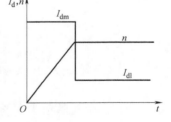

a) 带电流截止负反馈的单闭环调速系统　　　　b) 理想的快速起动过程

图 7-22　直流调速系统起动过程的电流和转速波形

为了缩短起动、制动过程的时间，提高生产率，最好在过渡过程中始终保持电流（转矩）为电动机允许的最大值。使电力拖动系统以最大的加速度起动，到达稳态转速时，立即让电流降下来，使转矩与负载相平衡，从而转入稳态运行。理想的波形图如图 7-22b 所示。

当然，由于主电路电感的作用，电流不能突跳，只能得到逼近的波形。按照反馈控制规律，采用电流负反馈应该能够得到近似的恒流过程。根据前面快速起动过程的要求，在起动过程中如果只有电流负反馈，没有转速负反馈，则达到稳态转速后，只要转速负反馈，不再让电流负反馈起作用即可实现理想的快速起动过程。为此，直流调速系统可以采用 ASR（速度调节器）和 ACR（电流调节器）两个调节器，并在两者之间实行嵌套（或称串级）连接。如图 7-23 所示，把 ASR 的输出当作 ACR 的输入，再用 ACR 的输出控制变换器（UPE）。从闭环结构上看：电流环在里面，称为内环；速度环在外面，称为外环。这就形

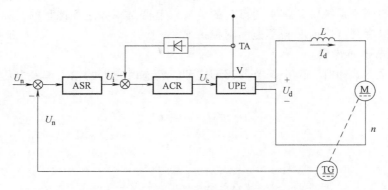

图 7-23　转速、电流双闭环直流调速系统结构框图
ASR—速度调节器　ACR—电流调节器　TG—测速发电机
TA—电流互感器　UPE—电力电子变换器

成了转速、电流双闭环直流调速系统。

为了获得良好的静态和动态性能，ASR 和 ACR 两个调节器一般采用 PI 调节器，这样构成的双闭环直流调速系统的电路原理图如图 7-24 所示。

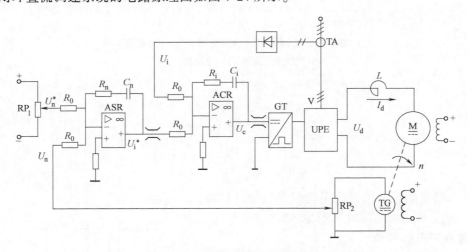

图 7-24　双闭环直流调速系统的电路原理图

图 7-24 中标出了当 UPE 控制电压 U_c 为正电压时两个调节器输出输入电压的实际极性，其中还考虑了运算放大器的倒相作用。图中两个调节器的输出都具有限幅作用，ASR 的输出限幅电压 U_{im}^* 决定了 ACR 给定电压的最大值，ACR 的输出限幅电压 U_{cm} 限制了 UPE 的最大输出电压 U_{dm}。

7.6.2　双闭环直流调速系统的静特性

图 7-25 所示为根据图 7-24 画出来的系统稳态结构图。PI 调节器的稳态特征一般存在两种情况：饱和——输出达到限幅值；不饱和——输出未达到限幅值。饱和时，相当于该调节器开环，暂时隔断了输入和输出之间的关系。不饱和时，PI 调节器的作用使输入偏差电压 ΔU 在稳态时总为零。

实际应用的调速系统中，正常运行时的电流调节器是不会达到饱和的，因此在分析静态特性时，分为速度调节器饱和与不饱和两种情况。

1. 速度调节器不饱和

速度调节器不饱和时，两个调节器都不饱和，稳态时它们的输入偏差电压都为零，因此稳态时有

$$U_n^* = U_n = \alpha n = \alpha n_0 \qquad (7\text{-}30)$$

$$U_i^* = U_i = \beta I_d \qquad (7\text{-}31)$$

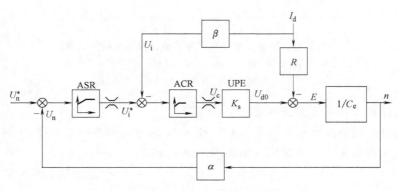

图 7-25 双闭环直流调速系统的稳态结构图

α—速度反馈系数 β—电流反馈系数

则

$$n = n_0 = \frac{U_n^*}{\alpha} \qquad (7\text{-}32)$$

$$I_d = \frac{U_i^*}{\beta} \qquad (7\text{-}33)$$

从而得到双闭环直流调速系统的静特性，它是一条水平的直线，如图 7-26 所示的 *AB* 段。

2. 速度调节器饱和

此时，ASR 输出达到限幅值 U_{im}^*，速度外环呈开环状态，速度的变化对系统不再产生影响，这时双闭环直流调速系统变成一个电流无静差的单电流闭环调速系统，稳态时有

$$I_d = I_{dm} = \frac{U_{im}^*}{\beta} \qquad (7\text{-}34)$$

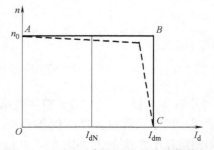

图 7-26 双闭环直流调速系统的静特性

式中，最大电流 I_{dm} 由设计者选定，取决于电动机的允许过载能力和拖动系统允许的最大加速度。

式（7-34）所描述的静特性对应于图 7-26 中的 *BC* 段，它是一条垂直的特性曲线。这样的垂直特性曲线只适用于 $n < n_0$ 的情况，因为如果 $n > n_0$，则 $U_n > U_n^*$，ASR 将退出饱和状态。

双闭环直流调速系统的静特性在负载电流小于 I_{dm} 时，转速负反馈起主要调节作用。负

载电流达到 I_{dm} 时，速度调节器饱和输出 U_{im}^*，这时电流调节器起主要调节作用，得到过电流的自动保护。这就是采用了两个 PI 调节器分别形成内、外两个闭环的效果。这样的静特性显然比带电流截止负反馈的单闭环直流调速系统的静特性好。实际上，为了避免零点漂移，PI 调节器多采用图 7-21 所示的准 PI 调节器。

又由于

$$U_c = \frac{U_{d0}}{K_s} = \frac{C_e n + I_d R}{K_s} = \frac{C_e U_n^* / \alpha + I_{dL} R}{K_s} \tag{7-35}$$

在稳态工作点上，转速 n 是由给定电压 U_n^* 决定的，ASR 的输出量 U_i^* 是由负载电流 I_{dL} 决定的，控制电压的大小同时取决于 n 和 I_d，达到稳态时，输出为零，输出的稳态值与输入无关，而应由后面环节的需要决定，反馈系数由各调节器的给定值与反馈值计算。

转速值反馈系数为

$$\alpha = \frac{U_{nm}^*}{n_{max}} \tag{7-36}$$

电流反馈系数为

$$\beta = \frac{U_{im}^*}{I_{dm}} \tag{7-37}$$

式中，U_{nm}^* 和 U_{im}^* 由设计者选定，受运算放大器允许输入电压和稳态电源的限制。

7.6.3 双闭环直流调速系统的动态分析

本节通过分析系统的大给定起动过程来理解控制系统的工作原理。

双闭环直流调速系统在大给定阶跃信号电压 U_n^* 作用下，由静止开始起动，整个起动过程可以分为三个阶段。

1. 第 I 阶段——电流上升阶段

系统加上速度指令电压 U_n^* 以后，由于电动机的惯性较大，转速增长较慢，即反馈电压 U_n 很小，使速度调节器输入偏差 $\Delta U_n = U_n^* - U_n$ 数值很大，很快达到饱和限幅值 U_{im}^*，这个电压加在电流调节器的输入端，使 U_c 上升，因而变换器输出电压 U_d、电枢电流 I_d 都上升得很快，直到电流上升到设计时所选的最大值 I_{dm} 为止。

2. 第 II 阶段——恒流升速阶段

从电流上到最大值 I_{dm} 开始，一直到转速升到指令值为止，都属于这一阶段。它是起动的主要阶段。在这个阶段中，速度调节器一直处于饱和状态，速度环相当于开环，系统表现为在恒值电流给定 U_{im}^* 作用下的电流调节系统，基本上保持电流 $I_d = I_{dm}$ 恒定，电流超调或不超调取决于电流环的结构和参数。电动机在恒定最大允许电流 I_{dm} 作用下，以最大恒定加速度使转速线性上升。同时，电动机的反电动势 E_a 也线性上升。对电流调节系统而言，这个反电动势是一个线性增长的斜坡输入扰动量。为了克服这个扰动，U_{ct} 和 U_d 也必须基本上按线性增长，这样才能保持 I_{dm} 恒定，这也就要求电流调节器的输入电压 $\Delta U_n = U_n^* - U_n$ 为恒值。同时，实际电枢电流 I_d 略小于 I_{dm}，这就要求在整个起动过程中，电流调节器不应该饱和。

3. 第Ⅲ阶段——转速调节阶段

当转速上升到指令值后，转速输入偏差 ΔU_n 为零，但速度调节器的输出却由积分作用仍维持为限幅值 U_{im}^*，因此电动机仍在最大电流作用下加速，使电动机转速出现"超调"。超调后，速度调节器的输入信号 $\Delta U_n = U_n^* - U_n < 0$（出现偏差电压），使速度调节器退出饱和状态，其输出电压也从最大限幅值 U_{im}^* 降下来，主电路电流也会从最大值下降。但由于 I_d 仍大于负载电流 I_{dL}，在一段时间内，转速仍会继续上升，只是上升的加速度逐渐减小。当电枢电流 I_d 下降到与负载电流 I_{dL} 相平衡时，加速度为零。转速达到最大峰值，此后电动机才开始在负载作用下减速。与此相应，电流 I_d 也会出现一小段小于 I_{dL} 的阶段，直到稳定。在这个阶段中，速度调节器和电流调节器同时起调节作用，速度环处于主导地位并最终实现转速无静差，电流环的作用是与速度调节器输出量相配合，即电流环是一个电流随子系统。具体起动过程的波形图（动态响应曲线）如图7-27所示。

上述起动过程如果指令信号只是在小范围内变化，则速度调节器来不及饱和，整个过渡过程只有第Ⅰ、Ⅲ阶段，没有第Ⅱ阶段。对于转速、电流双闭环直流调速系统，在其运行过程，整个系统表现为两个调节器的线

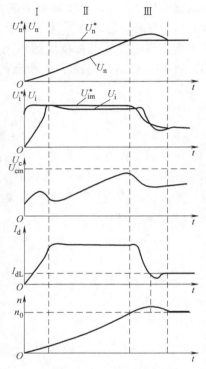

图 7-27　转速、电流双闭环调速系统的动态响应曲线

性串级调节。如果干扰作用在电流环以内，如电网电压的波动引起电枢电流 I_d 变化时，这个变化立即可以通过电流反馈环节使电流环产生对电网电压波动的抑制作用，以减小转速的变化。如果干扰作用在电流环之外，如负载突然增大，转速要下降，形成动态降速，则产生 ΔU_n，使系统处于自动调节状态，只要不是太大的负载干扰，速度调节器和电流调节器均不会饱和，由于它们的调节作用，转速下降到一定值后即开始回升，形成抗扰动的恢复过程，最终使转速回升到干扰发生前的指令值，仍然实现了稳态无静差的抗扰。

综上所述，速度调节器和电流调节器在双闭环调速系统中的作用可归纳如下：

（1）速度调节器的作用

1）使转速 n 跟随给定电压 U_n^* 变化，保证转速稳态无静差。

2）对负载变化起抗干扰作用。

3）其输出限幅值决定了电枢主回路的最大允许电流值 I_{dm}。

（2）电流调节器的作用

1）对电网电压波动起及时抗干扰作用。

2）起动时保证获得允许的最大电枢电流 I_{dm}。

3）在转速调节过程中，使电枢电流跟随其给定电压值变化。

4）当电动机过载或堵转（即有很大的负载干扰）时，可以限制电枢电流最大值，从而快速起到过电流安全保护作用，且当故障消失后，系统能自动恢复正常工作。

7.7　直流脉宽调制调速

7.7.1　直流脉宽调制调速控制电路

脉宽调制（PWM）控制电路的作用是把速度信号 U_n^* 变成方波信号，方波的脉宽与速度信号 U_n^* 的大小成比例；不同的脉宽可获得不同的电枢电压，从而实现转速的调节。图 7-28 所示为转速、电流双闭环 PWM 控制电路。

图 7-28 中，ASR 和 ACR 的作用与直流调速系统中的 ASR 和 ACR 相同，转速反馈信号和电流反馈信号分别将电动机的实际转速与主电路电流反馈给 ASR 和 ACR，实现系统转速稳态的无静差。

（1）调制波发生器　其作用是产生恒定频率的振荡源以作为比较的基准。它可以是三角波，也可以是锯齿波。

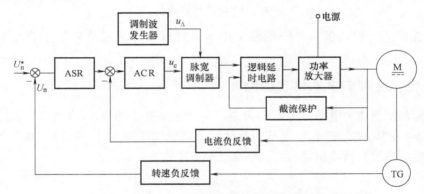

图 7-28　转速、电流双闭环 PWM 控制电路

（2）脉宽调制器　它实际上是一种电压-脉宽转换电路。它为功率开关器件提供一个宽度可由速度控制信号调节且与之成比例的脉冲电压。图 7-29 所示为脉宽调制波形。

从图 7-29 所示波形可知，当控制信号 $u_c = 0$ 时，经脉宽调制器调制后，正、负脉冲宽度相同，如图 7-29a 所示，电枢电压为零，电动机静止不动。

当控制信号 $u_c > 0$ 时，经脉宽调制器调制后，正脉冲宽度大于负脉冲宽度，电枢电压为正，电动机正转。将图 7-29b、c 两图比较可以看出，当控制信号 $u_{c1} > u_{c2}$ 时，脉冲的宽度 $B_1 > B_2$，电枢电压 $U_1 > U_2$，对应的电动机转速 $n_1 > n_2$。

当控制信号 $u_c < 0$ 时，负脉冲宽度大于正脉冲宽度，如图 7-29d 所示，电枢电压为负，电动机反转。

上述控制信号 u_c 是由速度给定信号 U_n^* 经 ASR 和 ACR 得到的，其大小与 U_n^* 成比例，其正、负随 U_n^* 的正、负而变化。最终实现电动机的转速 n 与速度给定信号 U_n^* 呈线性关系，电动机的转向由速度给定信号 U_n^* 的正负所控制。

（3）逻辑延时电路　逻辑延时电路是保证在向一个晶体管发出关断脉冲后，延时一段时间，再向另一个晶体管发出开通脉冲。其目的是防止晶体管处在交替工作状态时，关断的晶体管并未完全关断，而另一个晶体管又导通，造成两个晶体管直通而使电源正负极短路。

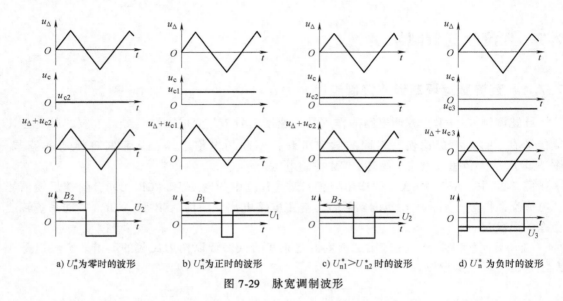

a) U_n^*为零时的波形   b) U_n^*为正时的波形   c) $U_{n1}^* > U_{n2}^*$时的波形   d) U_n^*为负时的波形

图 7-29   脉宽调制波形

（4）截流保护   截流保护的作用是防止电动机过载时流过功率晶体管或电枢的电流过大。

7.7.2   直流脉宽调制电动机状态控制

直流脉宽调制调速主电路分为 T 形可逆、不可逆电路及 H 形可逆电路。在电动机驱动中常采用 H 形可逆电路，图 7-30 所示为晶体管直流脉宽调制 H 形倍频 PWM 主电路。所谓倍频，就是指功率放大器输出电压的频率比开关频率提高一倍。

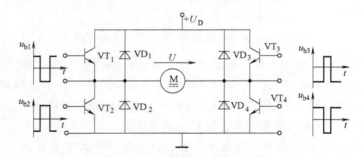

图 7-30   H 形倍频 PWM 主电路

晶体管 VT$_1$、VT$_2$、VT$_3$、VT$_4$ 驱动信号 u_{b1}、u_{b2}、u_{b3}、u_{b4} 的波形如图 7-31 所示。

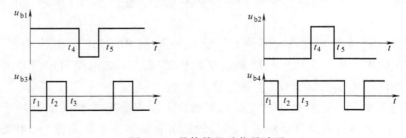

图 7-31   晶体管驱动信号波形

当速度控制电压 U_n^* 为正时，电枢电压 U_d 大于电枢感应电动势 E，电动机处于正向电动状态。如图 7-31 所示，在 $t_1 \leqslant t < t_2$ 期间，驱动信号 u_{b1}、u_{b4} 为正，晶体管 VT$_1$ 和 VT$_4$ 饱和导通；驱动信号 u_{b2}、u_{b3} 为负，晶体管 VT$_2$、VT$_3$ 截止，PWM 主电路的等效电路如图 7-32a 所示，电源 U_D 经 VT$_1$ 和 VT$_4$ 向电动机提供能量，即 $U_d = U_D$，电枢电流为 I_a。在 $t_2 \leqslant t < t_3$ 期间，驱动信号 u_{b1}、u_{b3} 为正，但 VT$_3$ 并不能导通，因为电枢电感的作用，电枢电流 I_a 经 VT$_1$ 和 VD$_3$ 继续流通，等效电路如图 7-32b 所示。在 $t_3 \leqslant t < t_4$ 期间，驱动信号 u_{b1}、u_{b4} 为正，同 $t_1 \leqslant t < t_2$。在 $t_4 \leqslant t < t_5$ 期间，驱动信号 u_{b2}、u_{b4} 为正，电枢电流 I_a 经 VT$_4$ 和 VD$_2$ 继续流通，等效电路如图 7-32c 所示。

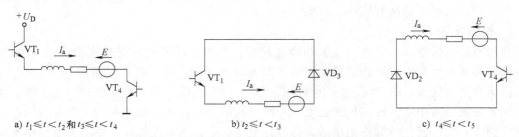

a) $t_1 \leqslant t < t_2$ 和 $t_3 \leqslant t < t_4$ b) $t_2 \leqslant t < t_3$ c) $t_4 \leqslant t < t_5$

图 7-32 正向电动状态 PWM 主电路的等效电路

当速度控制电压 U_n^* 减小时，电枢电压 U_d 小于电枢感应电动势 E，电枢电流 I_a 流向与电动状态相反，电动机处于正向制动状态。如图 7-31 所示，在 $t_1 \leqslant t < t_2$ 期间，驱动信号 u_{b1}、u_{b4} 为正，电枢电流 I_a 经 VD$_4$ 和 VD$_1$ 向电源回馈能量，PWM 主电路的等效电路图如图 7-33a 所示。在 $t_2 \leqslant t < t_3$ 期间，驱动信号 u_{b1}、u_{b3} 为正，反向制动电流 I_a 经 VT$_3$ 和 VD$_1$ 进行能耗制动，等效电路如图 7-33b 所示。在 $t_3 \leqslant t < t_4$ 期间，PWM 主电路工作状况同 $t_1 \leqslant t < t_2$。在 $t_4 \leqslant t < t_5$ 期间，驱动信号 u_{b2}、u_{b4} 为正，反向制动电流 I_a 经 VD$_4$ 和 VT$_2$，继续能耗制动，等效电路如图 7-33c 所示。

根据上述分析，电动机电枢电压波形为方波，电枢电压 U_d 由速度控制电压 U_n^* 控制。改变速度控制电压 U_n^* 的大小，即可改变电枢电压方波的宽度，从而改变电枢电压的平均值 U_d，从而达到调速的目的。电动机的正、反转由速度控制电压 U_n^* 的正、负决定。

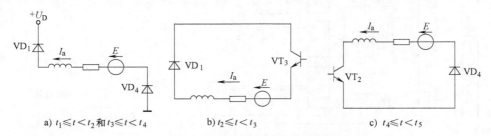

a) $t_1 \leqslant t < t_2$ 和 $t_3 \leqslant t < t_4$ b) $t_2 \leqslant t < t_3$ c) $t_4 \leqslant t < t_5$

图 7-33 正向制动状态 PWM 主电路等效电路

7.8 数字控制直流调速系统

直流调速模拟控制系统因电路复杂，通用型较差，且控制效果易受元器件性能、温度等因素的影响。计算机数字控制系统的稳定性好、可靠性高，此外还拥有信息储存、数据通信及故障诊断等模拟控制系统无法实现的功能，是目前直流调速控制的主要手段。

7.8.1 计算机数字控制双闭环直流调速系统的硬件结构

图7-34所示为采用PWM功率变换器的计算机数字控制双闭环直流调速系统结构框图。其主电路UPE的控制部分PWM由计算机生成。如果UPE采用晶闸管可控整流器，只要采用不同的控制方式控制晶闸管的触发延迟角即可。

1. 主电路

三相交流电源经不可控整流器变换为电压恒定的直流电源，再经过PWM变换器的变换得到可调的直流电压，给直流电动机供电。

2. 检测回路

检测回路包括电压、电流、温度和转速检测，其中电压和电流的检测由A-D转换通道变为数字量送入计算机，转速检测可用数字测速。数字测速具有测速精度高、分辨能力强、受器件影响小等优点，被广泛应用于调速要求高、调速范围大的调速系统和伺服系统。在检测得到的转速信号中，不可避免地会混入一些干扰信号，在数字测速中，可以采用软件来实现数字滤波。数字滤波具有使用灵活、修改方便等优点，不但能代替硬件滤波器，还能实现硬件滤波器无法实现的功能。数字滤波器既可以用于测速滤波，也可以用于电压、电流检测信号的滤波。

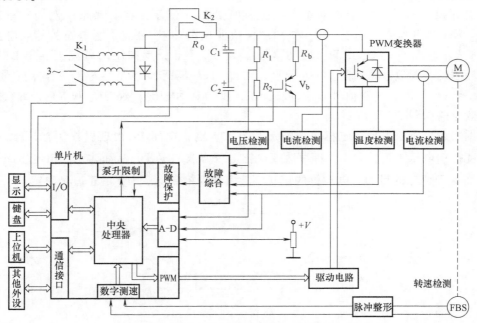

图7-34　计算机数字控制双闭环直流调速系统结构框图

3. 数字控制器

数字控制器是系统的核心，选用专为电动机控制设计的Intel8X196MC系列或TMS320X240系列单片机，配以显示、键盘等外围电路，通过通信接口与上位机或其他外设交换数据。这种计算机芯片本身都带有A-D转换器、通用I/O和通信接口，还具有一般计算机并不具备的故障保护、数字测速和PWM生成功能，可大大简化数字控制系统的硬件电路。

4. 故障检测

数字控制系统除了控制手段灵活、可靠性高等优点外，在故障检测、保护与自诊断方面也具有模拟系统无法比拟的优势。利用计算机的逻辑判断和数值运算功能，对实时采样的数据进行必要的处理和分析，利用故障诊断模型或专家知识库进行推理，对故障类型或故障点做出正确的判断。

7.8.2　产品化的数字直流调速装置

当前市场上，直流调速系统多数采用产品化的设备，而非自行研制的系统，这与交流调速系统普遍采用商品化的变频调速器完全相同。由于制造厂家、产品型号不同，装置的外形、尺寸、配置、内部参数等均会有所不同，这里只能就其共同之处进行一些简单的介绍。通常的数字直流调速装置，无论其硬件还是软件，都为系统设计人员提供了很大的灵活性。

在硬件上，除了标准配置之外，通常还提供多种可选件和附件，以实现多种驱动功能和最优的系统性价比。例如，通过订购不同型号的模块，可实现直流电动机第二象限、第四象限运行；通过配置通信模块，实现现场总线通信功能；针对不同性质的负载，可选择不同形式的变流模块；具有多种型号可选的励磁单元等。

在软件方面，数字直流调速装置如同商业化的交流变频调速器一样，面向用户提供了大量可调整、可设定的参数。这些参数一般被分成若干组，每一组对应一个功能块，例如速度调节模块（ASR）、电流调节模块（ACR）等。在模块内部和模块之间，通过参数的彼此传递实现特定的控制、驱动功能。而参数的传递路径在多数情况下，是允许设计人员调整和修变的。也就是说，设计人员的参数设定过程，实际上是在完成一次针对装置内部参数的编程工作，这就意味着对于同一台数字直流调速装置，通过不同的参数组态，可以完成不同的驱动任务，例如速度链控制系统、主从控制系统、加工材料的张力控制系统等。

1. 装置的接口单元

数字直流调速装置的硬件接口通常提供如下五类信号通道。

（1）开关量输入通道　用于装置的起动、停止、风机联锁、主合闸联锁等。

（2）开关量输出通道　用于输出控制信号和状态信号，如主接触器合闸、风机起动、允许起动、励磁单元等。

（3）模拟量输入通道　多路模拟量输入，允许 $0\sim10\text{mA}$、$0\sim10\text{V}$ 等多种形式的模拟量。通过内部参数的组态，可实现不同形式的速度给定、转矩给定、电流给定等功能。

（4）模拟量输出通道　多路模拟量输出，允许 $0\sim10\text{mA}$、$0\sim10\text{V}$ 等多种形式的模拟量。通过参数组态，可实现电动机运行状态（如转速、电流等）的外部仪表显示；也可将其连接至其他装置上，能够轻易实现速度控制、主从控制等功能。

2. 内部参数组成

数字直流调速装置的内部参数以模块的形式给出，每一个模块对应一个组别，每一个参数都有固定编号。模块的划分主要以功能为依据，一般的数字直流调速装置大都具有如下几种功能模块。

（1）电动机数据模块　本模块中的参数包括主要的设备数据，如电动机额定电压、额定转速、额定励磁电流、供电电压等。由于其他模块需要使用这些参数，所以在系统运行之前，需要首先正确设置这些参数。

（2）速度给定模块 允许通过不同组态，实现多种形式的速度给定。

（3）速度控制器 即速度调节器（ASR）。通常将转速偏差的计算独立出来，构成一个子模块，以利于构成不同的控制结构。调节器模块主要是一个 PID 调节器，提供可设定的 PID 参数，以及正负限幅等，通常允许在线实时调整。

（4）转矩、电流控制器 即电流调节器（ACR）。依据厂家的不同，这一模块的形式也有所不同，但通常会将这一功能模块进一步细分成若干子模块。例如转矩、电流给定选择模块（允许通过组态实现多种形式、多个通道的转矩给定），转矩给定处理模块（对多路给定进行求和运算并限幅），转矩、电流调节器模块（实现 PID 调节，参数可实时在线调整，以及进行相应的限幅）。

（5）励磁控制模块 厂家不同，具体形式也有所不同。通常将该模块细分成电枢电压（电动势）控制模块和励磁电流控制模块，分别实现电枢电压的检测、计算及 PID 调节，以及励磁电流的 PID 调节。

以上对各个功能模块的划分只是一个大致的概括，不同厂家的产品，无论是在具体的模块划分上，还是在称呼上，都有所不同。但它们所实现的基本功能都是建立在双闭环调速理论基础上的。显然，相对于采用模拟电路搭建的双闭环控制器来说，基于微处理器的数字直流调速装置所具有的功能要强大得多，如数字逻辑功能、监测报警功能、多路给定功能、PID 在线调整功能等，这些功能是很难用模拟电路实现的。

3. 参数组态

参数组态包含两个方面，一是参数值的设定，二是参数传递路径的设置。每个模块都有输入参数和输出参数，每个参数编号都对应一个特定地址，将模块 A 的输出参数地址与模块 B 的输入参数地址连接，就是将模块 A 和模块 B 连接起来，从而实现了某种特定功能，下面举例说明。

如图 7-35 所示，转速调节模块两个输出限幅的出厂设置均为 100%（正或负），在实际生产过程中，如果需要限制转速，则可将参数 P1 和 P2 调出进行修改，P1、P2 的绝对值可以不同。

图 7-35 中，"1715""1716"分别是速度调节模块中转速正、负限幅参数的地址（通常即为参数编号），也可以通过组态将其变为图 7-36 所示的结构：将正限幅引到模拟量输入 AI1 的输入缓存器，"10104"为该模拟量输入缓存地址（参数编号）。

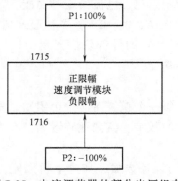

图 7-35 电流调节器的部分出厂组态

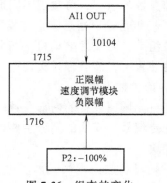

图 7-36 组态的变化

本 章 小 结

本章主要介绍了直流调速系统的控制规律，以及利用数字控制器实现系统调速的方法。直流调速系统分为开环调速和闭环调速控制系统，闭环调速系统又可分为单闭环和双闭环直流调速系统，实际生产中已主要应用数字控制系统。

学习目的：掌握直流调速系统的基本概念和基本方法，了解其调速特性，在此基础上学习直流调速的数字控制，并能进行简单的调速分析。

习　　题

7-1　何谓开环控制系统？何谓闭环控制系统？二者各有什么优缺点？

7-2　为什么电动机的调速性质要与生产机械的负载特性相适应？二者如何配合才能相适应？

7-3　某一调速系统，测得最高转速 $n_{0max} = 1500r/min$，带额定负载时的速降 $\Delta n_N = 15r/min$，最低转速 $n_{0min} = 100r/min$，额定速降不变。则系统能达到的调速范围有多大？系统允许的静差率是多少？

7-4　电流正反馈在调速系统中起什么作用？如果反馈强度不合适会产生什么后果？

7-5　某调速系统的开环放大系数为15时，额定负载下电动机的速降为8r/min，如果将开环放大系数提高到30，则它的转速降为多少？在同样静差率要求下，调速范围可以扩大多少倍？

7-6　在转速负反馈系统中，当电网电压、负载转矩、电动机励磁电流、电枢电阻、测速发电机磁场各量发生变化时，都会引起转速的变化，问系统对上述各量有无调节能力？为什么？

7-7　如果转速闭环调速系统的转速反馈线被切断，电动机还能否调速？如果在电动机运行中，转速反馈线突然断开，会发生什么现象？

7-8　闭环系统能够降低稳态速降的实质是什么？

第8章

交流调速控制系统

交流电动机分为异步电动机和同步电动机。异步电动机结构简单、维护容易、运行可靠、制造成本低，具有良好的静态和动态特性，而且交流电源的获得方便，因此交流异步电动机是工业及民用建筑中使用最为广泛的一种电动机。随着电力电子技术、大规模集成电路技术、计算机控制技术的发展及现代控制理论的应用，高性能交流调速系统应运而生，其调速性、可靠性及造价等方面，都能与直流调速系统相媲美，应用不断扩大。本章着重分析异步电动机变压调速系统的闭环控制及变压变频调速系统。

8.1　三相异步电动机的结构和工作原理

8.1.1　三相异步电动机的结构

三相异步电动机的基本结构可分为定子和转子两大部分。

1. 三相异步电动机的定子部分

三相异步电动机的定子由定子铁心、定子绕组和机座三部分组成。

（1）定子铁心　定子铁心一般由 0.5mm 厚的硅钢片叠压而成，是一个圆筒形的铁心，固定于机座上。硅钢片内圆冲有凹槽，槽中安放定子绕组，如图 8-1 所示。

（2）定子绕组　定子绕组嵌放在定子铁心的内圆凹槽内，由三个完全相同的绕组 AX、BY、CZ 组成，对外一般有 6 个出线端（U1、U2、V1、V2、W1、W2），接于机座外部的接线盒内。

（3）机座　机座用于固定与支撑定子铁心和定子绕组，并通过两侧的端盖和轴承来支撑转子。

2. 三相异步电动机的转子部分

三相异步电动机的转子由转子铁心、转子绕组和转轴三部分组成。

（1）转子铁心　如图 8-2、图 8-3 所示，转子铁心压装在转轴上，是电动机磁路的一部分，转子铁心、气隙与定子铁心构成电动机的完整磁路。

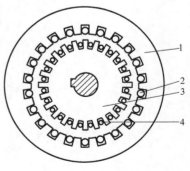

图 8-1　定子和转子

1—定子铁心硅钢片　2—定子绕组

3—转子铁心硅钢片　4—转子绕组

（2）转子绕组　三相异步电动机的转子绕组按照结构形式可分为笼型绕组和线绕转子绕组两种。

笼型绕组是在转子铁心槽里插入铜条，再将全部铜条两端焊在两个铜端环上，形成一个自身闭合的多相对称短路绕组，如图8-2所示。整个转子绕组犹如一个"笼子"，小型笼型绕组多用铝离心浇铸而成。

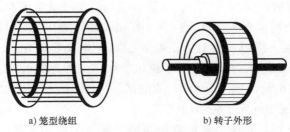

a) 笼型绕组　　　　　　　　b) 转子外形

图8-2　笼型绕组及转子外形

绕线转子绕组一般是连接成星形的三相绕组，绕线转子通过轴上的集电环和电刷引出，这样可以把外接电阻或其他装置串联到转子回路里，目的是实现调速。图8-3所示为三相绕线转子异步电动机的转子外形。

3. 定子绕组的接线方式

三相异步电动机定子绕组的首端和末端通常都接在电动机接线盒内的接线柱上，一般如图8-4所示的方法排列，这样可以很方便地接成星形（图8-5）或三角形（图8-6）。星形常用丫表示，三角形常用△表示。

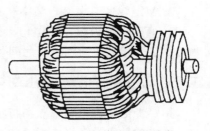

图8-3　三相绕线转子异步
电动机的转子外形

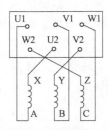

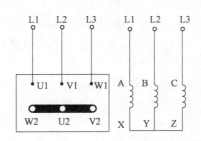

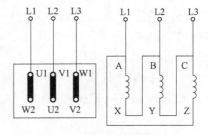

图8-4　出线端排列　　　图8-5　定子星形联结　　　图8-6　定子三角形联结

4. 三相异步电动机的铭牌

表8-1所示为某三相异步电动机的铭牌数据。

表8-1　某三相异步电动机的铭牌数据

三相异步电动机							
型号	Y200M-2	额定功率/kW	45	额定频率/Hz	50	额定转速	2952
额定电压/V	380	额定电流/A	84.4	接法	△	/(r/min)	

（1）型号　型号包括产品代号、设计序号、规格代号及特殊环境代号等。例如 Y200M-

2 中的 "Y" 为产品代号,代表异步电动机;"200" 代表机座中心高为 200mm;"M" 为机座长度代号（S、M、L 分别表示短、中、长机座）;"2" 代表磁极数为 2。

（2）额定功率　在额定运行情况下,电动机轴上输出的机械功率。

（3）额定频率　在额定运行情况下,定子外加电压的频率（$f = 50\mathrm{Hz}$）。

（4）接法　在额定运行情况下,电动机定子三相绕组的接线方式。

（5）额定电压　在额定运行情况下,定子绕组端应加的线电压值。

通常我国 4kW 以上电动机的铭牌上标有△接法、额定电压为 380V,即用在电源线电压 380V 的电网环境中的定子绕组应接成△。4kW 及以下电动机的铭牌上标有符号△/丫联结法、额定电压为 220V/380V,前者表示定子绕组的接法,后者表示对应于不同接法时应加的额定线电压值,即用在电源线电压为 380V 的电网环境中的定子绕组应接成丫,用在电源线电压为 220V 的电网环境中的定子绕组应接成△。

（6）额定电流　在额定频率、额定电压和轴上输出额定功率时,定子的线电流值。若标有两种电流值（如 10.35A/5.9A）,则对应于定子绕组为△/丫联结的线电流值。

（7）额定转速　在额定频率、额定电压和电动机轴上输出额定功率时,电动机的转速。

（8）额定功率因数　额定功率因数是指在额定频率、额定电压和电动机轴上输出额定功率时,定子相电流与相电压之间相位差的余弦,用 $\cos\varphi_N$ 表示。

8.1.2　三相异步电动机的工作原理

三相异步电动机是利用磁场与转子导体中的电流相互作用产生电磁力,进而输出电磁转矩的。该磁场是定子绕组内三相电流所产生的合成磁场,且以电动机转轴为中心在空间旋转,称为旋转磁场。

1. 旋转磁场

（1）旋转磁场的产生　三相异步电动机定子绕组中的每一相结构相同,彼此独立。为了分析简便,假设每相绕组只有一个线匝,6 条线匝便分别均匀嵌放在定子内圆周的 6 个槽内,如图 8-7a 所示,图中 A、B、C 和 X、Y、Z 分别代表各相绕组的首端和末端。三相绕组在空间彼此相隔 120°。

三相绕组的连接方式既可以为三角形也可以为星形。以星形联结为例分析,将 X、Y、Z 三个末端连在一起,将 A、B、C 接至三相对称交流电源,如图 8-7b 所示。

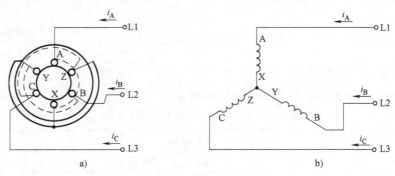

a)　　　　　　　　　　　　　　b)

图 8-7　定子三相绕组

定子绕组中,流过的电流正方向规定为由各相绕组的首端到它的末端,并取流过的 A

相绕组的电流 i_A 作为参考正弦量，即 i_A 的初相位为零，则各相电流的瞬时值可表示为

$$i_A = I_m \sin \omega t \tag{8-1}$$

$$i_B = I_m \sin \left(\omega t - \frac{2\pi}{3} \right) \tag{8-2}$$

$$i_C = I_m \sin \left(\omega t - \frac{4\pi}{3} \right) \tag{8-3}$$

图 8-8 所示为三相电源的电流波形图。

（2）旋转磁场的旋转方向　在三相异步电动机三相定子绕组空间排序不变的情况下，三相定子绕组中通入三相电流的相序决定了旋转磁场的旋转方向，即从电流超前相序向电流滞后相序旋转。因此，要改变旋转磁场的旋转方向，只要把定子绕组接到电源的三根导线中的任意两根对调即可。

（3）旋转磁场的旋转速度　以上在讨论旋转磁场时，三相异步电动机三相定子绕组每相只有一匝线圈，三相绕组的首端之间在空间上相差 120°，所产生的旋转磁场具有一对磁极（磁极对数用 p 表示），即 $p = 1$。

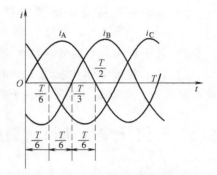

图 8-8　三相电源的电流波形图

当电源变化 1 个周期（360°电角度），旋转磁场在空间也旋转 1 圈（360°机械角度），若电流的频率为 f（Hz），旋转磁场每分钟旋转 $60f$ 转，旋转磁场的转速称为同步转速，以 n_0 表示，即

$$n_0 = 60f \tag{8-4}$$

2. 三相异步电动机的工作原理

三相异步电动机是基于定子旋转磁场和转子绕组电流的相互作用而工作的。如图 8-9 所示，当三相异步电动机的三相定子绕组接三相电源时，绕组内将通过三相电流，并在空间中产生以电动机转轴为中心的旋转磁场。图中假设旋转磁场的极对数 $p = 1$，且假设旋转磁场以同步转速 n_0 沿顺时针方向旋转。当旋转磁场旋转时，转子绕组的导体切割旋转磁场的磁力线而产生感应电动势 e_2，由于旋转磁场沿顺时针方向旋转，相当于转子导体沿逆时针方向旋转切割磁力线，根据右手定则，在 N 极下转子导体中感应电动势的方向由内指向外，而在 S 极下转子导体中感应电动势方向则由外指向内。

由于电动势 e_2 的存在，且转子导体自成闭环回路，转子绕组中将产生转子电流 i_2。转子电流与旋转磁场相互作用产生电磁力 F，其方向由左手定则确定，如图 8-9 所示，该力在转子的轴上形成电磁转矩，且转矩的作用方向与旋转磁场的旋转方向相同，转子受此转矩作用，沿旋转磁场的旋转方向旋转。但是，转子的旋转速度 n（即电动机的转速）恒比旋转磁场的旋转速度 n_0 小，因为如果两种转速相同，转子和旋转磁场就没有相对运动，转子导体内的感应电动势 e_2、电流 i_2 和电磁转矩都将不存在，转子将不会继续旋转。

因此，转子的转速和旋转磁场的转速之间有一个差值，这是电动机工作的前提，正因如此，这种电动机被称为异步电动机。在异步电动机中常用转差率 s 来表示转子转速 n 与旋转磁场转速 n_0 相差的程度，即

$$s = \frac{n_0 - n}{n_0} \tag{8-5}$$

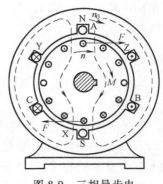

图 8-9　三相异步电动机的工作原理

转差率 s 是分析异步电动机运行情况的主要参数。通常，异步电动机带额定负载时，n 接近于 n_0，转差率 s 很小，$s = 0.015 \sim 0.060$。

综上分析可知，三相异步电动机的工作原理如下：

1）三相定子绕组中通入对称三相电流，产生旋转磁场。

2）转子导体切割旋转磁场产生感应电动势和电流。

3）转子载流导体在磁场中受电磁力的作用，从而形成电磁转矩，进而驱动电动机转子旋转。

8.2　三相异步电动机的调速特性

三相异步电动机的调速方法主要有调压调速、转子串电阻调速、变极调速及变频调速等。

8.2.1　调压调速

改变电源电压时（调压调速）的人为特性曲线如图 8-10 所示。当电动机定子电压降低时，电动机的最大转矩 T_{max} 减小，而同步转速 n_0 和临界转差率 s_m 不变。对于通风型负载（见图 8-10 中特性曲线 2），电动机在全段特性曲线上都能稳定运行，在不同的电压下有不同的稳定工作点 d、e、f，且调速范围较大。对于恒转矩性负载（见图 8-10 中的特性曲线 1），电动机只能在特性曲线的线性端（$0 < s < s_m$）稳定运行，不同电压下的不同稳定工作点为 a、b、c，但调速范围很小。

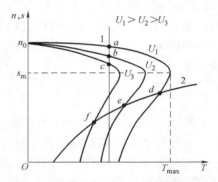

图 8-10　调压调速的人为特性曲线

优点：能够实现无级调速。

缺点：当电压降低时，转矩也按电压的二次方比例减小，电动机在低速时的特性太软，其静差率和稳定性往往不能满足生产工艺要求。

因此，现代的调压调速系统通常采用速度反馈的闭环控制，以提高低速时特性的硬度。从而在满足一定的静差率条件下，获得较宽的调速范围，同时也能保证电动机具有一定的过载能力。

8.2.2　转子串电阻调速

这种调速方法只适用于绕线转子异步电动机，原理接线图和特性曲线如图 8-11 所示，从图中可看出，转子电路串联不同的电阻，其 n_0 和 T_{max} 不变，但 s_m 随外加电阻的增大而增大。对于恒转矩负载 T_L，在不同的外加电阻下与电动机特性曲线的交点不同，即可得到不同的稳定工作点。随着外加电阻的增大，电动机的转速逐渐降低。

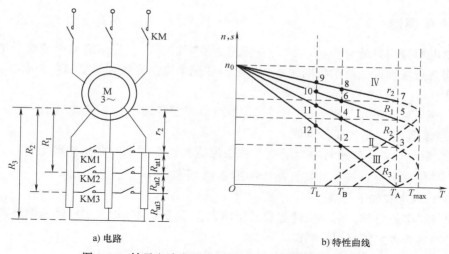

a) 电路　　　　　　　　　　　　　b) 特性曲线

图 8-11　转子电路串接电阻调速原理电路图与特性曲线

优点：转子串电阻调速简单可靠。

缺点：它是有级调速，不能实现连续平滑调速，随转速降低，特性变软，影响了系统的稳定性。转子电路电阻损耗与转差率成正比，随着串联电阻的增大而增大，低速时损耗大，是一种不经济的调速方法。

综上，这种调速方法大多用在重复短期运转且对调速性能要求不高的生产机械中，如起重运输设备。

8.2.3　变极对数调速

在生产中有大量的生产机械，它们并不需要连续平滑调速，只需要几种特定的转速，而且对起动性能没有高的要求，一般只在空载或轻载下起动，这种情况下选用变极对数调速比较合理。

变极对数调速就是在电源频率不变的条件下，改变电动机的极对数 p，就可以改变电动机的同步转速 n_0（ $n_0 = 60f/p$ ），电动机的转速也随之变化，从而实现电动机转速的有级调节。这种调速方法只适用于笼型异步电动机，因为笼型异步电动机的转子极对数能自动随着定子极对数的改变而改变，使定子与转子磁场的极对数总是相等而产生平均电磁转矩。要使电动机转子具有两种或多种极对数，可采用改变绕组连接方法来获得。由于这种方法简便易行，故得到广泛应用。但是，由于只能按极对数的倍数改变转速，所以不可能做到无级调速。

改变极对数时一般采用丫/丫丫或△/丫丫联结方式。采用丫/丫丫变极调速时，由于变极前后电动机的相电压不变，可以证明，丫/丫丫变极调速基本上属于恒转矩调速方式；采用△/丫丫变极调速时，为了充分利用电动机，使每个绕组都流过额定电流，可以证明，△/丫丫变极调速基本上属于恒功率调速方式。多速电动机起动时宜先接成低速，然后再换接成高速，这样可获得较大的起动转矩。

多速电动机因结构简单、效率高、特性好，且调速所需附加设备少，所以广泛应用于机电联合调速的场合，特别是在中、小型机床上用得极多。民用建筑中，大型商场的排风兼排烟风机大多也采用双速电动机拖动，正常情况下风机低速运行排风，且与送风机组成商场的换风系统；当发生火灾时，排风机高速运行，能起到快速排烟的作用。

8.2.4 变频调速

从改变电源频率时的异步电动机人为特性曲线可以看出，若连续地调节定子电源的频率，即可实现连续地改变电动机的转速，这就是变频调速。变频调速是当今交流电动机调速的主流技术。

变频调速可以在额定频率 f_N 以下进行，也可以在额定频率 f_N 以上进行。

1. 额定频率 f_N 以下的变频调速

在额定频率 f_N 以下调速时，为了使气隙磁通饱和，必须同时降低电源电压，即保持电动机 U_1/f_1 不变，这时电动机的特性曲线如图 8-12 所示。

这种变频调速有如下特点：

1）随着频率的降低，电动机的起动转矩增大，即变频调速增大了电动机的起动能力。

2）电动机的最大转矩即过载能力不变。

3）电动机主工作段的硬度不变。

4）可以证明，U_1/f_1 为常数的变频调速属恒转矩调速方式。

2. 额定频率 f_N 以上的变频调速

三相异步电动机在额定频率 f_N 以上实现变频调速时，由于电动机的定子电压 U_1 不能超过电动机的额定电压 U_N，由下式可知：

$$E_1 = 4.44 f_1 N_1 k_{dp1} \Phi \approx 4.44 f_1 N_1 \Phi \tag{8-6}$$

式中，f_1 为定子感应电动势的频率；k_{dp1} 为定子绕组系数，$k_{dp1} \approx 1$；Φ 为气隙每极磁通量。

电压不变，频率上升时磁通必将下降，因此额定频率 f_N 以上的变频调速是一种弱磁性质的调速，这时电动机的特性曲线如图 8-13 所示。

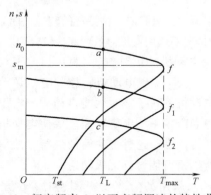

图 8-12　额定频率 f_N 以下变频调速的特性曲线

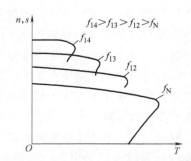

图 8-13　额定频率 f_N 以上变频调速的特性曲线

由特性曲线分析可知：额定频率 f_N 以上的变频调速中，随着频率的增大，电动机的转速上升，即弱磁升速。另外可推出，这种弱磁升速的变频调速属于恒功率的调速方式。

变频调速可使异步电动机获得很宽的调速范围、很好的调速平滑性，并有足够硬度的特性曲线，且为无级调速，是一种较理想的调速方法。变频调速的关键技术是如何获得频率可变的大功率供电电源。变频调速系统的核心是变频器，变频器多采用晶闸管或自关断功率晶体管组成的电路。

变频器按照交流电的相数分类，可分为单相变频器和三相变频器；按照性能分类，可以分为交-直-交变频和交-交变频。

8.3　异步电动机闭环变压调速系统

8.3.1　闭环变压调速系统的组成

变压调速是异步电动机调速方法中比较简单的一种，也是非常常用的一种，由前面讲到的异步电动机有关知识可知，在忽略电动机定子漏阻抗的情况下，电磁转矩为

$$T=\frac{3U_1^2 p\dfrac{R_2'}{s}}{2\pi f_1\left[\left(\dfrac{R_2'}{s}\right)^2+(x_2')^2\right]}\qquad(8\text{-}7)$$

最大转矩和其对应的临界转差率分别为

$$T_{\max}=\frac{1}{2}\frac{3pU_1^2}{2\pi f_1 x_2'}\qquad(8\text{-}8)$$

$$s_{\mathrm{m}}=\frac{R_2'}{x_2'}\qquad(8\text{-}9)$$

分析可知，当异步电动机电路的参数不变时，在相同转速下，电磁转矩 T 与定子电压 U_1 的二次方成正比，因此改变定子外加电压，就可以改变特性曲线的函数关系，从而改变电动机在一定负载下的转速，这种方式对于恒转矩负载，调速范围小，容易产生不稳定。如果带风机类负载运行，调速范围可以稍大一些。为了能在恒转矩负载下扩大调速范围，并使电动机在较低转速下运行不至于过热，就要求电动机转子具有较高的电阻值，这样的电动机在变压时的特性曲线如图 8-14 所示。显然，带恒转矩负载时的调压范围增大了，即使堵转工作，也不至于烧坏电动机，这种电动机又称交流力矩电动机。

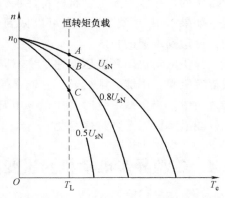

图 8-14　高转子电阻的力矩电动机在不同电压下的特性曲线

过去改变交流电压的方法多用自耦变压器或带直流磁化绕组的饱和电抗器，随着电力电子技术的发展，这些比较笨重的电磁装置就被晶闸管等大功率电力电子器件所组成的交流调压器取代了，交流调压器一般用 3 对晶闸管反并联或 3 个双向晶闸管分别串联在三相电路中，用相位控制改变输出电压。

采用高转子电阻的力矩电动机，可以增大调速范围，但特性曲线会变软，因而当负载变化时转差率很大，开环控制很难解决这个矛盾。为此，对于恒转矩性质的负载，要求调速范围大于 2 时，往往采用带转速反馈的闭环系统，如图 8-15 所示。

8.3.2　闭环变压调速系统的静特性

图 8-16 所示为闭环变压调速系统的静特性。当系统带负载 T_L 在点 A 运行时，如果负载

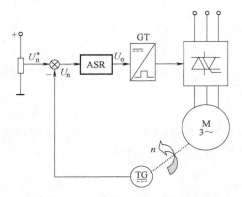

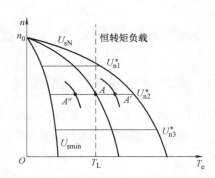

图 8-15　带转速负反馈闭环控制
的交流变压调速系统

图 8-16　闭环变压调速系统的静特性

增大引起转速下降，反馈控制作用能提高定子电压，从而在右边一条特性曲线上得到新的工作点 A'。同理，当负载降低时，会在左边一条特性曲线上得到定子电压低一些的工作点 A''。按照反馈控制规律，将 A''、A、A' 连接起来便是闭环系统的静特性。尽管异步电动机的开环特性和直流电动机的开环特性差别很大，但是在不同电压的开环特性上各取一个相应的工作点，连接起来便得到闭环系统静特性，这样的分析方法对两种电动机的闭环系统是完全适用的。尽管异步电动机的特性很软，但由系统放大系数决定的闭环系统静特性却可以很硬。如果采用 PI 调节器，也可以做到无静差。改变给定信号 U_n^*，则静特性平行地上下移动，可达到调速的目的。

异步电动机闭环变压调速系统不同于直流电动机闭环调速系统的地方是：静特性左右两边都有极限，不能无限延长，它们是额定电压 U_{sN} 下的特性曲线和最小输出电压 U_{smin} 下的特性曲线。当负载变化时，如果电压调节到极限值，闭环系统便失去控制能力，系统的工作点只能沿着极限开环特性变化。

8.4　笼型异步电动机变压变频调速系统（VVVF 系统）

8.4.1　变压变频调速的特点

异步电动机的变压变频调速系统一般简称为变频调速系统。

变频调速的调速范围宽，无论高速还是低速，效率都较高，通过变频控制可以得到和直流他励电动机特性曲线相似的线性硬特性，能够实现高动态性能。

调频变速时，可以从基频向下或向上调节。

1）从基频向下调节时，希望维持气隙磁通不变。因为电动机的主磁通在额定点时就已接近饱和，当电动机的端电压一定、降低频率时，电动机的主磁通要增大，使得主磁路过饱和，励磁电流猛增，这是不允许的。因而调频时须按比例同时控制电压，保持电动势频率比为恒值或以恒压频（降低供电频率的同时降低输出电压）的控制方式，来维持气隙磁通不变。磁通恒定时，转矩也恒定，属于恒转矩调速。

2）从基频向上调节时，由于电压无法再升高，只好仅提高频率而使磁通减弱，弱磁调速属于恒功率调速。需要注意的是，低频时，定子相电压和电动势都较小，定子漏磁阻抗电压降所占的分量就比较显著，不能忽略。这时可以人为地把定子相电压抬高一些，以便近似地补偿定子电压降。在实际应用中，由于负载不同，需要补偿的定子电压降值也不一样。在控制软件中，须备有不同斜率的补偿特性，以供用户选择。

8.4.2 电力电子变压变频器的主要类型

由于电网提供的是恒压恒频的电源，而异步电动机的变频调速系统又必须具备能够同时控制电压幅值和频率的交流电源，因此应该配置变压变频器，从整体结构上看，电力电子变压变频器可分为交-直-交和交-交两大类。

1. 交-直-交变压变频器

交-直-交变压变频器将工频交流电通过整流器变换为直流电，再通过逆变器将直流电变换成频率和电压可控的交流电，其结构如图 8-17 所示。由于这类变压变频器在恒频交流电源和变频交流

图 8-17 交-直-交变压变频器的结构

输出之间有一个"中间直流环节"，所以又称间接式的变压变频器。

其中的整流和逆变电路种类很多，当前应用最广的是由二极管组成不可控整流器和由全控型功率开关器件组成脉宽调制（PWM）变压变频器。常用的全控型功率开关器件有 P-MOSFET（小容量）、IGBT（中小容量）、GTO 晶闸管（大中容量）及代替 GTO 晶闸管的电压控制器件，如 IGCT、IEGT 等。对于特大容量电动机变压变频时，受到开关器件额定电压和电流的限制，常采用半控型晶闸管来实现逆变。

PWM 变压变频器具有如下优点：

1) 在主电路整流和逆变两个单元中，只有逆变单元是可控的，通过它同时调节电压和频率，结构十分简单。采用全控型功率开关器件，通过驱动电压脉冲进行控制，驱动电路简单、效率高。

2) 输出电压波形虽是一系列的 PWM 波，但由于采用了恰当的 PWM 控制技术，正弦基波的比重较大，影响电动机运行的低次谐波受到很大的抑制，因而转矩脉动小，提高了系统的调速范围和稳态性能。

3) 逆变器同时实现调压和调频，系统的动态响应不受中间直流环节滤波器参数的影响，使动态性能得以提高。

4) 采用不可控的二极管整流器，电源侧功率因数较高，且不受逆变器输出电压大小的影响。

2. 交-交变压变频器

交-交变压变频器的结构如图 8-18 所示。它是把恒压恒频（CVCF）的交流电源直接变换成变压变频（VVVF）输出，因此又称直接式变压变频器或周波变换器。

常用的交-交变压变频器输出的每一相都是一个由正、反两组晶闸管可控整流装置反并联的可逆电路，如图 8-19 所示。

正、反两组按一定周期相互切换，在负载上就获得交变的输出电压 u_o，u_o 的幅值取决于各组可控整流装置的控制角 α，u_o 的频率取决于正、反两组整流装置的切换频率。当 α 按

图 8-18　交-交变压变频器的结构

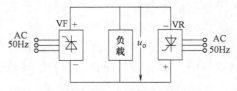

图 8-19　交-交变压变频器每相可逆电路

正弦规律变化时，正向组和反向组的平均输出电压分别为正弦波的正半周和负半周。

交-交变压变频器的缺点如下：

1）所用器件数量很多，总体设备相当庞大。

2）输入功率因数低、谐波电流含量大、频谱复杂，因此需配置滤波和无功补偿设备。

交-交变压变频器最高输出频率不超过电网频率的 1/2，主要用于轧机主传动，以及球磨机、水泥回转窑等大容量、低转速的调速系统，可以省去庞大的齿轮减速器。

8.4.3　电压源型和电流源型逆变器

在交-直-交变压变频器中，按照中间直流环节滤波器的不同，逆变器可以分为电压源型和电流源型两类。

直流环节采用大电容滤波的是电压源逆变器（VSI），其直流电压波形比较平直，如图 8-20a 所示，简称电压型逆变器。如图 8-20b 所示，直流环节采用大电感滤波的是电流源逆变器（CSI），其直流电流波形比较平直，简称电流型逆变器。

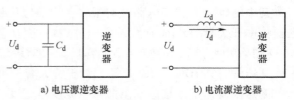

a) 电压源逆变器　　　　b) 电流源逆变器

图 8-20　电压源逆变器和电流源逆变器

两类逆变器在主电路上虽然只是滤波环节有所不同，但在性能上却有明显的差异，主要表现如下：

1）无功能量的缓冲。在调速系统中，逆变器的负载是异步电动机，属感性负载。在中间直流环节与负载电动机之间，除了有功功率的传递外，还存在着无功功率的交换。滤波器除滤波外还起着对无功功率的缓冲作用，使它不致影响到交流电网。因此也可以说，两类逆变器的区别表现在采用何种储能元件（电容器或电感器）来缓冲无功能量。

2）能量的回馈。用电流源逆变器给异步电动机供电的电流源型变压变频调速系统有一个显著的特征，就是容易实现能量的回馈，从而便于四象限运行，适用于需要回馈制动和经常正反转的生产机械。与此相反，采用电压源逆变器的交-直-交变压变频调速系统要实现回馈制动和四象限运行却很困难。因为其中间直流环节有大电容钳制着电压极性，不可能迅速反向，所以在原装置上无法实现回馈制动。必须制动时，只得在直流环节中并联电阻实现能耗制动，或者与可控整流器反并联一组反向的可控整流器，用以通过反向制动电流，而保持电压极性不变，实现回馈制动。这样做，设备要复杂得多。

3）动态响应。正是由于电流源型变压变频调速系统的直流电压极性可以迅速改变，所以动态响应比较快，而电压源型的则要差一些。

4）应用场合。电压源型逆变器属恒压源，电压控制响应慢、不易波动，适用于多台电动机同步运行时的供电电源，或单台电动机调速但不要求快速起动、制动和快速减速的场合。采用电流源型逆变器的系统则相反，不适用于多电动机传动，但可以满足快速起动、制动和可逆运行的要求。

8.4.4 180°导通型和120°导通型逆变器

交-直-交变压变频器一般接成三相桥式电路，在三相桥式逆变器中，根据各控制开关轮流导通和关断的顺序不同，可有180°导通型和120°导通型两种换流方式。同一桥臂上、下两管之间互相换流的逆变器称作180°导通型逆变器，如图8-21所示，当 VT_1 关断后，使 VT_4 导通，而当 VT_4 关断后，又使 VT_1 导通。这时每个开关器件在一个周期内导通的区间是180°，其他各相也均

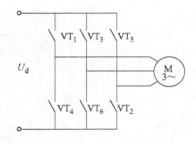

图8-21 三相桥式逆变器主电路

如此。不难看出，在180°导通型逆变器中，除换流期间外，每一时刻总有3个开关器件同时导通。但须注意，必须防止同一桥臂的上、下两管同时导通，否则将造成直流电源短路（称为直通）。为此，在换流时，必须采取"先断后通"的原则，即先给应该关断的器件发出关断信号，待其关断后留有一定的时间裕量（称为死区时间），再给应该导通的器件发出开通信号。死区时间的长短视器件的开关速度而定，对于开关速度较快的器件，所留的死区时间可以短一些。为了安全起见，死区时间的设置是非常必要的，但它会造成电压波形的畸变。

120°导通型逆变器的换流是在同一排不同桥臂的左、右两管之间进行的，例如，VT_1 关断后使 VT_3 导通，VT_3 关断后使 VT_5 导通，VT_4 关断后使 VT_6 导通等。这时，每个开关器件一次连续导通120°，在同一时刻只有两个器件导通，如果负载电动机绕组是Y联结，则只有两相导电，另一相悬空。

8.4.5 变压变频调速系统

变频调速系统可以分为他控变频和自控变频两大类。他控变频调速系统是用独立的变频装置给电动机提供变压变频电源，自控变频调速系统是用电动机轴上所带的转子位置检测器来控制变频装置。

1. 他控变频调速系统

SPWM变频器属于交-直-交静止变频装置，它先将50Hz交流电经整流变压器变为所需电压后，经二极管不可控整流和滤波，形成直流电压，再送入常用6个大功率晶体管构成的逆变器主电路，输出三相频率和电压均可调整的等效于正弦波的脉宽调制波（SPWM波），即可拖动三相异步电动机运转。这种变频器结构简单，电网功率因数接近于1，且不受逆变器负载大小的影响，系统动态响应快，输出波形好，使电动机在近似正弦波的交变电压下运行，脉动转矩小，扩展了调速范围，提高了调速性能，因此在交流驱动中得到了广泛应用。

图8-22所示为SPWM变频器控制电路。正弦波发生器接收经过电压、电流反馈调节的信号，输出一个具有与输入信号相对应频率与幅值的正弦波信号，此信号为调制信号。三角波发生器输出的三角波信号称为载波信号。调制信号与载波信号相比较，输出的信号作为逆变器功率晶体管的输入信号。

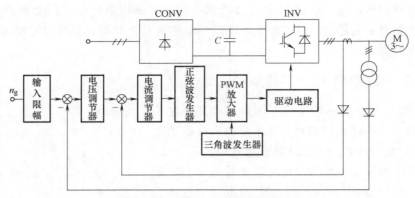

图 8-22　SPWM 变频器控制电路

2. 自控变频调速系统

首先介绍通用变频器，通用变频器的"通用"是指它具有多种可供选择的功能，可适应各种不同性质负载的异步电动机的配套使用。

通用变频器控制正弦波的产生，是以恒电压频率比（U/f）保持磁通不变为基础的，再经 SPWM 调制驱动主电路，产生 U、V、W 三相交流电，驱动三相交流异步电动机。图 8-23 所示为通用变频器的组成框图。

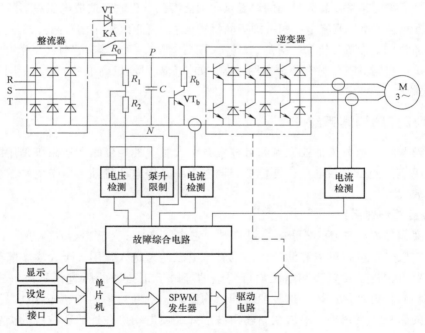

图 8-23　通用变频器的组成框图

为了保证驱动装置能安全可靠的工作，驱动装置具有多种自动保护。如图 8-23 所示，R_0 的作用是限制起动时的大电流。合上电源开关后，R_0 接入，以限制起动电流；经延时，触点 KA 闭合或晶闸管 VT 导通（见图中虚线部分），将 R_0 短路，避免造成附加损耗。R_b 为能耗制动电阻，制动时，异步电动机进入发电状态，通过逆变器的续流二极管向电容 C 反向充电，当中间直流回路电压（P、N 点之间电压，通称泵升电压）升高到一定限制值时，通过泵升限制电路使开关器件 VT_b 导通，电容 C 通过 R_b 放电，这样将电动机释放的动能消耗在制动电阻 R_b 上。为便于散热，制动电阻常作为附件单独装在变频器外。变频器中的定子电流和直流回路电流检测，一方面用于补偿在不同频率下的定子电压，另一方面用于过载保护。

控制电路中的单片机，一方面根据设定的数据，经运算输出控制正弦波信号，经 SPWM 调制，由驱动电路驱动 6 个大功率晶体管，产生三相交流电压 U、V、W 以驱动三相交流异步电动机运转，SPWM 的调制和驱动电路可采用 PWM 大规模集成电路和集成化驱动模块；另一方面，单片机通过对各种信号进行处理，在显示器中显示变频器的运行状态，必要时可通过接口将信号取出做进一步处理。采用通用变频器进行驱动的变频调速系统属于他控变频调速。

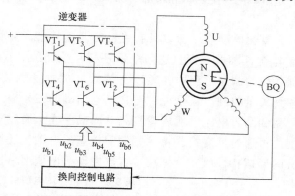

图 8-24　自控变频同步电动机控制框图

如图 8-24 所示，自控变频同步电动机在原理上和直流电动机相似，其励磁环节采用永磁转子，三相电枢绕组与 $VT_1 \sim VT_6$ 六个大功率晶体管组成的逆变器相连，逆变电源为直流电。当三相电枢绕组通有平衡的电流时，将在定子空间产生以同步转速 n_0 旋转的磁场，并带动转子以转速 n_0 同步旋转。其电枢绕组电流的换向由转子位置控制，取代了直流电动机通过换向器和电刷使电枢绕组电流换向的机械换向，避免了电刷和换向器因接触产生火花的问题，同时可用交流电动机的控制方式，获得直流电动机优良的调速性能。与直流电动机不同的是，这里的磁极在转子上是旋转的，而电枢绕组却是静止的，这显然与直流电动机并没有本质的区别，只是处于不同位置的相对运动而已。

图 8-25 所示为一个 4 极的位置检测器安装位置和逻辑图。

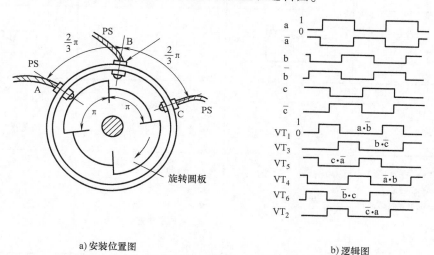

a) 安装位置图　　　　　　　　　b) 逻辑图

图 8-25　位置检测器安装位置和逻辑图

在金属圆板上，每隔180°空间电角度就有凸部和凹部与 N 极和 S 极对应，如图 8-25a 所示。间隔120°空间电角度设置三个检测元件 A、B、C，转子旋转时，检测元件 A、B、C 输出图 8-25b 所示的 a、b、c 方波。利用 a、b、c 及其反向信号共 6 个信号，经逻辑运算得到晶体管 $VT_1 \sim VT_6$ 基极的控制脉冲。

转子每转过 60°空间电角度，通过控制电路，顺序地使功率晶体管导通。如图 8-24 所示编号，则 6 个功率晶体管按 $VT_1 \rightarrow VT_2 \rightarrow VT_3 \rightarrow VT_4 \rightarrow VT_5 \rightarrow VT_6$ 顺序循环导通，每个功率晶体管导通 120°空间电角度，给电枢绕组提供三相平衡电流，产生电磁转矩以使电动机转子连续旋转。

永磁同步电动机利用电动机轴上所带的转子位置检测器检测转子位置，也可以进行矢量变频控制。

直流电动机之所以具有优良的调速性能，是因为其输出转矩只与电动机的磁场 Φ 和电枢电流 I_a 相关，而且这两个量是相互独立的。在利用频率、电压可调的变频器来实现交流电动机的调速过程中，通过"等效"的方法获得与直流电动机相同转矩特性的控制方式，称为矢量控制。就是说，把交流电动机的三相输入电流等效为直流电动机中彼此独立的电枢电流和励磁电流，然后像直流电动机一样，通过对这两个量的控制，实现对电动机的转矩控制，再通过反变换，将控制的等效直流电动机还原成三相交流电动机，这样，三相交流电动机的调速特性就完全体现了直流电动机的调速特性。等效变换过程见表 8-2。

表 8-2　三相交流电动机的矢量等效变换过程

序号	1	2	3	4
等效矢量图				
符号	—			
表达式	—	$i_\alpha = i_U - \dfrac{1}{2} i_V - \dfrac{1}{2}$ $i_\beta = \dfrac{\sqrt{3}}{2} i_V - \dfrac{\sqrt{3}}{2} i_W$	$i_d = i_\alpha \cos\varphi + i_\beta \sin\varphi$ $i_q = -i_\alpha \cos\varphi + i_\beta \sin\varphi$	$\|i_1\| = \sqrt{i_q^2 + i_d^2}$ $\tan\theta = \dfrac{i_d}{i_q}$
说明	U、V、W——三相绕组 Φ——定子磁通 ω_1——定子旋转磁通角频率 θ_1——相位角	α、β——等效后二相绕组	i_d——励磁电流 i_q——电枢电流 Φ_2——转子磁通 φ——转子磁通相位角 θ——负载角	—

（1）三/二相变换（U、V、W→α、β）　见表 8-2 中序号 1 和 2 列，在三相定子绕组 U、

V、W 中通过正弦电流 i_U、i_V、i_W，形成定子旋转磁通 Φ，它的旋转方向和角频率 ω_1 分别取决于电流的相序和频率。通过等效变换，就可用固定、对称的两相绕组 α、β 的异步电动机来代替，即同样产生角频率为 ω_1 的三维定子旋转磁通 Φ。

（2）矢量旋转变换（VR 变换）见表中序号 2 和 3 列，将两相绕组 α、β 中的交流电流 i_α、i_β 变换成以转子磁通 Φ_2 定向的直流电动机的励磁绕组 d 和电枢电阻 q，分别通以励磁电流 i_d 和电枢电流 i_q。在确保旋转磁通 Φ 恒定的前提下，实现了两相交流电动机与直流电动机的等效变换。由于励磁电流 i_d 与转矩成正比，电枢电流 i_q 与转子磁通 Φ_2 成正比，所以在实际的调速控制系统中，i_d 和 i_q 可通过转矩指令和磁通量来确定。

在 VR 变换中，转子磁场的相位角 φ 和磁通 Φ_2 的幅值检测有直接测量法和间接测量法。从理论上讲，直接测量应该较为准确，但实际中却会遇到很多工艺和技术方面的困难，而且由于磁槽的影响，使测量信号中含有较大成分的脉动分量，转速越低越严重。因此，现在使用统计中，多采用间接计算的方法，即利用容易测量的电压、电流、转速等信号，来实时计算转子磁场的相位角 φ 和磁通 Φ_2 的幅值，其计算式为

$$|\Phi_2| = K_1 i_d \tag{8-10}$$
$$\omega_1 = K_2 i_q / (K_1 i_d) + \omega = \omega_s + \omega \tag{8-11}$$

式中，K_1、K_2 为与电动机相关的常数；ω_s 为转差角频率，$\omega_s = K_2 i_q / (K_1 i_d)$；$\omega$ 为转子实际旋转角频率。

等效后，转子旋转磁场的角频率与原定子旋转磁场的角频率是相同的，因此对 ω_1 进行积分就可以获得转子磁场的相位角 φ。

（3）直角坐标-极坐标变换（K/P 变换） 把直角坐标系中的 i_d 和 i_q 通过极坐标变换，即可求得定子电流 i_1 和负载角 θ。而负载角 θ 与转子磁场相位角 φ 的和即为三相交流电动机的旋转磁通 Φ 的相位角 θ_1，它的大小决定了三相定子电流的角频率。

矢量控制调速系统就是通过上述矢量变换获得幅值和频率可调的正弦波的，经过 SPWM 调制，驱动主电路中的三组共 6 个开关器件，输出电压到三相交流电动机，使电动机的输出转速和转矩随之改变，从而适应系统的要求。

矢量控制调速系统具有动态特性好、调速范围宽、控制精度高、过载能力强且可承受冲击负载和转矩突变等特点。正是由于这些优良特性，近年来矢量控制调速系统随着变频技术的发展而得到了广泛的应用。

8.5 交、直流调速系统的比较

直流调速控制简单、调速性能好、变流装置（晶闸管整流装置）容量小，长期以来在调速传动中占统治地位，但也具有以下缺点：

1）直流电动机结构复杂、成本高、故障多、维护困难，经常因火花大而影响生产。

2）换向器的换向能力限制了电动机的容量和速度。直流电动机的极限容量和转速之积约为 10^6 kW·(r/min)，许多大型机械的传动电动机已经接近或者超过该值，设计制造困难，甚至根本制造不出来。

3）为改善换向能力，要求电枢漏感小，转子短粗，影响系统动态性能，在动态性能要求高的场合，不得不采用双电枢或者三电枢，带来造价高、占地面积大、易共振等一系列

问题。

4）直流电动机除励磁外，全部输入功率都通过换向器流入电枢，电动机效率低，由于转子散热条件差，故冷却费用高。

交流电动机没有上述缺点，但调速困难。近年来，随着电力电子技术的发展，大功率交流调速系统的性能已达到直流传动的水平，装置成本降低到与直流传动相当或者略低的程度，由于维修费用及能耗大大降低，可靠性提高，因此，出现了以交流传动代替直流传动的明显趋势。交、直流调速系统的性能比较，见表 8-3。

表 8-3　交、直流调速系统的性能比较

特性	直流	交流
调速范围	换向器的换向能力限制了其容量和转速，其极限容量和转速乘积约为 $10^6 \mathrm{kW} \cdot$（r/min）	交流电动机没有换向器，不受这种限制，因此特大容量的电力拖动设备，如厚板轧机、矿井卷扬机等，可以极高转速的拖动
调速性能动态响应	直流电动机控制简单，能在大范围内平滑而经济地调速	交流调速方法中，矢量控制和直接转矩控制可以控制动态电磁转矩，它们的控制性能可以抗衡甚至超过直流调速系统，因为交流调速不存在直流电动机的机械电流换相过程
转子惯量	转子惯量较大，加速时间长，影响动态响应性能	转子惯量远小于直流电动机，在要求频繁起动、制动的轧机应用中，能够实现更高的动态性能
低速大转矩	适用于低速大转矩的场合，起动性能优良、转矩脉动小	通过对矢量控制或直接转矩控制策略的改进，可以大大降低转矩脉动，降低噪声，使电动机可以运行于极低速
节能	由于直流电动机的转动惯量比交流电动机大得多，直流电动机的总体效率低（通常在 90% 左右）	交流电动机总体效率较高（可达到 97% 以上）。采用交流调速系统，运行性能优异、节能效果显著、运营成本降低
电动机成本维护	1. 直流电动机与交流电动机相比，结构较复杂、成本较高、维护不便，尤其是其电刷和换相器必须经常检查维修 2. 换向火花使直流电动机的应用环境受到限制，在易燃、易爆以及环境恶劣的地方不能采用	交流拖动控制系统已经成为当前电力拖动控制的主要发展方向： 1. 交流电动机，特别是笼型异步电动机的价格远低于直流电动机 2. 交流电动机无电刷和换向器，不易出现故障，维修非常简单
功率因数及对电网影响	直流调速系统一般采用晶闸管整流，功率因数低，触发角一般运行时为 $40° \sim 60°$，功率因数为 $0.5 \sim 0.7$，晶闸管全导通时功率因数也只能达到 93% 左右	采用变频调速技术，功率因数可达到 0.98，甚至等于 1，减小无功功率

8.6　变频器的原理及应用

变频器（Variable-Frequency Drive，VFD）是一种利用变频技术与微电子技术，通过改变电动机工作电源频率的方式来控制交流电动机的电力控制设备。变频器主要用于交流电动机的调速控制。

变频器在应用中，通过对电动机的调速控制，达到节能、提高工作效率、实现自动控制等目的，在钢铁、石油、石化、纺织等行业都得到了广泛的应用。

8.6.1 变频器的基本构成

变频器通常是由主电路和控制电路两部分组成的，实物及基本构成如图8-26、图8-27所示。

图8-26　变频器实物图

1. 变频器的主电路

变频器的主电路包括整流电路、直流环节、逆变环节、制动或反馈环节等部分。

（1）整流电路　整流电路的主要作用是把三相（或单相）交流电转变为直流电，为逆变电路提供所需的直流电源。按使用的元器件不同，整流电路可分为不可控整流电路、半控整流电路和全控整流电路三种。

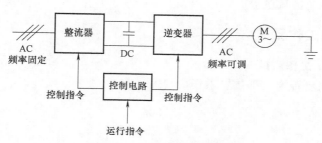

图8-27　变频器的基本构成

（2）直流环节　整流电路可以将电网的交流电源整流成直流电源，但直流电源的电压或电流中含有电压或电流波动，会影响直流电压或电流的质量。为了减小这种电压或电流的波动，需要加电容器或电感器作为直流中间环节。

对电压型变频器来说，直流中间电路通过大电容对输出电流进行滤波。对电流型变频器来说，直流中间电路通过电感对输出电流进行滤波。

（3）逆变环节　逆变环节通常又称为负载变流部分，是变频器的主要部分之一。它的功能是，在控制电路控制下将直流中间电路输出的直流电转换为电压、频率均可调的交流电，以实现对异步电动机的变频调速控制。

（4）制动或回馈环节　由于制动形成的再生能量在电动机侧容易聚集到变频器的直流环节，形成直流母线电压的泵升，所以，需要及时通过制动环节将能量以热能的形式释放或者通过回馈环节转换到交流电网中去。

制动在不同变频器中有不同的实现方式，通常，小功率的变频器都内置制动环节，即内置制动单元；中功率的变频器可以内置制动环节，但其属于标配或选配，需根据不同品牌变频器的选型手册而定；大功率的变频器其制动环节大多为外置。至于回馈环节，则大多属于变频器的外置电路。

2. 变频器的控制电路

为变频器的主电路提供通断控制信号的电路为控制电路，其主要任务是完成对逆变环节开关器件的开关控制和提供多种保护功能。控制电路的控制方式有模拟控制和数字控制两种。目前，已广泛采用了以微处理器为核心的全数字控制技术，主要靠软件完成各种控制功能，以充分发挥微处理器计算能力强和软件控制灵活性高的特点，完成许多模拟控制方式难以实现的功能。控制电路主要由以下几部分组成。

（1）运算电路　运算电路的主要作用是将外部的转速、转矩等指令信号同检测电路的电流、电压信号进行比较运算，决定变频器的输出频率和电压。

（2）信号检测电路　将变频器和电动机的工作状态反馈至微处理器，并由微处理器按事先确定的算法进行处理后，为各部分电路提供所需的控制或保护信号。

（3）驱动电路　驱动电路的作用是为变频器中逆变电路的换流器件提供驱动信号。当逆变电路的换流器件为晶体管时，称为基极驱动电路；当逆变电路的换流器件为 SCR、IG-BT 或 GTO 晶闸管时，称为门极驱动电路。

（4）保护电路　保护电路的主要作用是对检测电路得到的各种信号进行运算处理，以判断变频器本身或系统是否出现异常。当检测到异常时，进行各种必要的处理，如使变频器停止工作或抑制电压、电流值等。

8.6.2　变频器的工作原理

1. 变频器的基本工作原理

异步电动机的同步转速（即旋转磁场的转速）为

$$n_1 = \frac{60f_1}{p} \tag{8-12}$$

式中，n_1 为同步转速（r/min）；f_1 为定子电流频率（Hz）；p 为极对数。

异步电动机轴的转速为

$$n = n_1(1-s) = \frac{60f_1}{p}(1-s) \tag{8-13}$$

式中，s 为异步电动机的转差率，$s = (n_1 - n)/n_1$。

改变异步电动机的供电频率，可以改变其同步转速，实现调速的目的。

对异步电动机进行调速控制时，希望电动机的主磁通保持额定值不变。磁通太弱，则铁心利用不充分，同样的转子电流下，电磁转矩小，电动机的负载能力下降；磁通太强，则处于过励磁状态，使励磁电流过大，限制了定子电流的负载分量，为使电动机不过热，负载能力也要下降。

异步电动机的变频调速必须按照一定的规律同时改变其定子的电压和频率，即必须通过变频装置获得电压、频率均可调的供电电源，实现所谓的调速控制（VVVF）。

2. 变频器的脉宽调制技术

脉宽调制控制方式是指对逆变电路开关器件的通断进行控制，使输出端得到一系列幅值相等而宽度不等的脉冲，其脉冲宽度为正弦规律变化，用这些脉冲来代替正弦波。也就是说，在输出波形的一个周期中产生若干个脉冲，使各个脉冲的等值电压为正弦波形，所获得的输出波形平滑且低次谐波少。按一定的规律对各脉冲的宽度进行调制，这样既可以改变逆变电路输出的电压，也可以改变输出的频率。

8.6.3 变频器的类别与选用

1. 变频器的分类

变频器的种类丰富多样，可按照主电路工作方式、开关方式、工作原理和用途等方式进行分类，见表8-4。

表 8-4 变频器的分类

分类方式	名称	简介
主电路工作方式	电压型变频器	整流电路或者斩波电路产生逆变电路所需要的直流电压，并通过直流中间电路的电容进行平滑后输出
	电流型变频器	电动机定子电压的控制是通过检测电压后对电流进行控制的方式来实现的
开关方式	PAM（脉冲振幅）控制变频器	脉冲振幅调制控制是一种在整流电路部分对输出电压（电流）的幅值进行控制，而在逆变电路部分对输出频率进行控制的控制方式
	PWM 控制变频器	脉冲宽度调制是在逆变电路部分同时对输出电压（电流）的幅值和频率进行控制的控制方式。通过改变输出脉冲的宽度来达到控制电压（电流）的目的
	高载频 PWM 控制变频器	这种控制方式实际上是对 PWM 控制方式的改进，是为了降低电动机运转噪声而采用的一种控制方式
工作原理	U/f 控制变频器	基本特点是对变频器输出的电压和频率同时进行控制，通过使 U/f（电压和频率的比）的值保持一定而得到所需的转矩特性
	转差频率控制变频器	电动机的实际转速由安装在电动机上的速度传感器和变频器控制电路得到，而变频器的输出频率则由电动机的实际转速与所需转差频率的和自动设定
	矢量控制变频器	将异步电动机的定子电流分为产生磁场的电流分量和与其相垂直的产生转矩的电流分量，并分别加以控制
用途	通用变频器	通用变频器可以对普通的异步电动机进行调速控制
	高性能专用变频器	采用矢量控制方式，而驱动对象通常是变频器厂家指定的专用电动机，并且主要应用于对电动机控制性能要求较高的系统
	高频变频器	在超精加工机械中常常要用到高速电动机，为了满足这些高速电动机的驱动需求，出现了采用 PAM 控制方式的高速电动机驱动用变频器
	单相变频器和三相变频器	交流电动机可以分为单相交流电动机和三相交流电动机两种类型，与此相对应，变频器也可分为单相变频器和三相变频器，二者的工作原理相同，但电路的结构不同

2. 变频器的选择

变频器的选择包括变频器的类型选择和变频器的容量选择两方面。总的原则是，首先满足工艺要求，其次是尽可能地节省资金。根据控制功能，变频器可分为三种类型：普通功能型 U/f 控制变频器、具有转矩控制功能的高性能型 U/f 控制变频器和矢量控制高性能型变频器。变频器的选择要满足负载的要求。对于风机、泵类等低速下负载转矩小的设备，通常可选择普通功能型的变频器；对于恒转矩类负载或有较高静态转矩精度要求的传动系统，应采用具有转矩控制功能的高性能型 U/f 控制变频器或矢量控制高性能型变频器。变频器的选用见表 8-5。

表 8-5 变频器的选用

项目	类别	简介
类型选用	电动机的级数	一般电动机级数以不多于 4 极为宜,否则变频器容量要适当增加
	转矩特性、临界转矩、加速转矩	在同等电动机功率的情况下,相对于高速过载转矩模式,变频器规格可以降级选取
	电磁兼容性	为减小主电源干扰,使用期间可在中间电路或变频器输入电路中增加电抗器,或安装前置隔离变压器
选择原则	电动机功率	电动机功率在 280kW 以上时应选择电流型变频器,75kW 以下的电动机应选择电压型变频器,75~280kW 的电动机可根据实际情况选择
	根据拖动设备特性选择	机床类设备需要尽可能地满足恒功率的特性,可选用专用电动机并配足变频器功率,尽可能选用矢量型变频器,并要求变频器带有制动单元;风机、水泵等负载要选用专用变频器
箱体结构选用	敞开型 IP00 型	本身无机箱,适合装在电控箱内或电气室内的屏、盘、架上,尤其是多台变频器集中使用时,选用这种类型好,但对环境条件要求较高
	封闭型 IP20 型	适用一般用途,可有少量粉尘或较低温度、湿度的场合
	密封型 IP45 型	适用于工业现场条件较差的环境
	密闭型 IP65 型	适用于环境条件差,有水、粉尘及一定腐蚀性气体的场合

8.6.4 选用变频器的注意事项

系统效率等于变频器效率与电动机效率的乘积,只有两者都处在较高的效率下工作时,系统效率才较高。从效率角度出发,在选用变频器功率时,要注意以下几个问题:

1)变频器功率值与电动机功率值相当时最合适,以使变频器在高的效率值下运转。

2)当变频器的功率分级与电动机功率分级不相同时,变频器的功率要尽可能接近电动机的功率,但应略大于电动机的功率。

3)当电动机频繁起动、制动工作或处于重载起动且较频繁工作时,可选取大一级的变频器,以使变频器长期、安全运行。

4)经测试,电动机实际功率确实有富余,可以考虑选用功率小于电动机功率的变频器,但要注意瞬时峰值电流是否会造成过电流保护动作。

5)当变频器与电动机功率不相同时,必须相应调整节能程序的设置,以达到较高的节能效果。

本 章 小 结

本章从直流电动机与交流电动机的对比中突出了交流电动机结构简单、价格相对较低、运行可靠等优点,因此其应用相对比较广泛。现在应用的异步电动机普遍为三相电动机,它们的转速调节有以下几种方式:改变电动机的转差率调速、改变电动机的定子绕组极对数调速、改变电动机电源的频率调速。

学习目的：掌握交流调速系统的基本概念和基本方法，了解其调速特性，并在此基础上学会变频器的使用，能进行简单的调速分析。

习　　题

8-1　简述交流变压调速系统的优缺点和使用场合。

8-2　如何区别交-直-交变压变频器是电压源型还是电流源型？它们在性能上有什么差异？

8-3　采用二极管不可控整流器的功率开关器件脉宽调制逆变器组成的交-直-交变频器有什么优点？

8-4　为什么说调压调速方法不太适合长期工作在低速的工作机械？

8-5　串级调速系统的特性曲线有何特征？

8-6　交流 PWM 变换器和直流 PWM 变换器有何异同？

第9章

先进控制技术

20 世纪 60 年代以来，以状态空间、极小值原理、动态规划为核心的现代控制理论逐步发展起来，形成了状态反馈、状态观测、最优控制、鲁棒控制等一系列多变量控制系统的设计方法，对自动控制技术的发展起到了积极的推动作用，先进控制技术就是在这些基础上产生的。先进控制技术被用来处理那些采用常规控制效果不好，甚至无法控制的复杂系统的控制问题，常见的有模糊控制、模型预测控制、神经网络控制、深度学习、自抗扰控制等。

9.1 先进控制技术概述

9.1.1 先进控制技术的特点

先进控制技术的主要特点如下：

1）先进控制技术大多是基于模型的，并以系统辨识、最优控制以及最优估计等现代控制理论为基础的控制方法。

2）先进控制技术必须借助计算机来实现。先进控制技术中的数据处理、系统辨识、性能指标和控制规律的计算环节的实现均需要计算机的支撑。

3）先进控制技术通常用于处理复杂的多变量过程控制问题，如大时滞、多变量耦合、被控变量与控制变量存在着各种约束等。

4）优化方法在各类先进控制技术中发挥着重要的作用，并且越来越多的智能优化算法应用到先进控制策略中，如遗传算法、蚁群算法等。

9.1.2 先进控制技术的现状和发展趋势

由于生产过程往往很难用简单而精确的数学模型描述，并且先进控制技术所要求的计算复杂度比较高，所以这些控制技术在产生之初都没有得到很好的应用。随着计算机控制技术和系统辨识技术的发展，先进控制技术的实现已经越来越简单，而且成本也越来越低，因此许多先进控制技术得以大量推广。

从经济效益上讲，先进控制技术优势最明显的要属石油化工领域。在该领域的生产过程中，越接近生产装置的约束边界条件，所能取得的效益就越高。但是，如果超过了边界条件，就会产生重大的安全事故。因此，需要高精度的控制技术使得装置在边界约束的条件下稳定运行。通过实施先进控制，可大大提高生产过程中操作和控制的稳定性，减小关键变量的操作波动幅度，使其更接近于优化目标值，从而将工业生产过程的运行推向更接近装置的边界约束条件，最终达到增强工业生产过程的稳定性和安全性、保证产品质量的均匀性、提高目标产品的收益率、降低生产过程运行成本以及减少环境污染等目的。据国外统计，先进控制策略所取得的经济效益占整体效益的30%。国内炼油、石化行业已形成共识：先进控制技术是增加效益的有效手段。

在许多其他领域，先进控制技术的应用也越来越广泛。比如，模糊控制在家用电器中的应用、预测控制和滑模控制在电动机控制和电力电子领域的应用等。目前，我国传统制造业转型升级正在深入开展，企业产品生产线正在从低端往高端发展，相信先进控制技术会在越来越多的领域找到用武之地。

9.2　模糊控制技术

模糊控制技术是近代控制理论中的一种高级策略和新颖技术。模糊控制技术基于模糊数学理论，通过模拟人的近似推理和综合决策过程，提高控制算法的可控性、适应性和合理性，成为智能控制技术的一个重要分支。

1965 年，美国自动控制理论专家 L. A. Zadeh 提出了模糊集理论；1973 年，Zadeh 提出了基本框架，并用模糊 if-then 规则量化人类知识；1974 年，英国学者 E. H. Mamdani 研制成功第一个模糊控制器，并用其控制锅炉蒸汽机运行了 6 天。20 世纪 80 年代起，模糊控制技术在日本得到迅速发展，其典型应用包括日本富士电子水净化厂、模糊机器人、仙台地铁等。目前，模糊控制已在航天航空、工业过程控制、家用电器、汽车和交通运输等领域得到了广泛的应用。

9.2.1　模糊控制的数学基础

1. 模糊集合的定义

集合是指具有某种特定属性的对象的全体，被讨论的全部对象称为论域。对于一般的集合而言，论域中的元素是否属于该集合是确定的。但有些属性没有确切的标志，如大、小、冷、热、高、矮、胖、瘦等，若用数学描述这些概念属性，只能用模糊集合。

定义 9.1　给定论域 U，U 到 $[0, 1]$ 闭区间的任一映射 μ_A：

$$\mu_A : U \to [0, 1] \tag{9-1}$$

$$A \to \mu_A(x) \tag{9-2}$$

若确定 U 的一个模糊子集 A，μ_A 称为 A 的隶属度函数，$\mu_A(x)$ 称为 x 对于 A 的隶属度，模糊子集 A 称为模糊集合。

为区分起见，人们常把元素确定的集合称为普通集合，或经典集合。模糊集合的隶属度函数的取值范围是 $[0, 1]$，而普通集合的隶属度函数的取值范围是 $\{0, 1\}$。因此，普通集合是模糊集合的一种特殊情况。$\mu_A(x)$ 的大小反映了元素 x 对于模糊集合 A 的隶属程度。一般来说，隶属度函数的确定没有统一的方法，应根据具体应用背景由设计者凭经验来选取，也可凭经验从三角形、梯形、高斯型、钟形等典型函数中选取。

2. 模糊集合的表示方法

当论域 U 由有限多个元素组成时，设 $U = \{x_1, x_2, \cdots, x_n\}$，模糊集合可用向量表示法或 Zadeh 表示法表示；当论域 U 由无限个元素组成时，模糊集合可用 Zadeh 表示法表示。

1）向量表示法：$A = (\mu_A(x_1), \mu_A(x_2), \cdots, \mu_A(x_n))$。

2）Zadeh 表示法：有限元素时 $A = \dfrac{\mu_A(x_1)}{x_1} + \dfrac{\mu_A(x_2)}{x_2} + \cdots + \dfrac{\mu_A(x_n)}{x_n}$；无限元素连续时，

$A = \displaystyle\int_x \dfrac{\mu_A(x)}{x}$，无限元素离散时，$A = \displaystyle\sum_{i=1}^{\infty} \dfrac{\mu_A(X_i)}{x_i}$。

3. 模糊集合的运算

定义 9.2 设 A、B 为论域 U 上的模糊集合，若任一 $x \in U$，均有 $\mu_A(x) \leqslant \mu_B(x)$，则称 A 包含于 B，记作 $A \subseteq B$；若任一 $x \in U$，均有 $\mu_A(x) = \mu_B(x)$，则称 A 等于 B，记作 $A = B$。

定义 9.3 设 A、B 为论域上的模糊集合，则 A 与 B 的并集、交集、补集也是论域 U 上的模糊集合。并集、交集、补集的定义如下：

1）A 与 B 的交集，记作 $A \cap B$，其运算规则为

$$\mu_{A \cap B}(x) = \mu_A(x) \wedge \mu_B(x) = \min(\mu_A(x), \mu_B(x)) \tag{9-3}$$

2）A 与 B 的并集，记作 $A \cup B$，其运算规则为

$$\mu_{A \cup B}(x) = \mu_A(x) \vee \mu_B(x) = \max(\mu_A(x), \mu_B(x)) \tag{9-4}$$

3）A 的补集，记作 $\bar{A}$，其运算规则为

$$\mu_{\bar{A}}(x) = 1 - \mu_A(x) \tag{9-5}$$

定义 9.4 设 A、B 为论域 U 上的模糊集合，则 $A \cdot B$ 称为模糊集合 A 和 B 的代数积，$A \cdot B$ 的隶属度函数为 $\mu_{A \cdot B} = \mu_A \cdot \mu_B$；$A+B$ 称为模糊集合 A 和 B 的代数和，$A+B$ 的隶属度函数为

$$\mu_{A+B} = \begin{cases} \mu_A + \mu_B & \mu_A + \mu_B \leqslant 1 \\ 1 & \mu_A + \mu_B > 1 \end{cases} \tag{9-6}$$

4. 模糊集合运算的基本性质

设模糊集合 A、B、$C \in U$，$\varnothing$ 为空集，则 A、B、C 并集、交集、补集运算满足：

1）幂等律：$A \cup A = A$，$A \cap A = A$。

2）交换律：$A \cup B = B \cup A$，$A \cap B = B \cap A$。

3）结合律：$(A \cup B) \cup C = A \cup (B \cup C)$。

4）分配律：$A \cup (B \cap C) = (A \cup B) \cap (A \cup C)$。

5）吸收律：$A \cup (A \cap B) = A$，$A \cap (A \cup B) = A$。

6）同一律：$A \cap U = A$，$A \cup U = U$，$A \cap \varnothing = \varnothing$，$A \cup \varnothing = A$。

7）复原律：$\bar{\bar{A}} = A$。

8）对偶律：$\overline{A \cup B} = \bar{A} \cap \bar{B}$，$\overline{A \cap B} = \bar{A} \cup \bar{B}$。

9）互补律不成立：$A \cup \bar{A} \neq U$，$A \cap \bar{A} \neq \varnothing$。

5. 模糊关系和模糊关系矩阵

在日常生活中经常听到诸如 "A 与 B 很相似" "X 比 Y 大得多" 等语句，这类句子体现了所描述对象在一定程度上具有某种关系，可用模糊关系描述此类关系中元素之间的关联程

度。当论域元素有限时，模糊关系可用模糊矩阵来表示。

定义 9.5　设 X 和 Y 是两个非空集合，则 $X \times Y = \{(x, y) \mid x \in X, y \in Y\}$ 中的一个模糊子集 R 称为从 X 到 Y 的一个模糊关系，记作 $X \overset{R}{\to} Y$。$\mu_R(x, y)$ 是序偶 (x, y) 的隶属度，它表明 (x, y) 具有关系 R 的程度。

定义 9.6　设 R 和 S 是 X 到 Y 的模糊关系，则 R 和 S 运算关系定义如下：

1）并运算：$R \cup S$ 称为模糊关系 R 和 S 的并，其隶属度函数为

$$\mu_{R \cup S}(X, Y) = \vee [\mu_R(x, y), \mu_S(x, y)] = \max\{\mu_R(x, y), \mu_S(x, y)\} \tag{9-7}$$

2）交运算：$R \cap S$ 称为模糊关系 R 和 S 的交，其隶属度函数为

$$\mu_{R \cap S}(X, Y) = \wedge [\mu_R(x, y), \mu_S(x, y)] = \min\{\mu_R(x, y), \mu_S(x, y)\} \tag{9-8}$$

3）补运算：$\overline{R}$ 称为模糊关系 R 的补，其隶属度函数为

$$\mu_{\overline{R}}(X, Y) = 1 - \mu_R(x, y) \tag{9-9}$$

4）转置：R^T 称为模糊关系 R 的转置，其隶属度函数为

$$\mu_{R^T}(Y, X) = \mu_R(x, y) \tag{9-10}$$

6. 模糊关系的合成

定义 9.7　设 U、V、W 是论域，Q 是 $U \to V$ 的关系，R 是 $V \to W$ 的关系，则 $Q \cdot R$ 是 $U \to W$ 的关系，称为关系 Q 和 R 的合成，其隶属度函数为

$$\mu_{Q \cdot R}(u, w) = \bigvee_{v \in V} (\mu_Q(u, v) \wedge \mu_R(v, w))$$

当论域有限时，模糊关系的合成用模糊矩阵的合成表示。设 $Q = (q_{ij})_{n \times m}$，$R = (r_{jk})_{m \times l}$，$S = (s_{ik})_{n \times l}$，则 $s_{ik} = \bigvee\limits_{j=1}^{m} (q_{ij} \wedge r_{jk})$。此时，模糊关系合成运算性质与模糊矩阵合成运算性质完全相同。

7. 模糊推理

推理是由一个或几个已知的前提条件推出某个结论的过程。模糊推理又称为模糊逻辑推理，它是根据模糊命题推出新的模糊命题作为结论的过程。对于控制系统设计而言，就是根据设计经验和已知参数推出控制器输出的过程。常用形式如下：

1）"若 A 则 B"型，记为"if A then B"，其模糊关系为

$$R = A \times B$$

例如，在加热炉的炉温控制中，"若温度偏低，则增加燃料量"的控制策略可以用此形式表示。

2）"若 A 则 B 否则 C"型，记为"if A then B else C"，其模糊关系为

$$R = (A \times B) \cup (\overline{A} \times C) \tag{9-11}$$

例如，在加热炉的炉温控制中，"若炉温偏低，则增加燃料量，否则减少燃料量"的控制策略可以用此形式表示。

3）"若 A 且 B 则 C"型，记为"if A and B then C"，其模糊关系为

$$R = (A \times B)^T \times C \tag{9-12}$$

例如，在加热炉的炉温控制中，"若温度偏低，且温度有继续下降的趋势，即温度变化的导数为负，则增加燃料量"的控制策略可以用此形式表示。

定义 9.8　设 A 和 B 为不同论域上的模糊集合，则 $A \times B = A^T \cdot B$；设 A、B、C 为不同

论域上的模糊集合，则 $A×B×C=(A×B)^L·C$，其中 L 运算表示将括号内的矩阵按行写成 mn 维列向量的形式。

9.2.2 模糊控制原理

1. 问题的提出

在实际工程中，如锅炉温度控制、水位控制、热处理加热炉控制等许多系统和过程都十分复杂，其精确的数学模型难以建立，常规控制器难以满足控制要求，但熟练者凭借经验以手动方式控制却能取得理想的控制效果，其原因是控制规则常以模糊的形式体现在熟练操作者的经验中，很难用传统的数学语言来描述。因此，能否利用熟练者的经验来设计控制器就成为一个重要问题。

2. 模糊控制的基本思想

模糊控制是采用"模糊"理论描述不确定性系统的问题，由模糊数学语言描述控制规则，模拟人的思维，构造一种非线性控制器操控系统方式，以满足复杂的、不确定的过程控制需要的控制方式。由于模糊控制是对人思维方式和控制经验的模仿，所以在一定程度上可以认为模糊控制方法是一种实现了用计算机推理代替人脑思维的控制方法。在智能控制领域内，模糊控制适用于传统方法难以解决但又是现实存在的复杂系统的控制。实现模糊控制，需要解决以下问题：

1）精确量转化成模糊变量。因为传感器采集到的信号都是确定的数值，而描述人的经验需要采用模糊变量。

2）实现模糊推理。模糊推理完成由输入模糊变量和人的经验推出控制需要的输出模糊变量的功能。

3）模糊变量转换成精确量。因为模糊推理的输出结果都是模糊变量，而直接控制执行机构需要的是精确量。

3. 模糊控制系统的结构

模糊控制系统通常由模糊控制器、输入输出接口、执行机构、测量装置以及被控对象等部分组成。

9.2.3 模糊控制器

按照模糊控制规则组成的控制装置称为模糊控制器，模糊控制器是模糊控制系统的核心，其功能框图如图 9-1 所示。

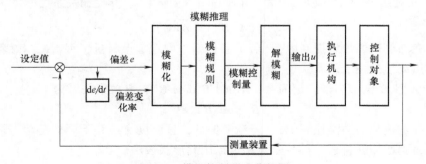

图 9-1 模糊控制器功能框图

1. 模糊控制器的类型

常见的模糊控制器有单输入单输出、双输入单输出、多输入单输出以及双输入多输出四种类型。

（1）单输入单输出模糊控制器 图 9-2a 所示为单输入单输出模糊控制器结构框图。它是一维的模糊控制器，其控制规则常用 "if A then U、if A then U else I 描述，模糊集合 U 和 I 具有相同的论域。这种控制规则反映了非线性比例控制规律。

（2）双输入单输出模糊控制器 图 9-2b 所示为双输入单输出模糊控制器结构框图。它是二维的模糊控制器，其控制规则常用 "if E and EC then U" 描述，模糊集合 E 和 EC 分别来自偏差 e 和偏差变化率 Δe（记作 ec）的模糊化。这种控制规则反映了非线性比例加微分控制规律。

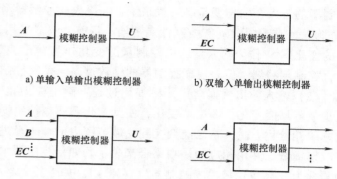

a）单输入单输出模糊控制器　　b）双输入单输出模糊控制器

c）多输入单输出模糊控制器　　d）双输入多输出模糊控制器

图 9-2　不同类型模糊控制器结构框图

（3）多输入单输出模糊控制器 图 9-2c 所示为多输入单输出模糊控制器结构框图。它是多维的模糊控制器，其控制规则常用 "if A and $B\cdots$ and N then U" 描述。

（4）双输入多输出模糊控制器 图 9-2d 所示为双输入多输出模糊控制器结构框图。U、V、$\cdots$、W 分别为不同控制通道同时输出的第一控制作用、第二控制作用、$\cdots$，其控制规则常用一组模糊条件语句来描述。

2. 模糊控制器功能框图

模糊控制器包括模糊化接口、知识库、模糊推理机、解模糊化接口等部分，其功能框图如图 9-3 所示。

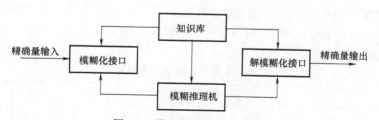

图 9-3　模糊控制器功能框图

1）模糊化接口：完成将精确输入量转换成模糊输入量的功能。

2）知识库：由数据库和规则库组成。数据库中存储着与模糊化、模糊推理、解模糊相关的一切知识以及所有输入输出变量的模糊子集的隶属度函数，如模糊化过程中论域变化的参数、模糊推理算法、解模糊算法等。规则库中存储着模糊控制的全部规则，一般用 if-then 语句描述。

3）模糊推理机：根据输入模糊变量和知识库完成模糊推理、求解模糊关系方程、获得模糊控制量的功能。

4）解模糊化接口：完成将模糊推理机输出的模糊控制量转换成精确控制量的功能。

3. 模糊控制器的设计步骤

（1）模糊控制器结构的确定　确定模糊控制器的结构就是确定控制器的类型，即模糊控制器的输入、输出变量。一般来说，一维模糊控制器用于一阶被控对象，通常只选择偏差 e 作为输入变量，其动态控制性能不佳。目前，较多采用二维模糊控制器，它以偏差 e 和偏差的变化率 ec 作为输入量，以控制量的变化作为输出变量。理论上，模糊控制器的维数越高，控制越精细。但是模糊控制器的维数过高，模糊控制规则复杂，控制算法较难实现。

（2）输入输出量模糊化　模糊化过程：确定模糊化变量，如偏差、偏差变化率等；对变量进行尺度变化，即论域变化，使其变化到模糊控制器的内部论域，论域变化可采用线性或非线性量化方法；将已经变换到论域范围内的输入量进行模糊处理，使原先精确的输入量变成模糊量，并用相应的模糊集合来表示。如果控制器中模糊变量的论域是离散的，则该控制器称为"离散论域模糊控制器（D-FC）"。如果控制器中的模糊变量的论域是连续的，则该控制器称为"连续论域模糊控制器（C-FC）"。线性量化是将基本论域中的精确量按比例映射到模糊论域上。设基本论域 $[-a, a]$ 中的变量 y 经过模糊化之后转换成模糊变量 x，且 x 的论域为 $[-n, n]$，则有 $x = \mathrm{CINT}\left(\dfrac{n}{a}y\right) = \mathrm{CINT}(ky)$，其中 CINT 表示对运算结果进行四舍五入处理，$k = n/a$ 称为量化因子。

非线性量化是指对于不同范围内的数值采用不同的量化公式。比如，偏差 e 的量化因子选择 k_1，偏差变化率 ec 的变化因子选择 k_2。但 k_1、k_2 的选择直接影响着模糊控制器的性能。k_1 增大，相当于缩小了误差的基本论域，增大了误差变量的控制作用，导致系统上升时间变短，出现超调，使得系统的过渡过程变长。k_2 选择较大时，超调量减小，但系统的响应速度变慢。在选择量化因子 k_1 和 k_2 时，要充分考虑它们对控制系统性能的影响。

[**例 9-1**]　将取值在 $[a, b]$ 之间的连续量 e 进行离散模糊化。

解：首先，将取值 $[a, b]$ 之间的连续量 e 线性变换到控制器论域，假设变换后的控制器论域为 $y = \{-6, -5, -4, -3, -2, -1, -0, +0, 1, 2, 3, 4, 5, 6\}$；然后，将 y 模糊化为 8 级，分别用负大、负中、负小、负零、正零、正小、正中、正大模糊语言表示，记为 NB、NM、NS、NZ、PZ、PS、PM 和 PB，其隶属度值见表 9-1；最后，根据隶属度值表示出相应的模糊集合。

表 9-1　不同模糊语言的隶属度值

	-6	-5	-4	-3	-2	-1	0	1	2	3	4	5	6
正大（PB）	0.0	0.0	0.0	0.0	0.0	0.0	0.0	0.0	0.1	0.4	0.7	0.8	1.0
正中（PM）	0.0	0.0	0.0	0.0	0.0	0.0	0.0	0.3	0.7	1.0	0.7	0.2	
正小（PS）	0.0	0.0	0.0	0.0	0.0	0.2	0.7	1.0	0.7	0.3	0.1		
正零（PZ）	0.0	0.0	0.0	0.0	0.0	0.2	0.7	1.0	0.4	0.3	0.1		
负零（NZ）	0.0	0.1	0.3	0.1	1.0	0.7	0.0						
负小（NS）	0.0	0.1	0.3	0.0	0.7	1.0	0.0						
负中（NM）	0.2	0.7	1.0	0.7	0.3	0.0	0.0						
负大（NB）	1.0	0.8	0.7	0.4	0.1	0.0	0.0						

（3）模糊控制规则的建立　模糊控制规则直接影响控制性能，因此模糊控制规则的建立是控制器设计中十分关键的问题。可以采用基于专家的经验和控制过程知识、操作人员的实际控制过程等建立模糊控制规则。

基于专家的经验和控制过程知识建立：总结人类专家的经验，熟悉领域知识，采用适当的语言表述经验与知识，最终形成模糊控制规则。

基于操作人员的实际控制过程建立：记录操作人员实际控制过程中的输入输出数据，分析控制条件与数据，从中总结出模糊控制规则。

（4）模糊关系矩阵的求取　每条模糊控制规则可表示成一个模糊关系 R_i，并且可用模糊关系矩阵来表示。规则库中的控制规则是并列的，它们之间是"或"的逻辑关系。若共有 s 条模糊规则，第 i 条模糊规则表示为 R_i，则所有规则组成的总的关系为 $R = \bigcup\limits_{i=1}^{s} R_i$

（5）控制输出模糊集的求解　由输入模糊矩阵与模糊关系矩阵合成求取输出模糊集。

（6）解模糊化　解模糊化，输出控制量。常用的解模糊化方法有最大隶属度法和加权平均法（重心法）：

1）最大隶属度法。若模糊推理的结果为模糊集合 C，则以隶属度最大的元素 u^*（精确量）作为输出控制量。当有多个隶属度最大的元素时，则取其平均值作为输出控制量。

2）加权平均法（重心法）。若模糊推理的结果为模糊集合 C，则 C 中元素做加权平均的结果作为输出控制量，即

$$u^* = \frac{\sum\limits_i \mu(u_i) u_i}{\sum\limits_i \mu(u_i)} \tag{9-13}$$

4. 模糊控制器设计实例

以水位的模糊控制为例说明控制器的设计过程。如图 9-4 所示，设有一个水箱，通过调节阀可实现向箱内注水以及向箱外抽水的功能。设计一个模糊控制器，通过调节阀门将水位稳定在固定点附近。

（1）模糊控制器结构的确定　根据控制要求，选择单输入单输出结构模糊控制器。假设理想控制液位 o 点的水位为 h_o，实际测得的水位高度为 h，选择水位偏差 $e = h_o - h$ 作为模糊控制器的输入量，阀门开度大小 u 作为输出量。

（2）输入输出量模糊化　根据偏差 e 的变化范围，对偏差 e 进行尺度变换，得到论域 $\{-3, -2, -1, 0, 1, 2, 3\}$，并用模糊量将偏差 e 记为负大（NB）、负小（NS）、零（O）、正小

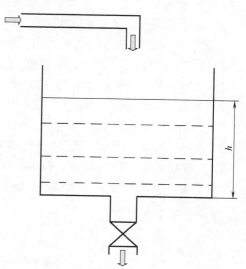

图 9-4　液位控制系统示意图

（PS）和正大（PB）5 个等级。水位变化等级划分的隶属度见表 9-2。

根据 u 的变化范围，得论域为 $\{-4, -3, -2, -1, 0, 1, 2, 3, 4\}$，将阀门开度控制量 u 的变化模糊化为负大（NB）、负小（NS）、零（O）、正小（PS）和正大（PB）5 个等

级。其中，控制量为正表示向内注水，控制量为负表示向外排水，控制量变化等级划分的隶属度见表 9-3。

表 9-2　水位变化等级划分的隶属度

隶属度		输入变化等级						
		−3	−2	−1	0	1	2	3
模糊集	PB	0	0	0	0	0	0.5	1
	PS	0	0	0	0	1	0.5	0
	O	0	0	0.5	1	0.5	0	0
	NS	0	0.5	1	0	0	0	0
	NB	1	0.5	0	0	0	0	0

表 9-3　控制量变化等级划分的隶属度

隶属度		输入变化等级							
		−4	−3	−2	−1	0	1	2	3	4
模糊集	PB	0	0	0	0	0	0	0	0.5	1
	PS	0	0	0	0	0	0.5	1	0.5	0
	O	0	0	0	0.5	1	0.5	0	0	0
	NS	0	0.5	1	0.5	0	0	0	0	0
	NB	1	0.5	0	0	0	0	0	0	0

（3）模糊控制规则的建立　按照日常操作经验，建立控制规则。操作经验如下：

1）若水位高于 o 点，则向箱外排水，差值越大，排水越快。

2）若水位低于 o 点，则向箱内注水，差值越大，注水越快。

因此，可写出以下 5 条模糊规则，并用 "if A then B" 的形式描述控制规则：

1）"若 e 负大，则 u 负大"；描述为 if $e = NB$ then $U = NB$。

2）"若 e 负小，则 u 负小"；描述为 if $e = NS$ then $u = NS$。

3）"若 e 为零，则 u 为零"；描述为 if $e = O$ then $u = O$。

4）"若 e 正小，则 u 正小"；描述为 if $e = PS$ then $u = PS$。

5）"若 e 正大，则 u 正大"；描述为 if $e = PB$ then $u = PB$。

（4）模糊关系矩阵的求取　模糊关系矩阵 R 为

$$R = (NBe \times NBu) \cup (NSe \times NSu) \cup (Oe \times Ou) \cup (PSe \times PSu) \cup (PBe \times PBu) \qquad (9-14)$$

根据前述定义可得

$$NBe \times NBu = \begin{bmatrix} 1 \\ 0.5 \\ 0 \\ 0 \\ 0 \\ 0 \\ 0 \end{bmatrix} \times \begin{bmatrix} 1 & 0.5 & 0 & 0 & 0 & 0 & 0 & 0 & 0 \end{bmatrix}$$

$$= \begin{bmatrix} 1.0 & 0.5 & 0 & 0 & 0 & 0 & 0 & 0 & 0 \\ 0.5 & 0.5 & 0 & 0 & 0 & 0 & 0 & 0 & 0 \\ 0 & 0 & 0 & 0 & 0 & 0 & 0 & 0 & 0 \\ 0 & 0 & 0 & 0 & 0 & 0 & 0 & 0 & 0 \\ 0 & 0 & 0 & 0 & 0 & 0 & 0 & 0 & 0 \\ 0 & 0 & 0 & 0 & 0 & 0 & 0 & 0 & 0 \\ 0 & 0 & 0 & 0 & 0 & 0 & 0 & 0 & 0 \end{bmatrix} \qquad (9\text{-}15)$$

同理，可得

$$NSe \times NSu = \begin{bmatrix} 0 & 0 & 0 & 0 & 0 & 0 & 0 & 0 & 0 \\ 0 & 0.5 & 0.5 & 0.5 & 0 & 0 & 0 & 0 & 0 \\ 0 & 0.5 & 1.0 & 0.5 & 0 & 0 & 0 & 0 & 0 \\ 0 & 0 & 0 & 0 & 0 & 0 & 0 & 0 & 0 \\ 0 & 0 & 0 & 0 & 0 & 0 & 0 & 0 & 0 \\ 0 & 0 & 0 & 0 & 0 & 0 & 0 & 0 & 0 \\ 0 & 0 & 0 & 0 & 0 & 0 & 0 & 0 & 0 \end{bmatrix} \qquad (9\text{-}16)$$

$$Oe \times Ou = \begin{bmatrix} 0 & 0 & 0 & 0 & 0 & 0 & 0 & 0 & 0 \\ 0 & 0 & 0 & 0 & 0 & 0 & 0 & 0 & 0 \\ 0 & 0 & 0 & 0.5 & 0.5 & 0.5 & 0 & 0 & 0 \\ 0 & 0 & 0 & 0.5 & 1.0 & 0.5 & 0 & 0 & 0 \\ 0 & 0 & 0 & 0.5 & 0.5 & 0.5 & 0 & 0 & 0 \\ 0 & 0 & 0 & 0 & 0 & 0 & 0 & 0 & 0 \\ 0 & 0 & 0 & 0 & 0 & 0 & 0 & 0 & 0 \end{bmatrix} \qquad (9\text{-}17)$$

$$PSe \times PSu = \begin{bmatrix} 0 & 0 & 0 & 0 & 0 & 0 & 0 & 0 & 0 \\ 0 & 0 & 0 & 0 & 0 & 0 & 0 & 0 & 0 \\ 0 & 0 & 0 & 0 & 0 & 0 & 0 & 0 & 0 \\ 0 & 0 & 0 & 0 & 0 & 0 & 0 & 0 & 0 \\ 0 & 0 & 0 & 0 & 0 & 0.5 & 1.0 & 0.5 & 0 \\ 0 & 0 & 0 & 0 & 0 & 0.5 & 0.5 & 0.5 & 0 \\ 0 & 0 & 0 & 0 & 0 & 0 & 0 & 0 & 0 \end{bmatrix} \qquad (9\text{-}18)$$

$$PBe \times PBu = \begin{bmatrix} 0 & 0 & 0 & 0 & 0 & 0 & 0 & 0 & 0 \\ 0 & 0 & 0 & 0 & 0 & 0 & 0 & 0 & 0 \\ 0 & 0 & 0 & 0 & 0 & 0 & 0 & 0 & 0 \\ 0 & 0 & 0 & 0 & 0 & 0 & 0 & 0 & 0 \\ 0 & 0 & 0 & 0 & 0 & 0 & 0 & 0 & 0 \\ 0 & 0 & 0 & 0 & 0 & 0 & 0 & 0.5 & 0.5 \\ 0 & 0 & 0 & 0 & 0 & 0 & 0 & 0.5 & 1.0 \end{bmatrix} \qquad (9\text{-}19)$$

$$
\text{所以,} \quad \boldsymbol{R} = \begin{bmatrix} 1.0 & 0.5 & 0 & 0 & 0 & 0 & 0 & 0 \\ 0.5 & 0.5 & 0.5 & 0.5 & 0 & 0 & 0 & 0 \\ 0 & 0.5 & 1.0 & 0.5 & 0.5 & 0.5 & 0 & 0 \\ 0 & 0 & 0 & 0.5 & 1.0 & 0.5 & 0 & 0 \\ 0 & 0 & 0 & 0.5 & 0.5 & 0.5 & 1.0 & 0.5 & 0 \\ 0 & 0 & 0 & 0 & 0 & 0.5 & 0.5 & 0.5 & 0.5 \\ 0 & 0 & 0 & 0 & 0 & 0 & 0 & 0.5 & 1.0 \end{bmatrix} \tag{9-20}
$$

（5）控制输出模糊集的求解　模糊控制器的输出为误差向量和模糊关系的合成，即 $u = e \cdot R$。

假设 $e = [1.0 \ 0.5 \ 0 \ 0 \ 0 \ 0 \ 0]$，则控制器输出

$$
u = e \cdot R = [1.0 \ 0.5 \ 0 \ 0 \ 0 \ 0 \ 0] \cdot \begin{bmatrix} 1.0 & 0.5 & 0 & 0 & 0 & 0 & 0 & 0 & 0 \\ 0.5 & 0.5 & 0.5 & 0.5 & 0 & 0 & 0 & 0 & 0 \\ 0 & 0.5 & 1.0 & 0.5 & 0.5 & 0.5 & 0 & 0 & 0 \\ 0 & 0 & 0 & 0.5 & 1.0 & 0.5 & 0 & 0 & 0 \\ 0 & 0 & 0 & 0.5 & 0.5 & 0.5 & 1.0 & 0.5 & 0 \\ 0 & 0 & 0 & 0 & 0 & 0.5 & 0.5 & 0.5 & 0.5 \\ 0 & 0 & 0 & 0 & 0 & 0 & 0 & 0.5 & 1.0 \end{bmatrix}
$$

$$
= [1.0 \ 0.5 \ 0.5 \ 0.5 \ 0 \ 0 \ 0 \ 0 \ 0] \tag{9-21}
$$

（6）控制量的解模糊化　当误差为负大（NB）时，即实际水位高于理想水位较多，此时控制器输出模糊向量可表示为 $u = \dfrac{1}{-4} + \dfrac{0.5}{-3} + \dfrac{0.5}{-2} + \dfrac{0}{0} + \dfrac{0}{+1} + \dfrac{0}{+2} + \dfrac{0}{+3} + \dfrac{0}{+4}$，现若按"隶属度最大原则"进行反模糊化，则选择控制量为 $u = -4$，即水位高于 o 点较多，应尽快向外抽水。

9.2.4　模糊控制算法仿真

MATLAB 模糊控制工具箱为模糊控制器的设计提供了非常便捷的途径。先通过一个实例说明 MATLAB 设计模糊控制器的步骤。

假设被控对象的传递函数为 $G(s) = \dfrac{12}{24s+1} e^{-10s}$，请设计模糊控制器，并给出仿真结果。

（1）搭建 Simulink 系统框图　利用 MATLAB 中的 Simulink 新建一个模型文件（具体操作参见相关 MATLAB 学习手册），从 Simulink 库中找出相关单元，搭建图 9-5 所示的模糊控制系统，并设定相关参数，其中，滞后时间为 $10s$，饱和非线性参数为 -0.03、0.03。

（2）确定模糊控制器结构　在 MATLAB 的命令窗口中输入"fuzzy"，弹出"Fuzzy Logic Designer"对话框，如图 9-6 所示。在对话框中单击"Edit"菜单，然后选择"Add Variable"命令，可增加变量。还可在"Name"后面的文本框中输入变量的名称。按照惯例，2 个输入变量分别命名为 $E(e)$ 和 $EC(ec)$，输出变量命名为 $U(u)$。

（3）输入输出变量的模糊化　在"Fuzzy Logic Designer"对话框中单击"Edit"菜单，然后选"Member Function Edit"命令，分别对输入输出变量定义论域范围，添加隶属度函数。对于 E，设置论域范围为 $[-1, 1]$，添加 3 个高斯型（gaussmf）隶属度函数，分别命名为 n、o、p；对于 EC，设置论域范围为 $[-0.03, 0.03]$，添加 3 个高斯型隶属度函数，

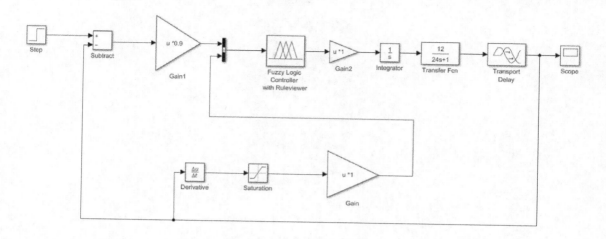

图 9-5　模糊控制系统 Simulink 框图

分别命名为 n、o、p；对于 U，设置论域范围为 [−1，1]，添加 5 个三角形 (trimf) 隶属度函数，分别命名为 nb、ns、o、ps、pb。

（4）模糊规则输入　在"Fuzzy Logic Designer"对话框中单击 Edit 菜单，然后选择"Rules"命令，可以进入图 9-7 所示"Rule Editor"对话框，在此添加模糊控制规则。

（5）输出模糊量的解模糊　在"Fuzzy Logic Designer"对话框"Defuzzification"下拉列表中可以选择需要的解模糊化方法，这里选择"centroid"（重心法），如图 9-8 所示。

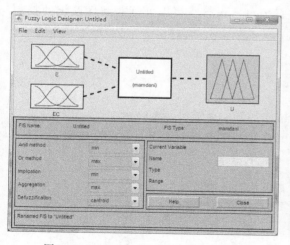

图 9-6　"Fuzzy Logic Designer"对话框

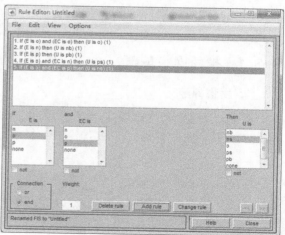

图 9-7　"Rule Editor"对话框

（6）模糊控制器仿真　单击"File"→"Export"→"to file"命令即可将所设计的模糊控制器保存在一个 .fis 文件里，保存结束之后不要关闭"Fuzzy Logic Designer"对话框。要在 MATLAB 中运行模糊控制系统，需要将 .fis 文件输出到 Workspace，这一操作的方法为单击"File"→"Export"→"To workspace"。

完成上述操作后，即可在模型内运行模糊控制系统。设运行时间为 150s，单击"Start Simulation"按钮开始仿真。运行结束后双击"Scope"图标即可看到仿真结果。选取不同的

图 9-8　输出模糊量解模糊

参数，仿真效果差别很大。要想获得好的控制效果，需要对系统中的增益、隶属度函数以及控制规则做精心的调整。

9.3　神经网络控制技术

神经网络控制技术是一种基于人工神经网络的智能控制技术。神经网络是受到人类神经系统信息处理过程的启发而构建的，可以描述许多复杂的信息处理过程，也可以逼近任意的光滑非线性函数。因此，采用神经网络技术进行控制器设计，可以处理非线性系统的控制问题。

9.3.1　神经网络基础

1. 生物神经元

神经元是构成神经系统的最基本单元，其结构如图 9-9 所示。人脑由 $10^{11} \sim 10^{12}$ 个神经元组成，其中每个神经元又和 $10^4 \sim 10^5$ 个神经元连接，组成一个复杂的信息处理系统。

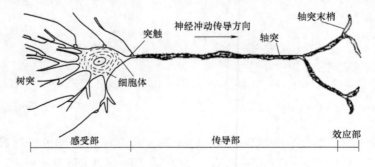

图 9-9　生物神经元的结构

神经元由细胞体、轴突和树突等部分构成。细胞体是神经元的主体，它负责接收并处理从其他神经元传递来的信息。细胞体向外伸出许多纤维分支，其中最长的一个是轴突，其余的是树突。树突的长度一般较短，但分支很多，它用于接收其他神经元的神经冲动。突触位于轴突的终端，也是神经元之间相互连接的接口。神经元通过轴突上的突触与其他神经元的树突连接，以实现信息的传递。

神经元通常有两种状态：兴奋状态和抑制状态。如果输入信息刺激足够强烈，则神经元就会产生神经冲动，并通过轴突输出，这种状态称为兴奋状态。而抑制状态是指神经元对输入信息没有神经冲动，因而没有输出的状态。

2. 人工神经元

对生物神经的工作方式进行抽象即可得到人工神经元模型，如图9-10所示，人工神经元将输入乘以权值并进行求和，再通过非线性函数输出。由此可见，人工神经元由连接权、求和单元和激活函数组成。

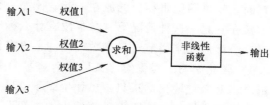

图9-10　人工神经元

（1）连接权　连接权对应生物神经元的突触，各个神经元之间的连接强度由连接权的权值表示，权值为正表示激活，权值为负表示抑制。神经元 i 的权值可以表示为 w_{i1}，w_{i2}，$\cdots$，w_{iN}。

（2）求和单元　求和单元用于求取各输入信号 x_1，x_2，$\cdots$，x_N 的加权和（线性组合）。线性组合结果 $u = \sum_{j=1}^{N} x_j w_{ij}$。

（3）激活函数　激活函数 $f(\ )$ 也称为传输函数，激活函数将求和单元的计算结果进行非线性映射，所得结果即为神经元的输出。激活函数的输入可表示为 $v_i = u_i - \theta_i$，其中 θ_i 称为阈值，表示输入 u_i 大于阈值 θ_i 时神经元 i 被激活。因此，神经元 i 的输出为

$$y_i = f(v_i) = f\left(\sum_{j=1}^{N} x_j w_{ij} - \theta_i\right) \tag{9-22}$$

3. 人工神经网络的结构

单个人工神经元表示的函数一般都很简单。如果将大量的神经元连接在一起组成网络，就可以得到人工神经网络。人工神经网络经过设计可以描述许多复杂的非线性函数，因而可以完成许多复杂的信息处理任务。人工神经网络结构可以分为两种类型：前馈型和反馈型。

（1）前馈神经网络　前馈神经网络是最常见的一种神经网络，各个神经元接收前一级神经元的输入，并将所计算的结果输出到下一个神经元。每一级神经元的状态只受前一级神经元影响，但不会反过来影响前一级神经元的状态，因而没有反馈。

（2）反馈神经网络　反馈神经网络也是常见的一种神经网络。在反馈神经网络中，输入信号决定了反馈系统的初始状态，然后系统经过一系列状态转移后，逐渐收敛于一个平衡状态，这个平衡状态就是反馈神经网络所输出的结果。

4. 神经网络的学习

神经网络的学习指的是权值的培训工程。每个神经元都有许多参数，因此由许多神经元组成的数据网络就有大量的参数，这些参数称为神经网络的权值。权值设定为不同的值，数据网络输入和输出的映射关系就不同。数据网络的学习就是按照一定的学习规则修改权值，使数据网络以期望的方式对输入的信息进行反映。要进行学习，首先需要找一些例子提供给神经网络，这些例子称为样本。数据网络根据每一个样本数据计算输出，再根据输出结果和

学习规则来调整权值，使得输出结果逐渐趋于期望的值。

（1）神经网络的学习方式

1）有监督学习。有监督学习又称有教师学习，对于每一个学习样本都有一个"教师"来告知正确答案。神经网络根据样本数据进行计算，比较计算结果与正确答案。若计算结果不符合要求，则根据学习规则调整权值；若计算结果符合要求，则不调整权值，接着学习下一个样本。

2）无监督学习。无监督学习又称无教师学习。对于某些事物，人们不期望对它们做任何判断，只是期望将相似的放在一起。比如，百度新闻媒体都会搜索大量的新闻，然后把相似的聚在一起。这种情况下，样本没有什么标准答案。神经网络在学习时完全按照输入数据的某些统计规律来调节自身参数或结构，没有目标输出。

3）强化学习。强化学习又称再励学习，这种学习介于有监督学习与无监督学习之间，外部环境对系统输出结果只给出评价而不给出正确答案，学习系统通过强化那些受奖励的动作来改善自身性能。下面以种西瓜为例来帮助大家理解，种瓜有很多步骤，要经过选种、定期浇水、施肥、除草、杀虫等操作之后，最终才能收获西瓜。但是，人们往往要到收获西瓜之后，才知道种的瓜好不好。也就是说，人们在种西瓜过程中执行某个操作时，并不能立即获取这个操作是否可以获得好瓜，仅能得到一个当前的反馈，如瓜苗看起来更健壮了。因此就需要多次种瓜，不断摸索，才能总结出一个好的种瓜策略，以后就用这种策略去种瓜。摸索这个策略的过程，实际上就是强化学习。

（2）神经网络的学习规则

1）Hebb 学习规则。Hebb 学习规则由 Donald. Hebb 提出，其思想是如果两个神经元同时兴奋，则它们之间的突触连接加强。假设神经元 i 是神经元 j 的上层节点，分别用 v_i、v_j 表示两神经元的输出、w_{ij} 表示两个神经元之间的连接权，则 Hebb 学习规则可表示为 $\Delta w_{ij} = \eta v_i v_j$，其中 η 为学习速率。

2）δ 学习规则。δ 学习规则也称误差校正学习规则，它是根据神经网络的输出误差对神经元的权值进行修正，属于有教师学习。假设神经元 i 在 k 时刻的输入为 $x_1(k)$，$\cdots$，$x_N(k)$，在 k 时刻的输出为 $\mathrm{net}_i(k) = f\left(\sum_{j=1}^{N} x_j w_{ij} - \theta_i\right)$，而期望输出为 $y_i(k)$，则误差为 $e_i(k)$ $= \mathrm{net}_i(k) - y_i(k)$。$\delta$ 学习规则的权值调整公式为 $\Delta w_{ij}(k) = -\eta e_i(k) f'\left(\sum_{j=1}^{N} x_j w_{ij} - \theta_i\right) x_j(k)$，其中 η 为学习速率，$\eta > 0$。令目标函数 $E = \sum_{i=1}^{N} e_i^2(k)$，根据梯度下降原理，采用 δ 学习规则可使 E 逐渐减小，从而使得神经元 i 的输出趋于期望输出。

3）竞争式学习规则。竞争式学习规则是一种无教师的学习规则。在竞争学习时，网络各输出单元相互竞争，最后只有一个最强者被激活。最常用的竞争学习规则有以下 3 种：

Kohonen 规则：

$$\Delta w_{ij}(k) = \begin{cases} \eta(x_j - w_{ij}) \\ 0 \end{cases} \tag{9-23}$$

Instar 规则：

$$\Delta w_{ij}(k) = \begin{cases} \eta y_i(x_j - w_{ij}) \\ 0 \end{cases} \tag{9-24}$$

Outstar 规则：

$$\Delta w_{ij}(k)=\begin{cases}\eta(x_j-w_{ij})/x_j\\0\end{cases} \tag{9-25}$$

5. 典型的神经网络模型

经过几十年的发展，神经网络理论已经十分丰富，许多神经网络模型先后发展起来，包括感知器、BP 神经网络（Back Propagation Neural Networks）、径向基函数神经网络（RBF Neural Networks）、卷积神经网络（Convolution Neural Networks）和深度神经网络（Deep Neural Networks）等。由于篇幅限制，本书仅简单介绍其中几种模型。

（1）BP 神经网络　BP（Back Propagation）算法是 1985 年由 Rumelhart 和 McClelland 提出的，解决了多层网络中隐含单元连接权的学习问题。采用 BP 算法的神经网络称为 BP 神经网络，其基本思想是利用输出误差来估计输出层的直接前导误差，再用计算得到的误差估计更前一层的误差，如此逐层反传，直至获得所有各层的误差估计。

BP 神经网络运行时，实际上包含了正向和反向传播两个阶段。在正向传播过程中，输入信息从输入层经隐含层逐层计算，并传向输出层，每一层神经元的状态只影响下一层神经元。输出层将所计算的输出和期望的输出比较，如果输出层不能得到期望输出，则转入反向传播过程，将误差信号沿原来的连接通道返回，通过修改各层神经元的权值，使误差值达到最小。

以单隐层 BP 神经网络为例。图 9-11 所示为单隐层 BP 神经网络的结构，包含输入层、隐含层和输出层。假设输入向量 $\boldsymbol{x}=(x_1, x_2, \cdots, x_n)$，隐含层输入向量 $\boldsymbol{h}_i=(h_{i_1}, h_{i_2}, \cdots, h_{i_p})$，隐含层输出向量 $\boldsymbol{h}_o=(h_{o_1}, h_{o_2}, \cdots, h_{op})$，输出层输入向量 $\boldsymbol{y}_i=(y_{i_1}, y_{i_2}, \cdots, y_{ip})$，输出层输出向量 $\boldsymbol{y}_o=(y_{o_1}, y_{o_2}, \cdots, y_{op})$，期望输出向量 $\boldsymbol{d}_o=(d_1, d_2, \cdots, d_q)$，输出层与隐含层的连接权值为 w_{ih}，隐含层与输出层的连接权值为

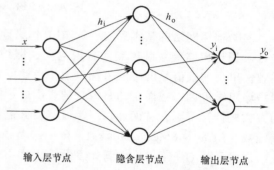

图 9-11　单隐层 BP 神经网络的结构

w_{ho}，隐含层各神经元的阈值为 b_h，输出层各神经元的阈值为 b_o，样本数据个数 $k=1$，2，$\cdots$，m，激活函数为 $f()$，误差函数 $e=\dfrac{1}{2}\sum\limits_{o=1}^{q}[d_o(k)-y_o(k)]^2$。

BP 神经网络的设计可以如以下步骤进行：

第一步，网络初始化。设定误差函数 e、计算精度值 ε、最大学习次数 M，采用区间 $(-1, 1)$ 内的随机数分别给各连接权值赋值。

第二步，随机选取第 k 个输入样本及对应期望输出。

第三步，计算隐含层和输出层各神经元的输入和输出。

第四步，利用网络期望输出和实际输出计算误差函数对输出层的各神经元的偏导数。

第五步，利用隐含层到输出层的连接权值、输出层的期望输出 $d_o(k)$ 和隐含层的输出，计算误差函数对隐含层各神经元的偏导数 $\delta_h(k)$。

第六步，利用输出层各神经元的期望输出 $d_o(k)$ 和隐含层各神经元的输出，修正连接权值 $w_{ho}(k)$。

第七步，利用隐含层各神经元的偏导数 $\delta_h(k)$ 和输入层各神经元的输入，修正连接权值 $w_{ih}(k)$。

第八步，计算全局误差。

第九步，判断网络误差是否满足要求。若误差达到预设精度或学习次数大于设定的最大次数，则算法结束；否则，选取下一个学习样本及对应的期望输出，返回第三步，进入下一轮学习。

（2）径向基函数神经网络　径向基函数（RBF）方法是 1985 年由 Powell 提出的。1988 年，Broomhead 和 Lowe 将其应用于神经网络设计，从而构成 RBF 神经网络。RBF 神经网络是一种局部逼近的神经网络，其网络结构如图 9-12 所示。

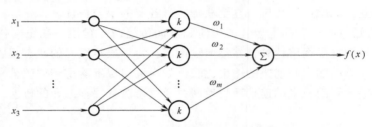

图 9-12　RBF 神经网络的结构

RBF 神经网络的基本思想：用 RBF 作为隐单元的"基"构成隐含层空间，输入向量直接（不通过权连接）映射到隐含层空间，网络的输出是隐单元输出的线性加权和，而隐含层到输出层的权值是网络的可调参数。由此可见，网络由输入到输出的映射是非线性的，而网络输出对可调参数而言却是线性的。因此，网络的权就可由线性方程组直接解出或用最小均方方法计算得到，从而加快了学习速度并避免了局部极小的问题。常见的径向基函数有高斯函数、Reflected Sigmoidal 函数、Inverse Multiquadrics 函数，它们的曲线都是径向对称的。

以常用的 Gauss 函数为例。假设输入样本 $\boldsymbol{x} = [x_1,\ x_2,\ \cdots,\ x_M]^{\mathrm{T}}$，则 RBF 神经网络隐含层第 i 个节点的输出 u_i 为

$$u_i = \exp\left[-\frac{(\boldsymbol{x}-\boldsymbol{c}_i)^{\mathrm{T}}(\boldsymbol{x}-\boldsymbol{c}_i)}{2\sigma_i^2}\right] \qquad i = 1,2,\cdots,q \qquad (9\text{-}26)$$

式中，σ_i 为第 i 个隐节点的标准化常数；q 为隐含层节点数；$\boldsymbol{c}_i$ 为第 i 个隐节点 Gauss 函数的中心向量，此向量 $\boldsymbol{c}_i = [c_{i1},\ c_{i2},\ \cdots,\ c_{iM}]^{\mathrm{T}}$ 是一个与输入样本 $\boldsymbol{x}$ 的维数相同的列向量。第 k 个输出节点的输出为

$$y_k = \sum_{i=1}^{q} w_{ki}u_i - \theta_k \qquad k = 1,2,\cdots,L \qquad (9\text{-}27)$$

式中，w_{ki} 为隐含层到输出层的加权系数，θ_k 为隐含层的阈值。

设有 N 个训练样本，则系统对所有 N 个训练样本的总误差函数为

$$J = \sum_{p=1}^{N} J_p = \frac{1}{2}\sum_{p=1}^{N}\sum_{k=1}^{L}(t_k^p - y_k^p)^2 = \frac{1}{2}\sum_{p=1}^{N}\sum_{k=1}^{L}e_k^2 \qquad (9\text{-}28)$$

式中，t_k^p 为在样本 p 作用下的第 k 个神经元的期望输出；y_k^p 为在样本 p 作用下的第 k 个神经

元的实际输出。

RBF 神经网络的学习过程分为无教师学习和有教师学习两个阶段：

1）无教师学习阶段。无教师学习阶段是对所有样本的输入进行聚类，求取各隐含层节点 RBF 中心向量 c_i。这里以 k 均值聚类算法调整中心向量为例，该算法将训练样本集中的输入向量分为若干族，在每个数据族内找出一个径向基函数中心向量，使得该族内各样本向量距该族中心的距离最小。步骤如下：

① 设定各隐节点的初始中心向量 $c_i(0)$ 和停止学习的阈值 ε。

② 计算欧式距离并求出最小距离的节点：

$$\begin{cases} d_i(k) = \| x(k) - c_i(k-1) \| & 1 \leqslant i \leqslant q \\ d_{\min}(k) = \min\{d_i(k)\} = d_r(k) \end{cases} \tag{9-29}$$

式中，k 为样本序号；r 为中心向量 $c_i(k-1)$ 与输入样本 $x(k)$ 距离最近的隐含层节点序号。

③ 调整中心：

$$\begin{cases} c_i(k) = c_i(k-1) & 1 \leqslant i \leqslant q, i \neq r \\ c_r(k) = c_r(k-1) + \beta(k) [x(t) - c_r(k-1)] \end{cases} \tag{9-30}$$

式中，$\beta(k)$ 为学习速率，$\beta(k) = \dfrac{\beta(k-1)}{1 + \mathrm{int}(k/q)^{1/2}}$；$\mathrm{int}(\ )$ 表示对参数取整运算。

对于全部样本，反复进行②③步，直至满足 $J = \sum\limits_{i=1}^{q} \| x(k) - c_i(k) \|^2 \leqslant \varepsilon$，则聚类结束。

2）有教师学习阶段。当 c_i 确定以后，就可以训练由隐含层至输出层之间的权值。RBF 神经网络的隐含层至输出层之间的连接权值学习算法为

$$w_{ki}(k+1) = w_{ki}(k) + \eta(t_k - y_k) u_i(x(k)) / u^{\mathrm{T}}(k) u(k) \tag{9-31}$$

式中，$u(k)$ 为以 c_i 为中心向量的高斯函数向量，$u(k) = [u_1(x(k)), u_2(x(k)), \cdots, u_q(x(k))]^{\mathrm{T}}$；$\eta$ 为学习速率；t_k 和 y_k 分别为第 k 个输出分量的期望值和实际值。

可以证明，当 $0 < \eta < 2$ 时，可保证该迭代学习算法的收敛性，而实际上通常取 $0 < \eta < 1$。向量 u 中元素为 1 的数量较少，其余元素均为零，因此在一次数据训练中只有少量的连接权值需要调整。正是由于这个特点，才使得 RBF 神经网络的学习速度较快。此外，由于当 x 远离 c_i 时，$u_i(x(k))$ 非常小，因此可作为 0 对待。因此，实际上只当 $u_i(x(k))$ 大于某一数值时才对相应的权值 w_{ki} 进行修改。经这样处理后，RBF 神经网络也同样具备了局部逼近网络学习收敛快的优点。

（3）Hopfield 神经网络 Hopfield 神经网络是 1982 年由美国物理学家 Hopfield 提出的。Hopfield 神经网络是单层对称全反馈网络。根据网络的输出类型，Hopfield 神经网络可分为离散型和连续型两种，其中离散型主要用于联想记忆，而连续型主要用于优化计算。Hopfield 神经网络的学习训练是采用有监督的 Hebb 学习规则（用输入模式作为目标模式），在一般情况下，计算的收敛速度很快。

9.3.2 神经网络控制

神经网络控制是指把神经网络算法应用于控制中，主要解决复杂的非线性、不确定系统的控制问题。如采用神经网络来学习 PID 控制器中的参数，常见的有基于 BP 神经网络的

PID 控制、基于 RBF 神经网络的 PID 控制等，也可基于神经网络自适应控制器、内模控制器、神经网络直接逆控制器、神经网络预测控制器等，神经网络也可以和其他智能算法相结合，取长补短。比如，神经网络和模糊控制结合，就得到了模糊神经网络控制器。本书着重介绍基于神经网络的 PID 控制器的设计方法。

在 PID 控制中，调整好比例、积分和微分三者控制作用的关系是取得较好控制效果的关键。常规 PID 控制器中，比例、积分和微分之间的关系只能是简单的线性组合，难以适应复杂系统或复杂环境下的控制性能要求。而神经网络具有逼近任意非线性函数的能力，能够从变化无穷的非线性组合中找到三者控制作用既相互配合又相互制约的最佳关系。图 9-13 所示为神经网络 PID 控制的结构框图，图中控制器由经典的 PID 控制器和神经网络控制器两部分组成，通过神经网络来学习 PID 控制器的参数，从而优化 PID 控制的效果。

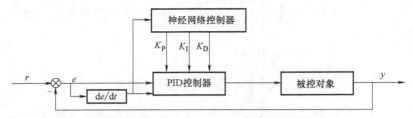

图 9-13　神经网络 PID 控制的结构框图

下面以基于 BP 神经网络的 PID 控制算法为例介绍这类算法的设计步骤。

经典的增量式数字 PID 控制算法为

$$\begin{cases} u(k) = u(k-1) + \Delta u(k) \\ \Delta u(k) = K_P(e(k) - e(k-1)) + K_I e(k) + K_D[e(k) - 2e(k-1) + e(k-2)] \end{cases} \tag{9-32}$$

采用三层 BP 神经网络结构，输入层神经元个数可根据被控系统的复杂程度，从如下参数中选取：系统输入 r、系统输出 y、系统误差 e 和误差变量 Δe。可在系统误差 e 的基础上再加上其他参数输入，使 BP 神经网络能够适应更为复杂的系统的 PID 参数整定。隐含层神经元的个数视被控系统的复杂程度进行调整，一般系统复杂时，就需选用更多的隐含层神经元。输出层的神经元个数为 3 个，输出分别为 K_P、K_I 和 K_D。

隐含层神经元的激活函数一般选取正负对称的 Sigmoid 函数：

$$f_s^{(2)}(x) = \frac{e^x - e^{-x}}{e^x + e^{-x}} \tag{9-33}$$

由于 K_P、K_I 和 K_D 必须为正，所以输出层神经元函数的输出值一般可以选取正的 Sigmoid 函数：

$$f_s^{(3)}(x) = \frac{1}{1 + e^{-x}} \tag{9-34}$$

系统性能指标取 $E(k) = \frac{1}{2}[r(k) - y(k)]^2$。设输入层的神经元个数为 N，输出向量为 $\boldsymbol{O}^{(1)}$，隐含层的神经元个数为 H，输入权值矩阵为 $\boldsymbol{W}^{(2)}$，$\boldsymbol{W}^{(2)}$ 为 $H \times N$ 维向量，输出层的神经元个数为 3，输入权值矩阵设为 $\boldsymbol{W}^{(3)}$。令 $\boldsymbol{O}^{(1)} = [\boldsymbol{O}_1^{(1)}, \boldsymbol{O}_2^{(1)}, \cdots, \boldsymbol{O}_N^{(1)}]^T$，隐含层的输入向量为 $\boldsymbol{h}_i = \boldsymbol{W}^{(2)} \boldsymbol{O}^{(1)}$，则隐含层第 j 个神经元的输入、输出分别为

$$h_{ij} = \sum_{m=1}^{N} w_{ji}^{(2)} O_i^{(1)} , \quad h = f_s^{(2)}(h_{ij}) \tag{9-35}$$

输出层的输入、输出分别为

$$\boldsymbol{I}^{(3)} = \boldsymbol{W}^{(3)} \boldsymbol{h}_o , \boldsymbol{O}^{(3)} = f_s^{(3)}(\boldsymbol{I}^{(3)}) = [K_P, K_I, K_D]^{\mathrm{T}} \tag{9-36}$$

当输出计算出来以后，就可以再计算得到和，控制输入作用于被控对象得到 $y(k)$，进而可以计算出 $E(k)$。按照梯度下降法修正网络权值（修正的思路是修正后应能保证 $E(k)$ 逐渐减小），并且增加一个使搜索加快收敛的惯性量，则输出层的权值调整规则为

$$\Delta W_{oj}^{(3)}(k) = -\eta \frac{\partial E(k)}{\partial W_{oj}^{(3)}} + \alpha \Delta W_{oj}^{(3)}(k-1) \tag{9-37}$$

$$\frac{\partial E(k)}{\partial W_{oj}^{(3)}} = \frac{\partial E(k)}{\partial y(k)} \frac{\partial y(k)}{\partial \Delta u(k)} \frac{\partial \Delta u(k)}{\partial O_o^{(3)}(k)} \frac{\partial O_o^{(3)}(k)}{\partial I_o^{(3)}(k)} \frac{\partial I_o^{(3)}(k)}{\partial W_o^{(3)}(k)} \tag{9-38}$$

式中，η 为学习效率；α 为平衡因子；$W_{oj}^{(3)}$ 为 $\boldsymbol{W}^{(3)}$ 的第 o 行和第 j 列。

由于 $\dfrac{\partial y(k)}{\partial \Delta u(k)}$ 未知，通常由符号函数 $\text{sgn}\left(\dfrac{\partial y(k)}{\partial \Delta u(k)}\right)$ 来代替，所带来的误差可以通过调整 η 来补偿。对 $\Delta u(k)$ 求导得

$$\begin{cases} \dfrac{\partial \Delta u(k)}{\partial O_1^{(3)}(k)} = e(k) - e(k-1) \\[2mm] \dfrac{\partial \Delta u(k)}{\partial O_2^{(3)}(k)} = e(k) \\[2mm] \dfrac{\partial \Delta u(k)}{\partial O_3^{(3)}(k)} = e(k) - 2e(k-1) + e(k-2) \end{cases} \tag{9-39}$$

若 $f_s^{(3)}(x)$ 对应的梯度为 $g^{(3)}(x)$，则 $\dfrac{\partial O_o^{(3)}(k)}{\partial I_o^{(3)}(k)} = g_o^{(3)}(x)$。注意到 $\dfrac{\partial I_o^{(3)}(k)}{\partial W_{oj}^{(3)}(k)} = h_{o_j}$，令

$\delta_o^{(3)} = e(k) \text{sgn}\left(\dfrac{\partial y(k)}{\partial \Delta u(k)}\right) \dfrac{\partial \Delta u(k)}{\partial O_o^{(3)}(k)} g_o^{(3)}(x)$，则最终得到

$$\Delta W_{oj}^{(3)}(k) = \eta \delta_o^{(3)} h_{o_j} + \alpha \Delta W_{oj}^{(3)}(k-1) \tag{9-40}$$

同理可得，隐含层的权值变量调整为

$$\Delta W_{oj}^{(2)}(k) = \eta \delta_j^{(2)} h_{i_j} + \alpha \Delta W_{oj}^{(2)}(k-1) \tag{9-41}$$

式中，

$$\delta_j^{(2)} = g_j^{(2)}(x) \sum_{o=1}^{3} \delta_o^{(3)} W_{oj}^{(3)}(k) \tag{9-42}$$

基于 BP 神经网络的 PID 控制算法步骤可归纳如下：

1）事先选定 BP 神经网络的结构，即选定输入层节点数 M 和隐含层节点数 Q，并给出权值的初值，选定学习速率 η 和平滑因子 α，同时令 $k=1$。

2）采样得到 $r(k)$ 和 $y(k)$，计算 $e(k) = z(k) = r(k) - y(k)$。

3）对 $r(k)$、$y(k)$、$u(k-1)$、$e(k)$ 进行归一化处理，作为神经网络的输入。

4）前向计算神经网络各层神经元的输入和输出，神经网络输出层的输出即为 PID 控制器的 3 个可调参数。

5）计算 PID 控制器的控制输出 $u(k)$，作用于被控对象。

6）修正输出层的权值。

7）修正隐含层的权值。

8）置 $k=k+1$，返回到步 2）。

9.3.3 神经网络算法仿真

神经网络算法的 MATLAB 仿真，可以借助 MATLAB 的神经网络工具箱，也可以自己编写程序实现。本节给出一个基于 BP 神经网络非线性函数的逼近的 MATLAB 仿真算例。

[例 9-2]　利用三层 BP 神经网络来完成非线性函数的逼近任务，其中隐含层神经元个数为 5 个，样本数据见表 9-4。

表 9-4　样本数据

输入 X	输出 D	输入 X	输出 D	输入 X	输出 D
−1.0000	−0.9602	−0.3000	0.1336	0.4000	0.3072
−0.9000	−0.5770	−0.2000	−0.2013	0.5000	0.3960
−0.8000	−0.0729	−0.1000	−0.4344	0.6000	0.3449
−0.7000	0.3771	0	−0.5000	0.7000	0.1816
−0.6000	0.6405	0.1000	−0.3930	0.8000	−0.3120
−0.5000	0.6600	0.2000	−0.1647	0.9000	−0.2189
−0.4000	0.4609	0.3000	−0.0988	1.0000	−0.3201

解：期望输出的范围是 [−1, 1]，因此利用双极性 Sigmoid 函数作为转移函数。

代码：

```
clear;
clc;
X = -1:0.1:1;
D = [ -0.9602 -0.5770 -0.0729 0.3771 0.6405 0.6600 0.4609...
      0.1336 -0.2013 -0.4344 -0.5000 -0.3930 -0.1647 -0.0988...
      0.3072 0.3960 0.3449 0.1816 -0.3120 -0.2189 -0.3201 ];
figure;
plot( X,D,' * ');                      %绘制原始数据分布图
net = newff([ -1 1 ],[ 5 1 ],{ ' tansig ',' tansig '} );
net. trainParam. epochs = 100;         %训练的最大次数
net. trainParam. goal = 0.005;         %全局最小误差
net = train( net,X,D );
O = sim( net,X );
figure;
plot( X,D,' * ',X,O );                 %绘制训练后得到的结果和误差曲线
```

V = net. iw{1,1}	%输入层到中间层权值
theta1 = net. b{1}	%中间层各神经元阈值
W = net. lw{2,1}	%中间层到输出层权值
theta2 = net. b{2}	%输出层各神经元阈值

通过将双极性 Sigmoid 函数作为转移函数，可以对原始数据进行非线性逼近，原始数据分布图如图 9-14 所示，训练后结果及误差曲线如图 9-15。

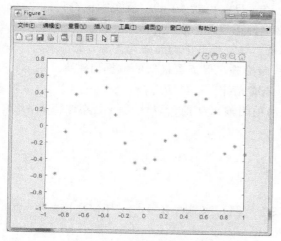 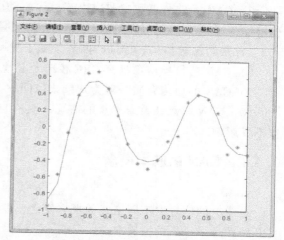

图 9-14　原始数据分布图　　　　　　图 9-15　训练后结果及误差曲线图

9.4　CAN 总线技术

9.4.1　CAN 总线概述

控制局域网络（Controller Area Network，CAN）以其高性能、高可靠性及独特的设计，受到越来越多的重视，国外已有许多大公司采用了这一技术。CAN 最初是由德国的博士公司为汽车监测、控制系统而设计的。BENZ（奔驰）、BMW（宝马）、PORSCHE（保时捷）、ROLLS-ROYCE（劳斯莱斯）和 JAGUAR（美洲豹）等，都已开始采用 CAN 总线技术来实现汽车内部系统与各检测和执行机构间的数据通信。由于 CAN 总线本身的特点，其应用范围目前已不再局限于汽车行业，其已经形成国际标准，并已被公认为是几种最具前途的现场总线之一。

CAN 总线属于总线式串行通信网络，由于其采用了许多新技术及独特的设计，与一般通信总线相比，CAN 总线的数据通信具有突出的可靠性、实时性和灵活性。其特点可概括如下：

1）CAN 为多主方式工作，网络上任意一个节点均可在任意时刻主动地向网络上的其他节点发送信息，不分主从，通信方式灵活，且无需站地址等节点信息。利用这一特点可方便地构成多机备份系统。

2）CAN 网络上的节点信息分为不同的优先级，可满足不同的实时要求，高优先级的数据最快可在 $134\mu s$ 内得到传输。

3）CAN 采用非破坏性总线仲裁技术，当多个节点同时向总线发送信息时，优先级较低的节点会主动退出发送，而最高优先级的节点可不受影响地继续传输数据，从而大大地节省了总线冲突的裁决时间，在网络负载很重的情况下也不会出现网络瘫痪的情况。

4）CAN 网络具有点对点、一点对多点和全局广播等几种通信方式。

5）CAN 的直接通信距离最远可达 10km（速率在 5kbit/s 以下）；通信速率最高可达 1Mbit/s（此时通信距离最远为 40m）。

6）CAN 上的节点数主要取决于总线驱动电路，目前可达 10 个；报文标识符可达 2032 种（CAN2.0A），而扩展标准（CAN2.0B）的报文标识符几乎不受限制。

7）采用短帧结构，传输时间短，受干扰率低，具有极好的检错效果。

8）CAN 的每帧信息都有 CRC 校验及其他检错措施，保证了极低的数据出错率。

9）CAN 的通信介质一般为双绞线、同轴电缆或光纤，可灵活选择。

10）CAN 节点在错误严重的情况下具有自动关闭输出功能，以使总线上其他节点的操作不受影响。

9.4.2　CAN 的基本概念

1. 报文

总线上的信息以不同格式的报文发送，但长度有限。当总线开放时，任何连接的单元均可开始发送一个新的报文。

2. 信息路由

在 CAN 系统中，CAN 节点不使用有关系统结构的任何信息（如站地址），这里包含如下重要概念。

（1）系统灵活性　节点可在不要求所有节点及其应用层改变任何软件或硬件的情况下，接入 CAN 网络。

（2）报文通信　报文的内容由其标识符 ID 体现。ID 并不指报文的目的，但描述数据的含义，以便网络中的所有节点借助报文滤波决定是否激活该数据。

（3）成组　由于采用了报文滤波，所有节点均可接收报文，并同时被相同的报文激活。

（4）数据相容性　在 CAN 网络内，可以确保报文同时被所有节点（或者无节点）接收，因此系统的数据相容性是借助成组和出错处理达到的。

3. 速率

CAN 的数据传输速率在不同的系统中是不同的，而在一个给定的系统中，此速率是唯一的，并且是固定的。

4. 优先权

在总线访问期间，标识符定义报文静态的优先权。

5. 远程数据请求

通过发送远程帧，需要数据的节点可以请求另一个节点发送一个相应的数据帧，该数据帧与对应的远程帧以相同标识符 ID 命名。

6. 多主站

当总线开放时，任何单元均可开始发送报文，但发送具有最高优先权报文的单元将赢得总线访问权。

7. 仲裁

当总线开放时，任何单元均可开始发送报文，若同时有两个或更多的单元开始发送，则总线访问冲突，需运用逐位仲裁原则，借助标识符 ID 解决。这种仲裁规则可以使信息和时间均无损失。若具有相同标识符的一个数据帧和一个远程帧同时发送，则数据帧优先于远程帧。仲裁期间，每一个发送器都将发送位电平与总线上检测到的电平进行比较，若相同则该单元可继续发送。当发送一个"隐性"电平（Recessive Level）而在总线上检测为"显性"电平（Dominant Level）时，该单元退出仲裁，并不再传送后续位。

8. 故障界定

CAN 节点有能力识别永久性故障和短暂扰动，可自动关闭故障节点。

9. 连接

CAN 串行通信链路是一条众多单元均可被连接的总线，理论上，单元数目是无限的，而实际上，单元总数受限于延迟时间和（或）总线的电气负载。

10. 单通道

由单一进行双向位传送的通道组成的总线，借助数据同步实现信息传输。在 CAN 技术规范中，实现这种通道的方法是不固定的，例如单线（加接地线）、两条差分线、光纤等。

11. 总线数值表示

总线上具有两种互补逻辑数值：显性电平和隐性电平。在显性位与隐性位同时发送期间，总线上的数值将是显性位。例如，在总线的"线与"操作情况下，显性位由逻辑"0"表示，隐性位由逻辑"1"表示。

12. 应答

所有接收器均对接收报文的相容性进行检查，应答一个相容报文，并标注一个不相容报文。

9.4.3　CAN 总线技术协议规范

1. CAN 协议的分层结构

CAN 遵从 OSI 模型，按照 OSI 标准模型，CAN 结构划分为两层：数据链路层和物理层。数据链路层又包括逻辑链路控制（LLC）子层和媒体访问控制（MAC）子层，而在 CAN 技术规范 2.0A 的版本中，数据链路层的 LLC 子层和 MAC 子层的服务和功能被描述为"目标层"和"传送层"。CAN 的分层结构和功能如图 9-16 所示。

LLC 子层的主要功能是为数据传送和远程数据提供服务，确认由 LLC 子层接收的报文已被实际接收，并为恢复管理和超载通知提供信息。在定义目标处理时，存在许多灵活性。MAC 子层的功能主要是媒体访问控制 MAC 子程序、数据封装/拆解、帧编码、执行仲裁、错误检测、出错标定和故障界定。MAC 子层开始一次新的发送时，也要确定总线是否开放或是否马上开始接收。位定时特性也是 MAC 子层的一部分。MAC 子层特性不存在修改的灵活性。物理层的功能是有关全部电气特性在不同节点间的实际传送。

CAN 技术规范 2.0B 定义了数据链路层中的 MAC 子层和 LLC 子层的一部分，并描述了与 CAN 有关的外层。物理层定义信号如何发送，因而涉及位定时、位编码和同步的描述，并描述与 CAN 有关的外层。在这部分技术规范中，未定义物理层的驱动器/接收器特性，以便允许用户根据具体应用，对发送媒体和信号电平进行优化。MAC 子层是 CAN 协议的核

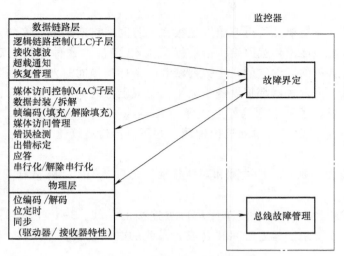

图 9-16　CAN 的分层结构和功能

心，它描述由 LLC 子层接收的报文和对 LLC 子层发送的认可报文。MAC 子层可响应报文帧、仲裁、应答、错误检测和标定。MAC 子层由一个被称为故障界定的管理实体监控，它具有识别永久性故障或短暂扰动的自检机制。LLC 子层的主要功能是报文滤波、超载通知和恢复管理。

2. 报文传送与帧结构

在进行数据传送时，发出报文的单元称为该报文的发送器，该单元在总线空闲或丢失仲裁前恒为发送器。若一个单元不是发送器，并且总线不处于空闲状态，则该单元为接收器。对于报文发送器和接收器，报文的实际有效时刻是不同的。对于发送器而言，如果到帧结束末尾一直未出错，则报文对于发送器有效；如果报文受损，将允许按照优先权顺序自动重发，为了能同其他报文进行总线访问竞争，总线一旦空闲，重发将立即开始。对于接收器而言，如果到帧结束的最后一位一直未出错，则报文对于接收器有效。

构成一帧的帧起始、仲裁场、控制场、数据场和 CRC 序列，均借助位填充规则进行编码。当发送器在发送的位流中检测到 5 位连续的相同数值时，将自动地在实际发送的位流中插入一个补码位。数据帧和远程帧的其余位场采用固定格式，不进行填充；出错帧和超载帧同样是固定格式，也不进行位填充。位填充方法如图 9-17 所示。

未填充位流	100000xyz	011111xyz
填充位流	1000001xyz	0111110xyz

图 9-17　位填充方法

报文中的位流按照非归零（NRZ）码方法编码，这意味着一个完整位电平要么是显性的，要么是隐性的。

报文传送由 4 个不同类型的帧表示和控制：数据帧携带数据由发送器到接收器；远程帧通过总线单元发送，以请求发送具有相同标识的数据帧；出错帧由检测出总线错误的任何单元发送；超载帧用于提供当前的和后续的数据帧附加延迟。

数据帧和远程帧借助帧空间与当前帧分开。

（1）**数据帧**　数据帧由 7 个不同位场组成，即帧起始（SOF）、仲裁场、控制场、数据场、CRC 场、ACK 场（应答场）和帧结束。数据场长度可为 0。CAN2.0A 数据帧的组成如

图 9-18 所示。

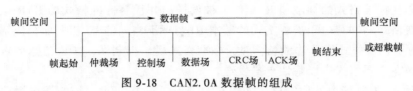
图 9-18　CAN2.0A 数据帧的组成

CAN2.0B 存在两种不同的帧格式，其主要区别在于标识符的长度，具有 11 位标识符的帧称为标准帧，具有 29 位标识符的帧称为扩展帧（如以扩展格式发送报文或由报文接收数据），但必须不加限制地执行标准格式，如图 9-19 所示。例如，新型控制器至少具有下列特性才可被认为同 CAN 技术规范兼容：每个控制器均支持标准格式；每个控制器均接收扩展格式报文，即不至于因为它们的格式而破坏扩展帧。

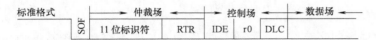

图 9-19　标准格式和扩展格式数据帧

CAN2.0B 对报文滤波特别加以描述，报文滤波以整个标识符为基准。屏蔽寄存器可用于选择一组标识符，以便映像至接收缓存器中。屏蔽寄存器每一位都需要是可编程的，它的长度可以是整个标识符，也可以是其中的一个部分。

1）帧起始（SOF）。SOF 标志数据帧和远程帧的起始，它仅由一个显性位构成。只有在总线处于空闲状态时，才允许站开始发送数据。所有站都必须同步于首先开始发送的那个站的帧起始前沿。

2）仲裁场。仲裁场由标识符和远程发送请求的 RTR 位组成，如图 9-20 所示。

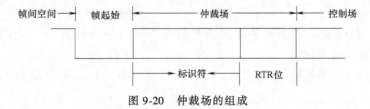
图 9-20　仲裁场的组成

对于 CAN2.0B 标准，标识符的长度为 11 位，这些位按从高位到低位的顺序发送，最低位为 ID.0，其中最高 7 位（ID.10~ID.4）不能全为隐性位。

对于 CAN2.0B，标准格式和扩展格式的仲裁场格式不同。在标准格式中，仲裁场由 11 位标识符和 RTR 位组成，标识符位为 ID.28~ID.18；而在扩展格式中，仲裁场由 29 位标识符、替代远程请求的 SRR 位、IDE 位和远程发送请求的 RTR 位组成，标识符为 ID.28~ID.0。

为区别标准格式和扩展格式，将 CAN2.0B 标准中的 r1 改记为 IDE 位。在扩展格式中，先发送基本 ID，其后是 IDE 位和 SRR 位，扩展 ID 在 SRR 后发送。SRR 位为隐性位，在扩展格式中，它在标准格式的标准帧 RTR 位上被发送，并代替标准格式的 RTR 位。这样，标准格式和扩展格式的冲突由于扩展格式的基本 ID 与标准格式的 ID 相同而得以解决。

IDE 位对于扩展格式属于仲裁场，对于标准格式属于控制场。IDE 在标准格式中以显性电平发送，而在扩展格式中以隐性电平发送。

3）控制场。控制场由 6 位组成，如图 9-21 所示。由图可见，控制场包括数据长度码和两个保留位，这两个保留位必须发送显性位，但接收器认可显性位与隐性位的全部组合。

图 9-21　控制场的组成

数据长度码指出数据场的字节数目。数据长度码为 4 位，在控制场中被发送。数据长度码中数据字节数目编码见表 9-5。d 表示显性位，r 表示隐性位。数据字节的允许使用数目为 0~8，不能使用其他数值。

表 9-5　数据长度码中数据字节数目编码

数据字节数目	数据长度码			
	DLC3	DLC2	DLC1	DLC0
0	d	d	d	d
1	d	d	d	r
2	d	d	r	d
3	d	d	r	r
4	d	r	d	d
5	d	r	d	r
6	d	r	r	d
7	d	r	r	r
8	r	d	d	d

4）数据场。数据场由数据帧中被发送的数据组成，它包括 0~8 个字节，每个字节 8 位。首先发送的是最高有效位。

5）CRC 场。CRC 场包括 CRC 序列、CRC 界定符，其组成如图 9-22 所示。

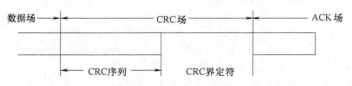

图 9-22　CRC 场的组成

CRC 序列由循环冗余码求得的帧检查序列组成，最适用于位数小于 127（BCD 码）的帧。为实现 CRC 计算，被除的多项式系数由包括帧起始、仲裁场、控制场、数据场（若存在的话）在内的无填充的位流给出，其 15 个最低位的系数为 0，此多项式被发生器产生的下列多项式除（系数为模 2 运算）：

$$x^{15}+x^{14}+x^8+x^7+x^4+x^3+x^1+1$$

发送/接收数据场的最后一位后，CRC 场包含有 CRC 序列。CRC 序列后面是 CRC 界定符，它只包括一个隐性位。

6）ACK 场（应答场）。ACK 场为两位，包括应答间隙和应答界定符，其组成如图 9-23 所示。

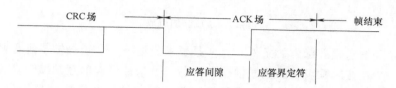

图 9-23 ACK 场的组成

在应答场中，发送器送出两个隐性位。一个正确地接收到有效报文的接收器，在应答间隙，将此信息通过发送一个显性位报告给发送器。所有接收到匹配 CRC 序列的站，通过在应答间隙内把显性位写入发送器的隐性位来报告。

应答界定符是 ACK 场的第 2 位，并且必须是隐性位。因此，应答间隙被两个隐性位（CRC 界定符和应答界定符）包围。

7）帧结束。每个数据帧和远程帧均由 7 个隐性位组成的标志序列界定。

（2）远程帧 激活为数据接收器的站可以借助于传送一个远程帧初始化各自源节点数据的发送。远程帧由 6 个同位场组成：帧起始、仲裁场、控制场、CRC 场、ACK 场和帧结束。

同数据帧相反，远程帧的 RTR 位是隐性位，且不存在数据场。DLC 的数据值是没有意义的，它可以是 0~8 中的任何数值。远程帧的组成如图 9-24 所示。

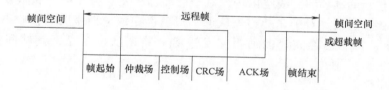

图 9-24 远程帧的组成

（3）出错帧 出错帧由两个不同的场组成，第一个场由来自各帧的错误标志叠加得到，随后的第二个场是错误界定符。出错帧的组成如图 9-25 所示。

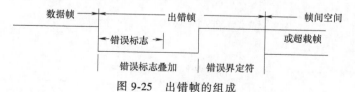

图 9-25 出错帧的组成

为了正确地终止出错帧，一种"错误认可"节点可以使总线处于空闲状态指示 3 位时间（如果错误认可接收器存在本地错误），因而总线不允许被加载 100%。错误标志具有两种形式，一种是活动错误标志（Active Error Flag），它由 6 个连续的线性位组成；另一种是认可错误标志，它由 6 个连续的隐性位组成，除非被来自其他节点的显性位填充重写。

（4）超载帧　超载帧包括两个位：超载标志叠加和超载界定符，如图 9-26 所示。

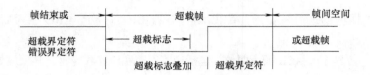

图 9-26　超载帧的组成

存在两种导致发送超载标志的条件：一个是要求延迟下一个数据帧或远程帧的接收器的内部条件；另一个是在间歇场检测到显性位。由前一个条件引起的超载帧起点，仅允许在期望间歇场的第一位时间开始，而由后一个条件引起的超载帧，在检测到显性位的后位开始。在大多数情况下，为延迟下一个数据帧或远程帧，两种超载帧均可产生。

超载标志由 6 个显性位组成。全部形式对应于活动错误标志形式。超载标志形式破坏了间歇场的固定格式，因而所有其他站都将检测到一个超载条件，并且由它们的部件开始发送超载标志（在间歇场第 3 位检测到显性位的情况下，节点将不能正确理解超载标志，而将 6 个显性位的第一位理解为帧起始）。第 6 个显性位违背了引起出错条件的位填充规则。

超载界定符由 8 个隐性位组成。超载界定符与错误界定符具有相同的形式。发送超载标志后，站监视总线直到检测到由显性位到隐性位的发送。在此站点上，总线上的每一个站首先需送出所有的超载标志，然后站才能发送剩余的 7 个隐性位。

（5）帧间空间　数据帧和远程帧与前面的帧相同，无论是何种帧（数据帧、远程帧、出错帧或超载帧），均被称为帧间空间的位场分开。相反，在超载帧前面没有帧间空间，多个超载帧前面无法被帧间空间分隔。

帧间空间包括间歇场和总线空闲场，对于前面已经发送报文的"错误认可"站，帧间空间还包括暂停发送场。对于非"错误认可"或已经完成前面报文的接收器，其帧间空间如图 9-27 所示；对于已经完成前面报文发送的"错误认可"站，其帧间空间如图 9-28 所示。

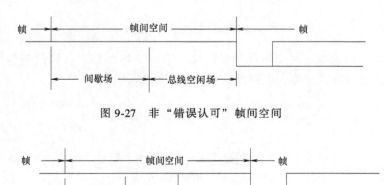

图 9-27　非"错误认可"帧间空间

图 9-28　"错误认可"帧间空间

间歇场由 3 个隐性单位组成。间歇期间，不允许启动发送数据帧，它仅起标注超载条件的作用。

总线空闲周期可为任意长度，此时总线是开放的，任何需要发送的站均可访问总线。在其他报文发送期间，暂时被挂起的待发报文紧随间歇场从第一位开始发送。此时，总线上的显性被理解为帧起始。

暂停发送场是指："错误认可"站发送完一个报文后，在开始下一次报文发送或认可总线空闲之前，它紧随间歇场后送出 8 个隐性位。如果期间开始一次发送（由其他站引起），本站将变为报文接收器。

3. 错误类型与界定

CAN 总线中存在 5 种错误类型（它们并不互相排斥）：

1）位错误。向总线发送一位的某个单元同时也在监视总线，当监视到总线位数值与发送的位数值不同时，则在该位时刻检测到一个位错误。例外情况是，在仲裁场的填充位流期间或应答间隙发送隐性位而检测到显性位时，不视为位错误。送出认可错误标志的发送器，在检测到显性位时，也不视为位错误。

2）位填充错误。在使用位填充方法进行编码的报文中，出现了第 6 个连续相同的位电平时，将检出一个位填充错误。

3）CRC 错误。CRC 序列是由发送器 CRC 计算的结果组成的。接收器以与发送器相同的方法计算 CRC。如果计算结果与接收到的 CRC 序列不同，则检出一个 CRC 错误。

4）形式错误。当固定形式的位场中出现一个或多个非法位时，则检出一个形式错误。

5）应答错误。在应答间隙，发送器未检测到显性位时，则检出一个应答错误。

检测到出错条件的站发送错误标志以进行标定。当任何站检出位错误、填充错误、形式错误或应答错误时，由该站在下一位开始发送出错标志。

当检测到 CRC 错误时，出错标志在应答界定符后面的一位开始发送，除非其他出错条件的错误标志已经开始发送。

在 CAN 总线中，任何一个单元可能处于下列 3 种故障状态之一：错误激活（Error Active）、错误认可（Error Passive）和总线关闭。

对于错误激活节点，其为活动错误标志；而对于错误认可节点，其为认可错误标志。

错误激活单元可以照常参与总线通信，并且当检测到错误时，送出一个活动错误标志。不允许错误认可节点送出活动错误标志，它可参与总线通信，但当检测到错误时，只能送出认可错误标志，并且发送后仍被错误认可，直到下一次发送初始化。总线关闭状态不允许单元对总线有任何影响（如输出驱动器关闭）。为了界定故障，在每个总线单元中都设有两种计数：发送出错计数和接收出错计数。这些计数按照下列规则（在给定报文传送期间，可应用其中一个以上的规则）进行：

1）接收器检出错误时，接收器出错计数加 1，除非所检测错误是发送活动错误标志或超载标志期间的位错误。

2）接收器在送出错误标志后的第一位检出一个显性位时，接收器错误计数加 8。

3）发送器送出一个错误标志时，发送错误计数加 8。其中有两种例外情况：一个是如果发送器为错误认可，由于未检测到显性位应答或检测到一个应答错误，并且在送出其认可错误标志时，未检测到显性位；另一个是如果由于仲裁期间发送的填充错误，发送器送出一个隐性位错误标志，但发送器送出隐性位而检测到显性位。在以上两种例外情况下，发送器错误计数不改变。

4) 发送器送出一个活动错误标志或超载标志时，它检测到位错误，则发送器错误计数加8。

5) 接收器送出一个活动错误标志或超载标志时，它检测到位错误，则接收器错误计数加8。

6) 在送出活动错误标志、认可错误标志或超载标志后，任何节点都允许多至7个连续的显性位。在检测的第11个连续的显性位后（在活动错误标志或超载标志情况下），或紧随认可错误标志检测到第8个连续的显性位后，以及附加的8个连续的显性位的每个序列后，每个发送器的发送错误计数都加8，并且每个接收器的接收错误计数也加8。

7) 报文成功发送后（得到应答，并且直到帧结束未出现错误），则发送错误计数减1，若它已经为0，则仍保持为0。

8) 报文成功接收后（直到应答间隙无错误接收，并且成功地送出应答位），若它处于1~127之间，则接收错误计数减1；若接收错误计数为0，则保持为0。而若大于127，则将其值记为119~127之间的某个数值。

9) 当发送错误计数器或接收错误计数器大于或等于128时，节点为错误认可。导致节点变为错误认可的错误条件使节点送出一个活动错误标志。

10) 当发送错误计数大于或等于256时，节点为总线关闭状态。

11) 当发送错误计数和接收错误计数两者均小于或等于127时，错误认可节点再次变为错误激活节点。

12) 当监测到总线上11个连续的隐性位发生128次后，总线关闭，节点将变为两个错误计数器的值均为0的错误激活节点。

当错误计数值大于96时，说明总线被严重干扰。若系统启动期间仅有一个节点在线，则此节点发出报文后将得不到应答，检出错误并重复该报文。它可以变为错误认可，但不会关闭总线。

4. 位定时与同步要求

（1）正常位速率　正常位速率为在非同步情况下，借助理想发送器每秒发出的位数。

（2）正常位时间　正常位时间即正常位速率的倒数。

正常位时间可分为几个互不重叠的时间段，这些时间包括：同步段、传播段、相位缓冲段1和相位缓冲段2，如图9-29所示。

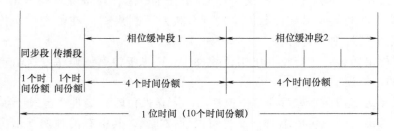

图9-29　正常位时间的各组成部分

1）同步段。同步段用于同步总线上的各个节点，此段需要有一个跳变沿。

2）传播段。传播段用于补偿网络内的传输延迟时间，它是信号在总线上传播时间、输入比较器延迟和输出驱动器延迟之和的两倍。

3）相位缓冲段 1 和相位缓冲段 2。相位缓冲段用于补偿沿的相位误差，通过同步，这两个时间段可被延迟或缩短。

（3）采样点　它是这样一个时点，在此时点上，仲裁电平被读取，并被理解为各位的数值，位于相位缓冲段 1 的终点。

（4）信息处理时间　由采样点开始，保留用于计算子序列电平的时间。

（5）时间份额　由振荡器周期派生出的一个固定时间单元。其存在一个可编程的分度值，其整体数值范围为 $1\sim32$，以最小时间份额为起点，时间份额为

$$时间份额 = m \times 最小时间份额$$

式中，m 为分度值。

正常位时间中各时间段长度数值为：同步段（SYNC-SEG）为 1 个时间份额；传播段（PROP-SEG）长度可编程为 $1\sim8$ 个时间份额；相位缓冲段 1（PHASE-SEG1）可编程为 $1\sim8$ 个时间份额；相位缓冲段 2（PHASE-SEG2）长度为 PHASE-SEG1 和信息处理时间的最大值；信息处理时间长度小于或等于 2 个时间份额。在位时间内，时间份额的总数必须被编程为 $8\sim25$。

（6）硬同步　硬同步后，内部位时间从 SYNC-SEG 重新开始，因而，硬同步强迫由硬同步引起的沿处于重新开始的位时间同步段之内。

（7）同步跳转宽度　由于同步，PHASE-SEG1 可被延长或 PHASE-SEG2 可被缩短。这两个相位缓冲段的延迟或缩短的总和上限由同步跳转宽度给定。同步跳转宽度可编程为 $1\sim4$（PHASE-SEG1）之间。

时钟信息可由一位数值到另一位数值的跳转获得。总线上出现连续相同位的位数最大值是确定的，因此这提供了在帧期间重新将总线单元同步于位流的可能性。可被用于同步的两次跳变之间的最大长度为 29 个位时间。

（8）沿相位误差　沿相位误差由沿相对与 SYNC-SEG 的位置给定，以时间份额度量。沿相位误差的符号定义如下：

1）若沿处于 SYNC-SEG 之内，则 $e=0$。

2）若沿处于采样点之前，则 $e>0$。

3）若沿处于前一位的采样点之后，则 $e<0$。

（9）重同步　当引起重同步沿的相位误差小于或等于重同步跳转宽度的编程值时，重同步的作用与硬同步相同。当相位误差大于重同步跳转宽度且相位误差为正时，则 PHASE-SEG1 延长总数为重同步跳转宽度；当相位误差大于重同步跳转宽度且相位误差为负时，则 PHASE-SEG2 缩短总数为重同步跳转宽度。

（10）同步规则　硬同步和重同步是同步的两种形式，它们遵从如下规则：

1）在一个位时间仅允许一种同步。

2）只要在先期采样点上检测到数值不同，沿过后立即有一个沿用于同步。

3）在总线空闲期间，当存在一个隐性位至显性位的跳变沿时，则执行一次硬同步。

4）所有履行以上规则 1）和 2）的其他隐性位至显性位的跳变沿，都将被用于重同步。

例外情况是，对于具有正当相位误差的隐性位至显性位的跳变沿，只有隐性位至显性位的跳变沿被用于重同步，发送显性位的节点将不执行重同步。

9.4.4 CAN 总线系统位数数值表示与通信距离

CAN 总线上用"显性"（Dominant）和"隐性"（Recessive）两个互补的逻辑表示"0"和"1"。当在总线上出现同时发送显性位和隐性位时，其结果是总线数值为显性（即"0"与"1"的结果为"0"）。如图 9-30 所示，V_{CANH} 和 V_{CANL} 为 CAN 总线收发器与总线之间的两接口引脚，信号以两线之间的"差分电压"形式出现。在隐性

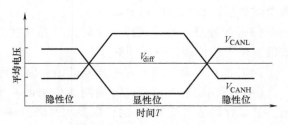

图 9-30　总线位的数值表示

状态下，V_{CANH} 和 V_{CANL} 被固定在平均电压电平附近，V_{diff} 近似于 0。在总线空闲或隐性位期间，发送隐性位。显性位以大于最小阈值的差分电压表示。

CAN 总线上任意两个节点之间的最大传输距离与其位速率有关，见表 9-6。

表 9-6　CAN 总线上任意两个节点之间的最大传输距离及其位速率

位速率/bit/s	1000	500	250	125	100	50	20	10	5
最大距离/m	40	130	270	530	620	1300	3300	6700	10000

注：这里的最大通信距离是指在同一条总线上两个节点之间的距离。

9.4.5 CAN 的节点设计

1. CAN 通信控制器 SJA1000

SJA1000 是一种独立控制器，用于汽车和一般工业环境中的局域网络控制。它是飞利浦公司 PCA82C200 CAN 控制器（Basic CAN）的替代产品。而且，它增加了一种新的工作模式（Peil CAN），这种模式支持具有很多新特点的 CAN2.0B 协议，SJA1000 具有如下特点：

1）与 PCA82C200 CAN 控制器引脚和电气兼容。

2）具有 PCA82C200 模式（即默认的 Basic CAN 模式）。

3）扩展的接收缓冲器（64B、FIFO）。

4）与 CAN2.0B 协议兼容（PCA82C200 兼容模式中的无源扩展结构）。

5）同时支持 11 位和 29 位标识符。

6）位速率可达 1Mbit/s。

7）具有 Peil CAN 模式扩展功能。

8）具有 24MHz 时钟频率。

9）可与不同微处理器接口。

10）可编程的 CAN 输出驱动器配置。

11）扩宽了工作温度范围（-40~125℃）。

（1）内部结构　SJA1000 CAN 控制器主要由以下几部分构成：

1）接口管理逻辑（IML）。接口管理逻辑解释来自 CPU 的命令，控制 CAN 寄存器的寻址，向主控制器提供中断信息和状态信息。

2）发送缓冲器（TXB）。发送缓冲器是 CPU 和 BSP（位流处理器）之间的接口，能够存储发送到 CAN 网络上的完整报文。发送缓冲器由 CPU 写入，BSP 读出。

3）接收缓存器（RXB，RXFIFO）。接收缓冲器是接收过滤器和 CPU 之间的接口，用来接收 CAN 总线上的报文，并存储接收到的报文。接收缓冲器（RXB，长 13B）作为接收FIFO（RXFIFO，长 64B）的一个窗口，可被 CPU 访问。CPU 在此 FIFO 的支持下，可以在处理报文的时候接收其他报文。

4）接收过滤器（ACF）。接收过滤器把数据和接收的标识符相比较，以决定是否接收报文。在纯粹的接收测试中，所有的报文都保存在 RXFIFO 中。

5）位流处理器（BSP）。位流处理器是一个在发送缓冲器、RXFIFO 和 CAN 总线之间控制数据流的序列发生器。它还执行错误检测、仲裁、总线填充和错误处理等操作。

6）位时序逻辑（BTL）。位时序逻辑监视串行 CAN 总线，并处理与总线有关的位定时。

7）错误管理逻辑（EML）。EML 负责传送层中调制器的错误界定。它接收 BSP 的出错报告，并将错误统计数字通知 BSP 和 IML。

（2）引脚介绍　SJA1000 为 28 引脚 DPI 封装或 SO 封装，引脚排列如图 9-31 所示。

AD0~AD7：地址/数据复用总线。

ALE/AS：ALE 输入信号（Inter 模式），AS 输入信号（Motorola 模式）。

$\overline{CS}$：片选输入信号，低电平时允许访问 SJA1000。

$\overline{RD}$：微控制器的读信号（Inter 模式）或 E 使能信号（Motorola 模式）。

$\overline{WD}$：微控制器的写信号（Inter 模式）或 $\overline{RD/WR}$ 信号（Motorola 模式）。

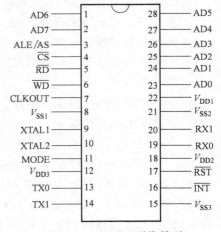

CLKOUT：SJA1000 产生的提供给微控制器的时钟输出信号，此时钟信号通过可编程分频器由内部晶振产生，时钟分频寄存器的时钟关闭位可禁止该引脚。

图 9-31　SJA1000 引脚排列

V_{SS1}：接地端。

XTAL1：振荡器放大电路输入，外部振荡信号由此输入。

XTAL2：振荡器放大电路输出，在使用外部振荡信号时，此引脚必须保持开路。

MODE：模式选择输入，"1" = Inter 模式，"0" = Motorola 模式。

V_{DD3}：输出驱动器的 +5V 电源。

TX0：由输出驱动器 0 到物理电路的输出端。

TX1：由输出驱动器 1 到物理电路的输出端。

V_{SS3}：输出驱动器接地端。

$\overline{INT}$：中断输出，用于中断微控制器。$\overline{INT}$ 在内部中断寄存器各位都被置位时被激活，$\overline{INT}$ 是开路输出且与系统中的其他 $\overline{INT}$ 是线或的，此引脚上的低电平可以把 IC 从睡眠模式中激活。

$\overline{RST}$：复位输入，用于复位 CAN 接口（低电平有效）。把引脚通过电容连到 V_{SS3}，通过电阻

连到 V_{DD} 可自动上电复位。

V_{DD2}：输入比较器的+5V 电压源。

RX0，RX1：由物理总线到 SJA1000 输入比较器的输入端，显性电平将会唤醒 SJA1000 的睡眠模式。如果 RX1 比 RX0 的电平高，读出为显性电平，反之则读出为隐性电平。如果时钟分频寄存器的 CBP 位被置位，则忽略 CAN 输入比较器以减少内部延时（此时连有外部收发电路）。这种情况下只有 RX0 是激活的，隐性电平被认为是高，而显性电平被认为是低。

V_{SS2}：输入比较器的接地端。

V_{DD1}：逻辑电路的+5V 电压源。

2. PCA82C250/251 CAN 收发器

PCA82C250/251 CAN 收发器是协议控制器和物理传输线路之间的接口。此器件对总线提供差动发送能力，对 CAN 控制器提供差动接收能力，可以在汽车和一般工业应用中使用。

PCA82C250/251 CAN 收发器的主要特点如下：

1）完全符合 ISO 11898 标准。

2）高速率（最高可达 1Mbit/s）。

3）具有抵抗环境中的瞬间干扰、保护总线的能力。

4）采用斜率控制，可降低射频干扰（RFI）。

5）采用差分接收器，可抗宽范围的共模干扰，抗电磁干扰（EMI）。

6）具有热保护。

7）防止电源和地之间发生短路。

8）具有低电流待机模式。

9）未上电的节点对总线无影响。

10）可连接 110 个节点。

11）宽工作温度范围：-40℃ ~ +125℃。

（1）引脚介绍　PCA82C250/251 为 8 引脚 DIP 封装或 SO 封装，引脚排列如图 9-32 所示。

TXD：发生数据输入。

GND：地。

V_{CC}：电源电压，4.5 ~ 5.5V。

RXD：接收数据输出。

V_{REF}：参考电压输出。

CANL：低电平 CAN 电压输入/输出。

CANH：高电平 CAN 电压输入/输出。

R_s：斜率电阻输入。

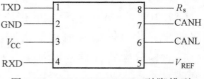

图 9-32　PCA82C250/251 引脚排列

PCA82C250/251 收发器是协议控制器和物理传输线路之间的接口。ISO 11898 标准规定，其应可以用高达 1Mbit/s 的速率在两条有差动电压的总线电缆上传输数据。

PCA82C250 和 PCA82C251 都可以在额定电源电压分别是 12V（PCA82C250）和 24V（PCA82C251）的 CAN 总线系统中使用。它们的功能相同，根据相关标准，可以在汽车和普通工业应用中使用，还可以在同一网络中互相通信，且它们的引脚和功能兼容。

（2）应用电路　PCA82C250/251 收发器的典型应用如图 9-33 所示。SJA1000 CAN 控制

器的串行数据输出线（TX）和串行数据输入线（RX）分别通过光电隔离电路连接到
PCA82C250 收发器。

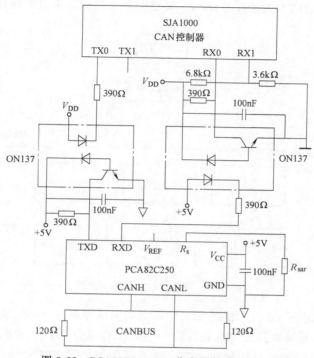

图 9-33 PCA82C250/251 收发器的典型应用

PCA82C250 收发器通过有差动发送和接收功能的两个总线终端 CANH 和 CANL 连接到
总线（CAN BUS）。输入 R_s 用于模式扩展。参考电压输出 V_{REF} 的输出电压是额定 V_{CC} 的
1/2。其中，PCA82C250 收发器的额定电源电压是+5V。

9.4.6 CAN 总线在检测系统中的应用

现代工业现场通常存在大量的传感器、执行机构和电子控制单元，它们一般分布较广，
在进行现场检测时对实时性和可靠性都有严格的要求。传统检测系统基本都是由零散的检测
单元构成的，这种检测系统无法实现对整个系统全面的考察和评价，不能满足现代状态检
测、预知维护的需要。为此，建立一套数据通信系统将系统的各个检测单元集成起来，组成
多层次的检测系统就显得非常必要。

目前使用较多的通信解决方案大多基于传统的串行通信标准（如 RS232、RS485），但
系统存在着冲突无法解决、可靠性差、速度低等缺点，不能很好地满足现代控制对实时性和
高可靠性的要求。

现场总线技术的出现解决了传统现场控制技术自身无法克服的困难，使得构建高性能、
高可靠性的分布式检测系统成为可能。CAN 总线作为一种现场总线标准，以其诸多优点而
在许多领域中得到应用。

基于 CAN 总线的现场检测系统结构框图如图 9-34 所示，主要由主控计算机和现场检测
节点等部分组成。主控计算机主要负责人机接口，实现 CAN 总线各节点参数的设定等功能。

现场检测节点由 CAN 总线智能节点和数据采集节点构成，主要对现场检测设备的输出信号进行采集，并进行简单的数据处理和信号转换，并将处理后的数据通过 CAN 总线发送至主控计算机。系统采用总线型网络拓扑结构，使整个系统结构简单且可靠性较高。

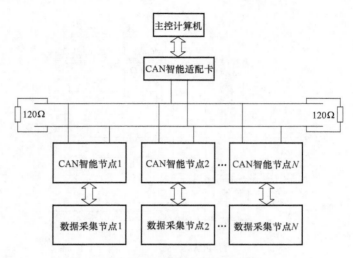

图 9-34　现场检测系统结构框图

下面介绍一种基于 CAN 总线的现场检测系统的实现方案——生物质电厂上料系统。

生物质电厂上料系统全流程自动化作业的主要工作流程为：生物质解包、破碎、烘干、输送四部分。如图 9-35 所示，生物质电厂上料系统的整体结构主要包括：1#水平链式输送机、2#水平链式输送机、分配小车、解包疏松机、1#带式输送机、2#带式输送机、3#带式输送机、板式干燥机、炉前螺旋输送机等。其中，1#和 2#水平链式输送机是并列的；1#、2#和 3#带式输送机分别实现不同的输送功能；板式干燥机是整个系统的核心，实现生物质燃料的自动化干燥。

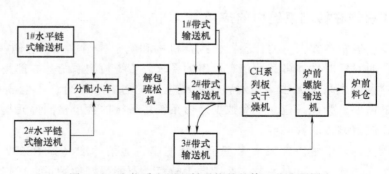

图 9-35　生物质电厂上料系统的整体工艺流程图

1#和 2#水平链式输送机并列安装在储料棚内，起吊装置将秸秆包投放在输送机的传送带上进行运输，后经分配小车送入解包疏松机，完成将捆绑的秸秆包迅速切割解包的过程，被疏解成松散的秸秆原料进入 2#带式输送机，由 2#带式输送机送入 CH 系列板式干燥机，燃料在干燥机运行的同时，通过引风机将燃料锅炉燃烧秸秆所产生的高温废气通过烟道引入干燥机，对潮湿的物料进行烘干，物料经过烘干后被输入炉前螺旋输送机中。1#带式输送机输送的物料为解包后的玉米秸秆、树皮等灰色秸秆，经卸料装置卸送至2#带式输送机，再由2#带式输送机输送到CH系列板式干燥机中，最终输送至炉前螺旋输送机。3#带式输送机安装在CH系列板式干燥机下部，作为备用输送线，当无需烘干的燃料进入2#带式输送机或者板式干燥机进行维修检查时，可将2#带式输送机反向运行，燃料经反向运转的2#带式输送机送入3#带式输送机，将不需烘干的物料直接输送进螺旋输送机，然后输送给下游设备进行下一步的处理工作。

1. 生物质电厂上料CAN总线控制系统的整体结构

下面以上料系统中的板式干燥机控制单元为例介绍CAN总线的应用。生物质电厂上料CAN总线控制系统整体硬件结构如图9-36所示，现场的智能控制设备通过CAN总线与中控室上位机相连，其中中控室配有CAN总线通信适配卡，提供CAN通信接口，每套PLC基本单元都配有FX-485ADP和RS485/CAN接口板。

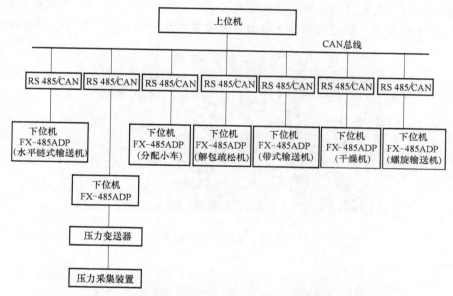

图9-36 生物质电厂上料CAN总线控制系统整体硬件结构图

通信系统由PC作为主控单元，通过USB-CAN接口卡与现场总线通信，现场总线通过RS485网关和适配器与PLC进行通信，PLC与信号采集装置通过A-D转换模块进行信号的传输，其主要构成和运行方式如图9-37所示。

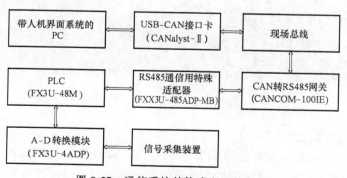

图9-37 通信系统的构成和运行方式

通信系统的整体工作流程如下：将带人机界面系统的 PC 通过 USB-CAN 接口卡连接到现场总线上，采用 CAN 转 RS485 网关进行协议转换，同时单台 PLC 再通过 RS485 通信用特殊适配器与网关连接，使得每台 PLC 都具备 CAN 总线通信接口，这样 PLC 实现了与 CAN 总线的通信。同时，PLC 再与 A-D 转换模块相连，使得信号采集装置与 PLC 实现通信。这种方式可以充分发挥工控 PC 的作用，通信效率较高，是 PLC 网络建设的主流方向。

2. 硬件方案

系统中所采用的 PLC 为三菱公司生产的 FX 系列 PLC，同时与其配套的通信适配器为 FX3U-485ADP-MB 的 RS485 通信特殊用适配器，CAN 转 RS485 网关型号为 CANCOM-100IE，需要与 PC 相连接的 CAN-USB 通信接口卡则采用 CANalyst-Ⅱ。

图 9-38 所示为实验平台局部图，包含一台监测控制设备，该设备主要包括：PLC、转换模块、接口卡、CANalyst-Ⅱ分析仪、温湿度变送器、温湿度传感器、重量变送器、重量传感器等模块，可以实现温湿度和重量的监测和采集工作。图 9-39 所示为实验平台整体图，包括两台监测控制设备，通过网桥等连接设备可以实现多台设备之间的串、并联通信。

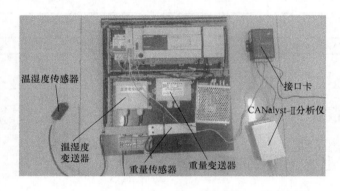

图 9-38　实验平台局部图

图 9-39　实验平台整体图

3. 系统的通信与调试

图 9-40 所示为控制系统的数据显示和查询界面，可以查询监测到的实时和历史数据，包括温度、重量和含水率等。随着物料在传送带上的运动，干燥温度自动进行调节。各个位

置的物料含水率和重量随着被干燥过程的进行，数据也随之发生改变，含水率和重量都在逐渐降低。

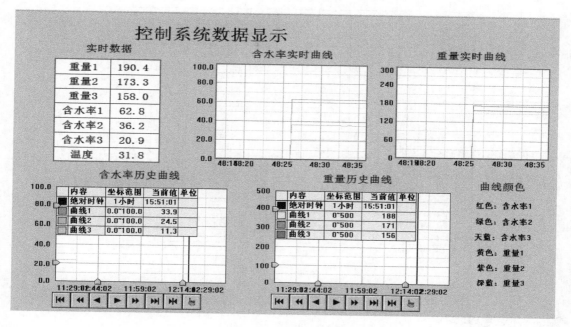

图 9-40 数据显示和查询界面

图 9-41 所示为报警信息浏览界面，采用含水率过高的物料进行验证，当物料含水率过高时，会触发报警信息，提示物料暂时不适合干燥，待物料含水率降低后再进行干燥处理，避免大量消耗供热能源。

序号	报警对象	报警开始	报警结束	报警类型	报警值
1	含水率1	04-07 09:52:47	04-07 09:56:40	上限报警	60
2	含水率1	04-07 09:57:00	04-07 09:57:22	上限报警	60
3	含水率1	04-07 09:57:22	04-07 09:57:25	上限报警	60
4	含水率1	04-07 09:57:26	04-07 09:57:26	上限报警	60
5	含水率1	04-07 09:57:27	04-07 09:57:30	上限报警	60
6	含水率1	04-07 09:57:31	04-07 09:57:40	上限报警	60
7	含水率1	04-07 09:57:40	04-07 09:57:41	上限报警	60
8	含水率1	04-07 09:57:42	04-07 09:57:58	上限报警	60
9	含水率1	04-07 09:57:59	04-07 09:58:03	上限报警	60
10	含水率1	04-07 09:58:03	04-07 09:58:12	上限报警	60
11	含水率1	04-07 09:58:12	04-07 09:58:13	上限报警	60
12	含水率1	04-07 09:58:13	04-07 09:58:14	上限报警	60
13	含水率1	04-07 09:58:15	04-07 09:58:15	上限报警	60
14	含水率1	04-07 09:58:17	04-07 09:58:18	上限报警	60
15	含水率1	04-07 09:58:19	04-07 09:58:20	上限报警	60
16	含水率1	04-07 09:58:21	04-07 09:58:22	上限报警	60

报警记录次数 95　设置[S]　打印[P]　退出[X]

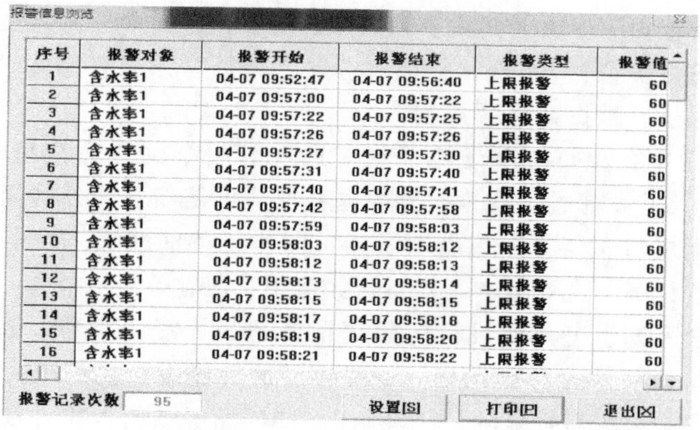

图 9-41 报警信息浏览界面

图 9-42 所示为测得的部分数据，数据包括各位置的含水率和重量，物料含水率初始值选择 50~80 之间的数据进行实验，经过多组物料测试，随着物料干燥的进行，物料含水率和重量都在逐渐降低，直至达到干燥要求。

存盘数据浏览

序号	时间	含水率1	含水率2	含水率3	重量1	重量2	重量3
1	04-08 11:00	72.4	52.3	24.1	402.4	366.2	334.0
2	04-08 11:15	72.4	52.3	24.1	402.4	366.2	334.0
3	04-08 11:30	72.4	52.3	24.1	402.5	366.3	334.1
4	04-08 11:45	72.4	52.3	24.1	402.4	366.2	334.0
5	04-08 15:00	33.9	24.5	11.3	188.4	171.4	156.4
6	04-08 15:15	79.0	57.3	43.4	197.5	179.7	163.9
7	04-08 15:30	62.7	36.1	20.9	190.1	173.0	157.8
8	04-08 16:00	78.3	45.1	26.1	237.3	216.0	197.0
9	04-08 16:05	64.2	36.9	21.4	194.5	177.0	161.4
10	04-08 16:10	63.8	36.7	21.3	193.3	175.9	160.5
11	04-08 16:15	72.3	41.6	24.1	219.0	199.3	181.7
12	04-08 16:20	65.5	37.7	21.8	198.3	180.5	164.6
13	04-08 16:25	64.2	36.9	21.4	194.5	177.0	161.4
14	04-08 16:30	63.9	36.8	21.3	193.5	176.1	160.6
15	04-08 16:35	63.6	36.6	21.2	192.8	175.5	160.0
16	04-08 16:40	63.4	36.5	21.1	192.0	174.7	159.4
17	04-08 16:45	63.3	36.4	21.1	191.7	174.5	159.1
18	04-08 16:50	63.2	36.4	21.1	191.5	174.3	159.0
19	04-08 16:55	63.2	36.4	21.1	191.4	174.2	158.9
20	04-08 17:00	63.1	36.3	21.0	191.1	173.9	158.6

图 9-42　部分数据

9.5　深度学习

9.5.1　深度学习的来源

比起深度学习，"机器学习"一词应更耳熟能详。机器学习是人工智能的一个分支，它致力于研究如何通过计算的手段，利用经验来改善计算机系统自身的性能。通过从经验中获取知识，机器学习算法摒弃了人为向机器输入知识的操作，转而凭借算法自身来学习所需所有知识。对于传统算法而言，"经验"往往对应以"特征"形式存储的"数据"，传统算法所做的事情便是依靠这些数据产生"模型"。

但是"特征"是什么？如何设计特征更有助于算法学到优质模型？一开始人们通过"特征工程"形式的工程试错性方式来得到数据特征。可是随着任务的复杂多变，人们逐渐发现针对具体任务生成特定特征不仅费时费力，同时还特别敏感，很难将其应用于另一任务。此外，对于一些任务，人类根本不知道该如何用特征有效表示数据。例如，人们知道一辆车的样子，但完全不知道怎样将设计的数据配合起来才能让机器"看懂"这是一辆车。这种情况就会导致若特征"造"得不好，最终模型的性能也会受到极大程度的制约，可以说，特征工程决定了最终模型性能的"天花板"。聪明而倔强的人类并没有屈服，既然模型可以通过机器自动完成，那么特征学习自然完全也可以通过机器自己实现。于是，人们尝试将特征学习这一过程也用机器自动地"学"出来，这便是"表示学习"。

表示学习的发展大幅提高了很多人工智能应用场景下任务的最终性能，同时由于其自适应性使得人工智能系统可以很快移植到新的任务上去。"深度学习"便是表示学习中的一个经典代表。

深度学习以数据的原始形态作为算法输入，经过算法层层抽象，将原始数据逐层抽象为自身任务所需的最终特征表示，最后以特征到任务目标的映射作为结束，从原始数据到最终任务目标，"一气呵成"并无夹杂任何人为操作。相比传统机器学习算法仅学得模型这一单一"任务模块"而言，深度学习除了模型学习，还有特征学习、特征抽象等。

由于任务模块的参与，且借助多层任务模块完成最终学习任务，故称其为"深度"学习。深度学习中的一类代表算法是神经网络算法，包括深度置信网络、递归神经网络和卷积神经网络（CNN）等。特别是卷积神经网络，目前在计算机视觉、自然语言处理、医学图像处理等领域"一枝独秀"，它也是本书将重点介绍的一类深度学习算法。人工智能、机器学习、表示学习和深度学习等概念间的关系和图 9-43 所示。

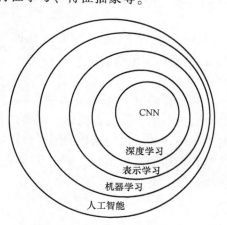

图 9-43　人工智能、机器学习、表示学习、深度学习之间的关系

9.5.2　卷积神经网络

卷积神经网络（Convolutional Neural Networks，CNN）是一类特殊的人工神经网络，区别于神经网络其他模型（如递归神经网络、Boltzmann 机等），其最主要特点是卷积运算操作（convolution operators）。因此，CNN 在诸多领域（特别是图像相关任务）应用中表现优异，如图像分类（image classification）、图像语义分割（image semantic segmetation）、图像检索（image retrieval）、物体检测（object detection）等计算机视觉问题。此外，随着研究的深入，如自然语言处理（natural language processing）中的文本分类、软件工程数据挖掘（software mining）中的软件缺陷预测等问题，都在尝试利用卷积神经网络解决，并取得了相比传统方法甚至其他深度网络模型更优的预测效果。

1. 卷积神经网络基本结构

卷积神经网络是一种层次模型（hierarchical model），其输入是原始数据（raw data），如 RGB 图像、原始音频数据等。卷积神经网络通过卷积（convolution）操作、汇合（pooling）操作和非线性激活函数（non-linear activation fuction）映射等一系列操作的层层堆叠，将高层语义信息由原始数据输入层中逐层抽象，这一过程便是"前馈运算"（feed-forward）。其中，不同类型操作在卷积神经网络中一般称作"层"。卷积操作对应"卷积层"，汇合操作对应"汇合层"等。最终，卷积神经网络的最后一层将其目标任务（分类、回归等）形式化为目标函数（objective fuction）。通过计算预测值与真实值之间的误差或损失（loss），凭借反向传播算法（back-propagation algorithm）将误差或损失由最后一层逐层向前反馈（back-forward），更新每层参数，并在更新参数后再次前馈，如此往复，直到网络模型收敛，从而达到模型训练的目的。

更通俗地讲，卷积神经网络犹如搭积木的过程，将卷积等操作层作为"基本单元"依次"搭"在原始数据（公式中的 x^1）上，逐层"堆砌"，以损失函数的计算（公式中的 z）作为过程结束，其中每层数据形式是一个三维张量（tensor'）。具体地，在计算机视觉应用中，卷积神经网络的数据层通常是 RGB 颜色空间的图像：H 行，W 列，3 个通道（分别为

R，G，B），在此记作 x^1。x^1 经过第一层操作可得 x^2，对应第一层操作中的参数记为 ω^1；x^2 作为第二层操作层 ω^2 的输入，可得 x^3 ... 直到第 $L-1$ 层，此时网络输出为 x^L。在上述的过程中，理论上每层操作可为单独卷积操作、汇合操作、非线性映射或其他操作 f 变换，当然也可以是不同形式操作、变换的组合。

$$x^1 \rightarrow \omega^1 \rightarrow x^2 \rightarrow \cdots \rightarrow x^{L-1} \rightarrow \omega^{L-1} \rightarrow x^L \rightarrow \omega^L \rightarrow z \tag{9-43}$$

最后，整个网络以损失函数的计算结束。若 y 是输入 x^1 对应的真实标记（ground truth），则损失函数表示为：

$$z = \ell(x^L, y) \tag{9-44}$$

其中，函数 $\ell()$ 中的参数即 ω^L。事实上，可以发现对于层中的特定操作，其参数 ω^i 是可以为空的，如汇合操作、无参的非线性映射以及无参损失函数的计算等。实际应用中，对于不同任务，损失函数的形式也随之改变。以回归问题为例，常用的 ℓ_2 损失函数即可作为卷积网络的目标函数。若对于分类问题，网络的目标函数常采用交叉熵（cross entropy）损失函数，有

$$z = \ell_{\text{regression}}(x^L, y) = \frac{1}{2}\|x^L - y\|^2 = -\sum_i y_i \log(p_i) \tag{9-45}$$

式中，$p_i = \dfrac{\exp(x_i^L)}{\displaystyle\sum_{j=1}^{C} \exp(x_i^L)}$ （$i = 1, 2, \cdots, C$），C 为分类任务类别数。

显然，无论是回归问题还是分类问题，在计算 z 前，均需要通过合适的操作得到与 y 同维度的 x^L，方可正确计算样本预测的损失误差值 f。

（1）前馈运算　无论训练模型时计算误差还是模型训练完毕后获得样本预测，卷积神经网络的前馈（feed-forward）运算都较直观。同样以图像分类任务为例，假设网络已训练完毕，即其中参数 $\omega^1, \cdots, \omega^L$ 已收敛到某最优解，此时可用此网络进行图像类别预测。预测过程实际就是一次网络的前馈运算：将测试集图像作为网络输入 x^1 送进网络，之后经过第一层操作 ω^1 可得 x^2，依此下去，直至输出 $x^L \in RC$。因为 x^L 是与真实标记同维度的向量。在利用交叉熵损失函数训练后得到的网络中，x^L 的每一维可表示 x^1 分别隶属 C 个类别的后验概率。如此，可通过 $\arg\max_i x_i^L$ 得到输入图像 x^1 对应的预测标记。

（2）反馈运算　同其他许多机器学习模型（支持向量机等）一样，卷积神经网络包括其他所有深度学习模型都依赖最小化损失函数来学习模型参数，即最小化式中的 z。不过需指出的是，从凸优化理论来看，神经网络模型不仅是非凸（non-convex）函数，而且异常复杂，这便带来优化求解的困难。在该情形下，深度学习模型采用随机梯度下降法（Stochastic Gradient Descent，SGD）和误差反向传播（error back propogation）进行模型参数更新。

具体来讲，在卷积神经网络求解时，特别是针对大规模应用问题（如 ILSVRC 分类或检测任务），常采用批处理的随机梯度下降法（min-batch SGD）。批处理的随机梯度下降法在训练模型阶段随机选取 n 个样本作为一批（batch）样本，先通过前馈运算得到预测并计算其误差，后通过梯度下降法更新参数，梯度从后向前逐层反馈，直至更新到网络的第一层参数，这样的一个参数更新过程称为一个"批处理过程"（min-batch）。不同批处理之间按照

无放回抽样遍历所有训练集样本，遍历一次训练样本称为"一轮"（epoch[4]）。其中，批处理样本的大小（batch size）不宜设置过小。过小（如 batch 为 1 等）时，由于样本采样随机，按照该样本上的误差更新模型参数不一定在全局上最优（此时仅为局部最优更新），会使得训练过程产生振荡。而批处理样本大小的上限则主要取决于硬件资源的限制，如 GPU 显存大小。一般而言，批处理样本的大小设为 32B、64B、128B 或 256B 即可。

假设某批处理前馈后得到 n 个样本上的误差为 z，且最后一层 L 为 ℓ_2 损失函数，则易得

$$
\begin{cases}
\dfrac{\partial z}{\partial \omega^L} = 0 \\[2mm]
\dfrac{\partial z}{\partial x^L} = x^L - y
\end{cases}
\tag{9-46}
$$

不难发现，实际上每层操作都对应了两部分导数：一部分是误差关于第 i 层参数的导数 $\dfrac{\partial z}{\partial \omega^i}$，另一部分是误差关于该层输入的导数 $\dfrac{\partial z}{\partial x^i}$。

其中，关于参数 ω^i 的导数 $\dfrac{\partial z}{\partial \omega^i}$ 用于该层参数更新：$\omega^i \leftarrow \omega^i - \eta \dfrac{\partial z}{\partial \omega^i}$。

η 是每次随机梯度下降的步长，一般随训练轮数（epoch）的增多减小。

关于输入 x^i 的导数 $\dfrac{\partial z}{\partial x^i} \cdots$，则用于误差向前层的反向传播，可将其视作最终误差从最后一层传递至第 i 层的误差信号。

下面以第 i 层参数更新为例进行介绍。当误差更新信号（导数）反向传播至第 i 层时，第 $i+1$ 层的误差导数为 $\dfrac{\partial z}{\partial \omega^{i+1}}$，第 i 层参数更新时，需要计算 $\dfrac{\partial z}{\partial \omega^i}$ 和 $\dfrac{\partial z}{\partial x^i}$ 对应的值。根据链式法则可得

$$
\frac{\partial z}{\partial (\mathrm{vec}(\omega^i)^{\mathrm{T}})} = \frac{\partial z}{\partial (\mathrm{vec}(x^{i+1})^{\mathrm{T}})} \frac{\partial (\mathrm{vec}(x^{i+1})^{\mathrm{T}})}{\partial (\mathrm{vec}(\omega^i)^{\mathrm{T}})}
\tag{9-47}
$$

$$
\frac{\partial z}{\partial (\mathrm{vec}(x^i)^{\mathrm{T}})} = \frac{\partial z}{\partial (\mathrm{vec}(x^{i+1})^{\mathrm{T}})} \frac{\partial (\mathrm{vec}(x^{i+1})^{\mathrm{T}})}{\partial (\mathrm{vec}(\omega^i)^{\mathrm{T}})}
\tag{9-48}
$$

此处使用向量标记"vec"是因为实际工程实现时，张量运算均转化为向量运算。前面提到，由于第 $i+1$ 层时已计算得到 $\dfrac{\partial z}{\partial x^{i+1}}$，在第 i 层用于更新该层参数时仅需对其进行向量化和转置操作即可得到 $\dfrac{\partial z}{\partial (\mathrm{vec}(x^{i+1})^{\mathrm{T}})}$，即公式中等号右端的左项。另一方面，在第 i 层，由于 x^i 经 ω^i 直接作用得 x^{i+1}，故反向求导时亦可直接得到其偏导数 $\dfrac{\partial \mathrm{vec}(x^{i+1})}{\partial (\mathrm{vec}(x^i)^{\mathrm{T}})}$ 和 $\dfrac{\partial \mathrm{vec}(x^{i+1})}{\partial (\mathrm{vec}(\omega^i)^{\mathrm{T}})}$。如此，可求得公式中等号左端项 $\dfrac{\partial z}{\partial \omega^i}$ 和 $\dfrac{\partial z}{\partial x^i}$。后根据式（9-47）、式（9-48）更新该层参数，并将 $\dfrac{\partial z}{\partial x^i}$ 作为该层误差传至前层，即第 $i-1$ 层，如此下去，直至更新到第 R 层，从而完成一个批处理（mini-batch）的参数更新。基于上述反向传播算法的模型训练见算法 1。

算法 1　反向传播算法

输入：训练集（N 个训练样本及对应标记）　(x_n^1, y_n)，$n = 1, \cdots, N$；训练轮数（epoch）T。

输出：ω^i，$i = 1, \cdots, L$。

1：for $t = 1 \cdots T$ do

2：while 训练集数据未遍历完全 do

3：前馈运算得到每层 x^i，并计算最终误差 z

4：for $i = L \cdots 1$ do

5：用公式反向计算第 i 层误差对该层参数的导数：$\dfrac{\partial z}{\partial (\mathrm{vec}(\omega^i)^{\mathrm{T}})}$

6：用公式反向计算第 i 层误差对该层输入数据的导数：$\dfrac{\partial z}{\partial (\mathrm{vec}(x^i)^{\mathrm{T}})}$

7：用公式更新参数：$\omega^i \leftarrow \omega^i - \eta \dfrac{\partial z}{\partial \omega^i}$

8：end for

9：end while

10：end for

11：return ω^i

2. 卷积神经网络基本部件

如图 9-44 所示，模型的训练过程可以简单抽象为从原始数据向最终目标的直接"拟合"，而中间的部件起着将原始数据映射为特征（即特征学习），随后再映射为样本标记（即目标任务，如分类）的作用。接下来，将简单介绍组成卷积神经网络 f_{CNN} 的各个基本组成部件。

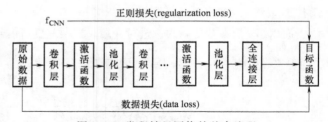

图 9-44　卷积神经网络的基本流程

卷积层：卷积层（convolution layer）是卷积神经网络中的基础操作，甚至在网络最后起分类作用的全连接层在工程实现时也是由卷积操作替代的。

汇合层：通常使用的汇合操作为平均值汇合（average pooling）和最大值汇合（max pooling）。需要指出的是，同卷积层操作不同，汇合层不包含需要学习的参数，使用时仅需指定汇合类型（average 或 max 等）、汇合操作的核大小（kernel size）和汇合操作的步长（stride）等超参数即可。

激活函数：激活函数（activation function）层又称非线性映射（non-linearity mapping）层，顾名思义，激活函数的引入是为了增加整个网络的表达能力（即非线性）。否则，若干线性操作层的堆叠仍然只能起到线性映射的作用，无法形成复杂的函数。在实际使用中，有多达十几种激活函数可供选择。

全连接层：全连接层（fully connected layers）在整个卷积神经网络中起着"分类器"的作用。如果说卷积层、汇合层和激活函数等操作是将原始数据映射到隐层特征空间的话，全连接层则是将学到的特征表示映射到样本的标记空间。

目标函数：全连接层是将网络特征映射到样本的标记空间做出预测，目标函数的作用则用来衡量该预测值与真实样本标记之间的误差。在当下的卷积神经网络中，交叉熵损失函数和 ℓ_2 损失函数分别是分类问题和回归问题中最为常用的目标函数。同时，越来越多针对不同问题特性的目标函数被提出以供选择。

9.5.3　深度学习算法仿真

在没有运用无监督学习做预训练之前，训练深度监督式神经网络通常非常难。不过有一个值得注意的例外——卷积神经网络（CNN）。第一个基于这种神经的局部连接并针对图像进行分层组织和转换的计算模型是 Fukushima 的 Neocognitron 系统。他发现，相同参数的神经元被作用于前层不同位置的子区域时，会现出某种不变性。之后不久，LeCun 的研究团队基于相同的思路，设计并训练基于误差梯度的卷积神经网络，并在许多模式识别任务上得到了业界最好的结果。现代视觉系统生理学的认识与卷积神经网络对图像的处理方式有相似之处，如在对物体的快速识别上，不考虑注意力和自顶向下反馈连接所造成的影响。目前，基于卷积神经网络的模式识别系统是业界性能最好的系统之一。

下面通过卷积神经网络的一个算法实例进行学习，如图 9-45 所示。

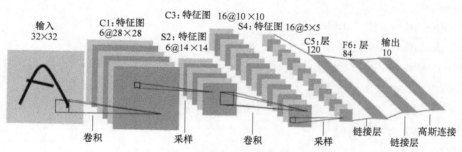

图 9-45　卷积神经网络算法图示

1. 卷积神经网络算法

```
%%1 准备空间
clc
clear all
close all
%% 2 导入数据
digitDatasetPath = fullfile('./','/HandWrittenDataset/')
imds = imageDatastore(digitDatasetPath,... 'IncludeSubfolders',true,'LabelSource','folder-names')
% 2.1 采用文件夹名称作为数据标记
% 2.2 数据集照片个数
countEachLabel(imds)
numTrainFiles = 17
% 2.3 每一个数字有 22 个样本,取 17 个样本作为训练数据
```

```matlab
[imdsTrain,imdsValidation] = splitEachLabel(imds,numTrainFiles,'randomize')
% 2.4 查看图片大小
img = readimage(imds,1)
size(img)


%%3 定义卷积神经网络结构
layers = [
% 3.1 输入层
imageInputLayer([28 28 1])
% 3.2 卷积层
convolution2dLayer(5,6,'Padding',2)
batchNormalizationLayer
reluLayer
maxPooling2dLayer(2,'stride',2)
convolution2dLayer(5, 16)
batchNormalizationLayer
reluLayer
maxPooling2dLayer(2,'stride',2)
convolution2dLayer(5, 120)
batchNormalizationLayer
reluLayer
% 3.3 最终层
fullyConnectedLayer(10)
softmaxLayer
classificationLayer]


%% 4 训练神经网络
% 4.1 设置训练参数
options = trainingOptions('sgdm',...
    'maxEpochs', 50, ...
    'ValidationData', imdsValidation, ...
    'ValidationFrequency',5,...
    'Verbose',false,...
    'Plots','training-progress')
% 4.2 显示训练速度
% 4.3 训练神经网络,保存网络
net = trainNetwork(imdsTrain, layers ,options)
save 'CSNet.mat' net
```

%% 5 标记数据集

mineSet＝imageDatastore（'．/hw22/'，　'FileExtensions'，'．jpg'，…　'IncludeSubfolders'，false）；%%，'ReadFcn'，@ mineRF

mLabels＝cell（size（mineSet．Files，1），1）

for i ＝1：size（mineSet．Files，1）

[filepath，name，ext] ＝ fileparts（char（mineSet．Files｛i｝））

mLabels｛i，1｝ ＝char（name）

end

mLabels2＝categorical（mLabels）

mineSet．Labels ＝ mLabels2

%% 6 使用网络进行分类并计算准确性

% 6.1 手写数据

YPred ＝ classify（net，mineSet）

YValidation ＝mineSet．Labels

% 6.2 计算正确率

accuracy ＝ sum（YPred ＝＝YValidation）/numel（YValidation）

% 6.3 绘制预测结果

figure

nSample＝10

ind ＝ randperm（size（YPred，1），nSample）；

for i ＝ 1：nSample

subplot（2，fix（（nSample+1）/2），i）

imshow（char（mineSet．Files（ind（i））））

title（['预测' char（YPred（ind（i）））]）

if char（YPred（ind（i））） ＝＝char（YValidation（ind（i）））

　　xlabel（['真实' char（YValidation（ind（i）））]）

else

　　xlabel（['真实' char（YValidation（ind（i）））]，'color'，'r'）

end

end

% 伸缩+反色

% function data ＝mineRF（filename）

% img＝ imread（filename）

% data＝uint8（255-rgb2gray（imresize（img，[28 28]）））

% end

% 二值化

```
% function data ＝mineRF(filename)
% img＝imread(filename)
% data＝imbinarize(img)
% end
```

2. 算法解析

该 CNN 算法采用 MATLAB 中的深度学习工具箱（DeepLearn Toolbox）完成训练的目的。通过卷积神经网络对数字数据集进行训练，识别结果如图 9-46 所示，模型的准确率如图 9-47 所示。算法框架及需要完成的任务如下：

1）首先导入一个 0~9 的数据库，每个数据库具有 22 个样本，此处选取其中 17 个样本作为训练数据。

2）定义卷积神经网络的结构，如卷积、降采样层的数量，卷积核的大小，降采样的降幅。

3）设置神经网络训练参数，如训练速度等。

4）标记数据集，并分析计算器准确性，绘制预测结果。

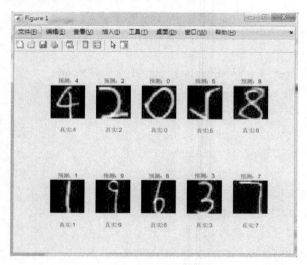

图 9-46　识别结果

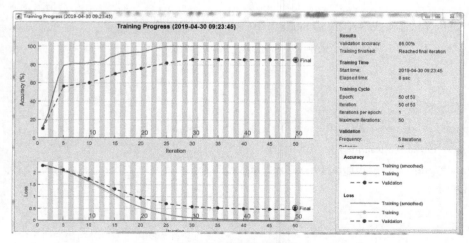

图 9-47　模型的准确率

本 章 小 结

本章主要介绍了模糊控制、神经网络控制、CAN 总线技术和深度学习。在许多其他领域，先进控制技术的应用也越来越广泛。比如，模糊控制在家用电器中的应用，预测控制和滑模控制在电动机控制和电力电子中的应用。目前，我国正在深入开展传统制造业转型升级，企业产品生产线正在从低端向高端发展，缺乏相应的人才。

学习目的： 掌握上述四种控制领域相关技术的基本构成与原理，了解其适用场合与优缺点，利用四种技术进行简单的实际应用。

习　　题

9-1　简要说明先进控制的主要特点。

9-2　结合模糊控制，简述模糊控制器的主要设计步骤。

9-3　简要说明神经网络的学习方式和学习规则，以及典型神经网络模型的种类。

9-4　结合 CAN 总线技术协议，简要说明 CAN 总线的三大特点。

9-5　简要说明卷积神经网络最主要的特点及其基本结构。

参 考 文 献

[1] 王宗才. 机电传动与控制 [M]. 2版. 北京：电子工业出版社，2014.

[2] 郝用兴，苗满香，罗小燕. 机电传动控制 [M]. 2版. 武汉：华中科技大学出版社，2013.

[3] 王丰，李明颖，赵永成. 机电传动控制 [M]. 北京：清华大学出版社，2011.

[4] 杨天浩. 电力传动控制系统：运动控制系统 [M]. 北京：机械工业出版社，2010.

[5] 陈继文，姬帅，徐田龙，等. 西门子 PLC 机械电气控制设计及应用实例 [M]. 北京：化学工业出版社，2018.

[6] 陈在平，等. 现场总线及工业控制网络技术 [M]. 北京：电子工业出版社，2008.

[7] 李岚，梅丽凤，等. 电力拖动与控制 [M]. 3版. 北京：机械工业出版社，2016.

[8] 王克义，王岚，路敦民. 机电传动及控制 [M]. 3版. 哈尔滨：哈尔滨工程大学出版社，2017.

[9] 龙志强，李晓龙，窦峰山，等. CAN 总线技术与应用系统设计 [M]. 北京：机械工业出版社，2013.

[10] 胡世军，张大志. 机电传动控制 [M]. 武汉：华中科技大学出版社，2014.

[11] 崔继仁，王越男，张艳丽. 电气控制与 PLC 应用技术 [M]. 北京：中国电力出版社，2010.

[12] 张万奎，神会存. 机电传动控制 [M]. 武汉：华中科技大学出版社，2013.

[13] 张志义，孙蓓，张志义. 机电传动控制 [M]. 2版. 北京：机械工业出版社，2015.

[14] 冯清秀，邓星钟，等. 机电传动控制 [M]. 5版. 武汉：华中科技大学出版社，2011.

[15] 王振臣，齐占庆. 机床电气控制技术 [M]. 5版. 北京：机械工业出版社，2013.

[16] 吴亦峰，侯志伟，陈德为，等. PLC 及电气控制 [M]. 北京：电子工业出版社，2012.